21 世纪高等学校计算机应用技术规划教材

ASP.NET 程序设计实用教程

张玉芬　主编

赵立波　李康乐　副主编

U0332296

清华大学出版社

北　京

内 容 简 介

本书以 Visual Studio 2012 为开发平台,以 C♯ 为开发语言,系统论述了使用 ASP.NET 技术进行 Web 应用程序设计等内容。

全书共 10 章,分别介绍 Web 基础知识、ASP.NET 概述、C♯ 程序设计基础、ASP.NET 控件、ASP.NET 内置对象、数据库基础知识、ASP.NET 数据库编程、用户界面设计、教务管理系统实训和强大的 LINQ 查询等内容。每章都配有本章小结和习题,以方便读者巩固所学知识。特别地,在应用性较强的章中,多加一节具有实际应用的示例,便于读者更好地将理论与实践相结合。本书还专门设置了一章小型案例系统实训,以"教务管理系统"为例,通过系统分析和设计、数据库设计、网站设计和详细设计把所介绍的知识融合应用并把软件的开发流程呈现给用户,突出了系统性和实践性,使读者达到学以致用的目的。

本书适合作为普通高等院校计算机及其相关专业的教材或参考书,也可作为初、中级网站开发者及动态网页设计者或其他业余爱好者的参考用书。

图书在版编目(CIP)数据

ASP.NET 程序设计实用教程/张玉芬主编. —北京:清华大学出版社,2016(2021.8重印)
(21 世纪高等学校计算机应用技术规划教材)
ISBN 978-7-302-44773-3

Ⅰ. ①A… Ⅱ. ①张… Ⅲ. ①网页制作工具-程序设计-高等学校-教材 Ⅳ. ①TP393.092.2

中国版本图书馆 CIP 数据核字(2016)第 189762 号

责任编辑:付弘宇 王冰飞
封面设计:杨 兮
责任校对:焦丽丽
责任印制:沈 露

出版发行:清华大学出版社
    网 址:http://www.tup.com.cn,http://www.wqbook.com
    地 址:北京清华大学学研大厦 A 座   邮 编:100084
    社 总 机:010-62770175   邮 购:010-83470235
    投稿与读者服务:010-62776969,c-service@tup.tsinghua.edu.cn
    质量反馈:010-62772015,zhiliang@tup.tsinghua.edu.cn
    课件下载:http://www.tup.com.cn,010-83470236

印 装 者:大厂回族自治县彩虹印刷有限公司
经 销:全国新华书店
开 本:185mm×260mm 印 张:22   字 数:531 千字
版 次:2016 年 12 月第 1 版   印 次:2021 年 8 月第 4 次印刷
印 数:3001~3600
定 价:49.80元

产品编号:069433-02

出版说明

随着我国改革开放的进一步深化,高等教育也得到了快速发展,各地高校紧密结合地方经济建设发展需要,科学运用市场调节机制,加大了使用信息科学等现代科学技术提升、改造传统学科专业的投入力度,通过教育改革合理调整和配置了教育资源,优化了传统学科专业,积极为地方经济建设输送人才,为我国经济社会的快速、健康和可持续发展以及高等教育自身的改革发展做出了巨大贡献。但是,高等教育质量还需要进一步提高以适应经济社会发展的需要,不少高校的专业设置和结构不尽合理,教师队伍整体素质亟待提高,人才培养模式、教学内容和方法需要进一步转变,学生的实践能力和创新精神亟待加强。

教育部一直十分重视高等教育质量工作。2007 年 1 月,教育部下发了《关于实施高等学校本科教学质量与教学改革工程的意见》,计划实施"高等学校本科教学质量与教学改革工程(简称'质量工程')",通过专业结构调整、课程教材建设、实践教学改革、教学团队建设等多项内容,进一步深化高等学校教学改革,提高人才培养的能力和水平,更好地满足经济社会发展对高素质人才的需要。在贯彻和落实教育部"质量工程"的过程中,各地高校发挥师资力量强、办学经验丰富、教学资源充裕等优势,对其特色专业及特色课程(群)加以规划、整理和总结,更新教学内容、改革课程体系,建设了一大批内容新、体系新、方法新、手段新的特色课程。在此基础上,经教育部相关教学指导委员会专家的指导和建议,清华大学出版社在多个领域精选各高校的特色课程,分别规划出版系列教材,以配合"质量工程"的实施,满足各高校教学质量和教学改革的需要。

本系列教材立足于计算机公共课程领域,以公共基础课为主、专业基础课为辅,横向满足高校多层次教学的需要。在规划过程中体现了如下一些基本原则和特点。

(1) 面向多层次、多学科专业,强调计算机在各专业中的应用。教材内容坚持基本理论适度,反映各层次对基本理论和原理的需求,同时加强实践和应用环节。

(2) 反映教学需要,促进教学发展。教材要适应多样化的教学需要,正确把握教学内容和课程体系的改革方向,在选择教材内容和编写体系时注意体现素质教育、创新能力与实践能力的培养,为学生的知识、能力、素质协调发展创造条件。

(3) 实施精品战略,突出重点,保证质量。规划教材把重点放在公共基础课和专业基础课的教材建设上;特别注意选择并安排一部分原来基础比较好的优秀教材或讲义修订再版,逐步形成精品教材;提倡并鼓励编写体现教学质量和教学改革成果的教材。

(4) 主张一纲多本,合理配套。基础课和专业基础课教材配套,同一门课程可以有针对不同层次、面向不同专业的多本具有各自内容特点的教材。处理好教材统一性与多样化,基本教材与辅助教材、教学参考书,文字教材与软件教材的关系,实现教材系列资源配套。

（5）依靠专家，择优选用。在制定教材规划时依靠各课程专家在调查研究本课程教材建设现状的基础上提出规划选题。在落实主编人选时，要引入竞争机制，通过申报、评审确定主题。书稿完成后要认真实行审稿程序，确保出书质量。

繁荣教材出版事业，提高教材质量的关键是教师。建立一支高水平教材编写梯队才能保证教材的编写质量和建设力度，希望有志于教材建设的教师能够加入到我们的编写队伍中来。

21世纪高等学校计算机应用技术规划教材

联系人：魏江江 weijj@tup.tsinghua.edu.cn

前　言

　　目前，Web 应用程序设计一般都使用 ASP. NET、JSP 和 PHP。ASP. NET 由 Microsoft 公司提出，易学易用、开发效率高，可配合任何一种 . NET 语言进行开发。JSP 需配合使用 Java 语言。PHP 的优点是开源，缺点是缺乏大公司的支持。JSP 和 PHP 较 ASP. NET 要难学。实际上，国内外越来越多的软件公司已应用 ASP. NET 技术进行 Web 应用程序开发。

　　本书基于 Visual Studio 2012 开发环境，以 C♯为脚本，通过通俗易懂的语言和丰富典型的实例，由浅入深、循序渐进地讲述使用 ASP. NET 技术进行 Web 应用程序开发的方法。书中实例全部出自编者实际教学和工作过程中所采用的实例，都在 Visual Studio 2012 上编译通过，以方便读者自学理解。书中源程序注释清晰明了，方便读者自行修改和升级。

　　全书共 10 章，分别介绍 Web 基础知识、ASP. NET 概述、C♯程序设计基础、ASP. NET 控件、ASP. NET 内置对象、数据库基础知识、ASP. NET 数据库编程、用户界面设计、教务管理系统实训和强大的 LINQ 查询等内容。每章都配有本章小结和习题，以方便读者巩固所学知识。

　　与市场上其他 ASP. NET 方面的图书相比，本书具有以下特点。

1. 循序渐进，轻松上手

　　本书是一线教师多年教学和实践的总结，编者长期从事 . NET 方向程序设计的教学和研究工作，对教学的难点和重点十分清楚，对学生的学习误区也有一定的了解。本书力求符合学生学习心理和学习习惯，合理安排各章节，以实例由浅入深地阐述如何利用 ASP. NET 技术(以 C♯语言为基础)进行 Web 应用程序的开发，让学生能够逐步体会并掌握利用 . NET 框架进行 Web 开发的精髓。

2. 实例丰富，贴近实际

　　本书每部分内容都有实例，简单易懂，帮助读者理解相关知识内容。特别地，在应用性较强的章节中，多加一节具有实际应用的示例，便于读者更好地将理论与实践相结合。

3. 图文并茂，步骤详细

　　本书讲解技术和例题时，图文并茂，步骤详细。读者只需按照步骤操作，就可以体会编程带来的乐趣和成就感。

4. 完整案例，融会贯通

　　本书专门设置了一个完整、实用的小型案例系统实训作为独立的一章，以"教务管理系统"为例，通过系统分析和设计、数据库设计、网站设计和详细设计把所介绍的知识融合应用并把软件的开发流程呈现给用户,突出了系统性和实践性,使读者达到学以致用的目的。

本书可作为普通高等院校计算机及其相关专业的教材或参考书,也可作为初、中级网站开发者及动态网页设计者或其他业余爱好者的参考用书。清华大学出版社的网站(http://www.tup.com.cn)上提供本书的多媒体课件和所有例题源代码,课件等资源下载及本书使用的相关问题,请联系 fuhy@tup.tsinghua.edu.cn。

本书由哈尔滨金融学院张玉芬担任主编,由哈尔滨金融学院赵立波、李康乐担任副主编,哈尔滨工程大学杨萌和中国电子科技集团公司第四十九研究所李冰冰参编。其中,第1章由李冰冰编写,第6章和第7章由张玉芬编写,第3章、第5章和第10章由赵立波编写,第2章、第4章和第8章由李康乐编写,第9章由杨萌编写,全书由张玉芬统稿。

由于时间仓促,编者经验有限,书中难免会有疏漏和不足之处,敬请读者和同行们予以批评指正,使本书得以改进和完善。编者联系邮箱 hlg_zyf@126.com。

编　者
2016 年 9 月

目　录

第1章

Web基础知识

互联网的快速发展给人们的工作、学习和生活带来了重大变化,人们可以利用网络处理数据、获取信息,极大地提高了工作效率。下面就来了解一些关于 Web 开发的技术及相关概念。

1.1 Web 技术基础

Web 框架的技术包括统一资源定位技术、超文本传输技术、超文本标记语言、浏览器等,其中前 3 项是核心技术部分。

1. 统一资源定位符

统一资源定位符(Uniform Resource Locator,URL)即通常所说的网站地址。它通过定义资源位置的绝对地址定位网络资源,是用于完整地描述 Internet 上的网页和其他资源地址的一种标识方法。URL 的基本格式如下:

> 协议://主机名[:端口号][/路径/文件名][:参数][?查询][#信息片段]

各部分的含义如下。

(1) 协议(protocol):所使用的协议名称,常使用的协议有 HTTP、FTP、FILE 等。

(2) 主机名(hostname):存放资源的服务器的域名系统主机名或 IP 地址。

(3) 端口号(port):是一个整数。省略时,使用默认端口,各种传输协议都有默认的端口号,如 HTTP 的默认端口号为 80,为可选项。

(4) 路径(path):表示资源位于主机默认网站根目录下的子目录名。

(5) 文件名(filename):表示资源的完整文件名,包括文件名和扩展名。如果资源所在的网站设置了默认文档,指定了默认的访问文件,则 URL 可省略文件名。

(6) 参数(parameters):用于指定特殊参数,为可选项。

(7) 查询(query):用于给动态网页传递参数,若有多个参数,则用 & 符号隔开,每个参数的名称和值用"="隔开,为可选项。

(8) 信息片段(fragment):为网络资源中的片段,是信息片段或字符串。

例如,http://www.hrbfu.edu.cn/index.aspx 这个网址,其中"http"为协议名,表示超文本传输协议;"www.hrbfu.edu.cn"是域名系统的主机名;"index.aspx"表示要访问的文

件名。一般来讲,大部分网页使用的都是超文本传输协议,并不要求用户输入"http://",端口号"80"也是超文本传输协议的常用端口号,也不用写出。如果资源所在的网站设置了默认文档,也可以不用指明文件名,如访问哈尔滨金融学院,只输入哈尔滨金融学院的域名www.hrbfu.edu.cn即可。

2. 超文本传输协议

超文本传输协议(HypetText Transfer Protocol,HTTP)是负责在 Internet 传输网页的协议,是基于请求/响应方式的,采用客户机/服务器结构。访问 Internet 时,客户机向服务器发出一个请求,HTTP 规则定义了如何正确解析请求;服务器接到这个请求后,给予相应的响应信息,将被请求的网页发送到客户机,而 HTTP 规则也定义了如何正确地解析应答信息。HTTP 协议保证正确、快速地在网络上传输超文本文档,但它并不定义网络如何建立连接、管理及信息如何在网络上发送等。HTTP 协议具有通信简单、速度快、无连接协议、无状态协议等特点。

3. 超文本标记语言

超文本标记语言(HyperText Markup Language,HTML)是一种描述文本结构的标记语言,它是整个 Web 技术的基础,主要功能是在 Web 上发布信息。任何工具开发的 Web 页,最终由服务器发送给客户机时都转换为 HTML 语言,再由客户机的浏览器呈现。

HTML 语言是一种 ASCII 码语言,它主要使用标记来定义网页上的文字、图片、声音、动画、视频等多媒体信息的呈现方式。而要学习的网络程序设计语言也大多嵌在 HTML 语句中,所以了解并掌握 HTML 语法对精通网络程序设计至关重要。

4. 浏览器

服务器接受请求发回由 HTML 标记组成的 Web 页,浏览器是按照 Web 页的标记呈现网页中的文字、图片、声音、视频、动画等信息的软件。目前常用的浏览器有 Microsoft 的 IE 浏览器、360 安全浏览器、Firefox、Safari 等。

5. 超链接

超链接是 WWW 技术的核心之一。它是指从一个网页指向一个目标(可以是一个网页,还可以是一个文件,也可以是网页中的某个位置)的连接关系,本质上属于一个网页的一部分,是一种能同其他网页或站点之间进行连接的元素。它由两部分组成,一部分出现在页面上,表现为带有下画线的文字或图片等页面元素;另一部分是它指向的目标,可以是一个网页,也可以是相同网页上的不同位置,还可以是一个图片、一个电子邮件地址、一个文件,甚至是一个应用程序。当网页浏览者单击带有超链接的页面元素时,浏览器就会跳转到指向目标,并根据目标类型是否是浏览器可以处理的类型打开文件呈现或打开下载页面并提示下载。

带有超链接的文本称为超文本,这样的文本文件称为超文本文件,也就是 Web 页(网页)。存放在一个服务器上具有逻辑关系的各个网页通过超链接链接在一起,才能真正构成一个网站。存放在不同服务器上的网站通过超链接构建出一个信息检索系统,这就是万维网。

1.2　Web 结构

Web 结构也称为浏览器/服务器(B/S)结构,使用超文本传输协议(Hypertext Transfer Protocol,HTTP)传输数据,相比较客户端/服务器(C/S)结构有很多不同。本节将详细剖析一下 Web 应用程序的内部结构。

1. B/S 结构简介

B/S 结构(Browser/Server 结构)即浏览器/服务器结构。它是随着 Internet 技术的兴起对 C/S 结构的一种变化或者改进的结构。在这种结构下,用户工作界面通过 WWW 浏览器来实现,极少部分事务逻辑在前端(Browser)实现,但是主要事务逻辑在服务器端(Server)实现,形成所谓三层结构。这样就大大简化了客户端计算机载荷,减轻了系统维护与升级的成本和工作量,降低了用户的总体成本。

以目前的技术看,局域网建立 B/S 结构的网络应用,并通过 Internet/Intranet 模式下数据库应用,相对来说易于把握,成本也是较低的。它是一次性到位的开发,能实现不同的人员,从不同的地点,以不同的接入方式(如 LAN、WAN、Internet/Intranet 等)访问和操作共同的数据库;它能有效地保护数据平台和管理访问权限,服务器数据库也很安全。

B/S 结构最大的优点就是可以在任何地方进行操作,而不用安装任何专门的软件。只要有一台能上网的计算机就能使用,客户端零维护。系统的扩展非常容易,只要能上网,再由系统管理员分配一个用户名和密码,就可以使用了。它甚至可以在线申请,通过公司内部的安全认证(如 CA 证书)后,不需要人的参与,系统可以自动分配给用户一个账号进入系统。

2. C/S 结构简介

C/S 结构(Client/Server 结构)即客户/服务器结构。其中,服务器通常采用高性能的 PC、工作站或小型机,并采用大型数据库系统(如 Oracle、Sybase、Informix 或 SQL Server),客户端需要安装专用的客户端软件。

C/S 结构的优点是能充分发挥客户端 PC 的处理能力,很多工作可以在客户端处理后再提交给服务器。对应的优点就是客户端响应速度快,其缺点主要有以下几个。

(1) 只适用于局域网。随着互联网的飞速发展,移动办公和分布式办公越来越普及,这需要系统具有扩展性。这种远程访问方式需要专门的技术,同时要对系统进行专门的设计来处理分布式的数据。

(2) 客户端需要安装专用的客户端软件。首先是涉及安装的工作量,其次是任何一台计算机出问题(如病毒、硬件损坏)都需要进行安装或维护。特别是有很多分部或专卖店的情况,不是工作量的问题,而是路程的问题。还有系统软件升级时,每一台客户机需要重新安装,其维护和升级成本非常高。

(3) 对客户端的操作系统一般也会有限制。可能适应于 Windows XP,但不能用于 Windows 8/Vista,或者不适用于 Microsoft 公司新的操作系统等,更不用说 Linux、UNIX 等。

3. B/S 结构与 C/S 结构比较

B/S 结构与 C/S 结构可以从以下几方面进行比较。

（1）数据安全性比较。由于 C/S 结构软件的数据分布特性，客户端所发生的火灾、盗抢、地震、病毒、黑客等都成了可怕的数据杀手。另外，对于集团级的异地软件应用，C/S 结构的软件必须在各地安装多个服务器，并在多个服务器之间进行数据同步。如此一来，每个数据点上的数据安全都影响了整个应用的数据安全。所以，对于集团级的大型应用来讲，C/S 结构软件的安全性是令人无法接受的。对于 B/S 结构的软件来讲，由于其数据集中存放于总部的数据库服务器，客户端不保存任何业务数据和数据库连接信息，也无须进行数据同步，所以这些安全问题也就自然不存在了。

（2）数据一致性比较。在 C/S 结构软件的解决方案里，对于异地经营的大型集团都采用各地安装区域级服务器，然后再进行数据同步的模式。每天必须在这些服务器同步完毕之后，总部才可得到最终的数据。由于局域网络故障造成个别数据库不能同步，即使同步上来，各服务器也不是一个时间上的数据，数据永远无法一致，不能用于决策。对于 B/S 结构的软件来讲，其数据是集中存放的，客户端发生的每一笔业务单据都直接进入中央数据库，不存在数据一致性的问题。

（3）数据实时性比较。在集团级应用里，C/S 结构不可能随时随地看到当前业务的发生情况，看到的都是事后数据；而 B/S 结构则不同，它可以实时看到当前发生的所有业务，方便了快速决策，有效地避免了企业损失。

（4）数据溯源性比较。由于 B/S 结构的数据是集中存放的，因此总公司可以直接追溯到各级分支机构（分公司、门店）的原始业务单据，也就是说看到的结果可溯源。大部分 C/S 结构的软件则不同，为了减少数据通信量，仅仅上传中间报表数据，在总部不可能查到各分支机构（分公司、门店）的原始单据。

（5）服务响应及时性比较。企业的业务流程、业务模式不是一成不变的，随着企业不断发展，必然会不断调整。软件提供商提供的软件也不是完美无缺的，所以对已经部署的软件产品进行维护、升级是正常的。C/S 结构软件由于其应用是分布的，需要对每一个使用结点进行程序安装，因此即使非常小的程序缺陷都需要很长的重新部署时间。重新部署时，为了保证各程序版本的一致性，必须暂停一切业务进行更新，其服务响应时间基本不可忍受。而 B/S 结构的软件不同，其应用都集中于总部服务器上，各应用结点并没有任何程序，一个地方更新则全部应用程序更新，可以做到快速服务响应。

（6）网络应用限制比较。C/S 结构软件仅适用于局域网内部用户或宽带用户。而 B/S 结构软件可以适用于任何网络结构（包括拨号入网方式），特别适于宽带不能到达的地方。

4. Web 系统的三层结构

B/S 系统常常采用如图 1-1 所示的多层结构，这种多层结构在层与层之间相互独立，任何一层的改变不会影响其他

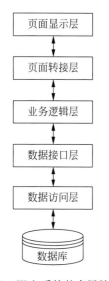

图 1-1　Web 系统的多层结构图

层的功能。在多层结构中,具有如下基本的三层结构。

(1) 数据访问层:实现对数据的访问功能,如增加、删除、修改、查询数据。

(2) 业务逻辑层:实现业务的具体逻辑功能,如学生入学、退学、成绩管理等。

(3) 页面显示层:将业务功能在浏览器上显示出来,如分页显示学生信息等。

除此之外,还可能具有其他的层次。特别是在业务逻辑层,常常需要根据实际情况增加层次,但总的原则是:每一层次都完成相对独立的系统功能。

在开发过程中,需要在逻辑上清晰这三层分别实现的功能,并以此设计整个系统的实现及管理整个系统的代码文件。不能把处于不同层次的文件混在一起,否则会造成系统逻辑上的混乱,使庞大的系统难于管理和维护,容易导致系统的失败。

另外,在这三层基础之下,还有更为基础的工作,即数据库的设计模型。数据库的设计模型是整个系统的基础,一旦确定了数据库的结构,在开发过程中就不要轻易改变,否则会对后面的工作造成巨大的负担。

1.3　网页构成技术——HTML

1. HTML 概述

超文本标记语言(HTML)是为网页创建和其他可在网页浏览器中看到的信息设计的一种标记语言。HTML 被用来结构化信息,如标题、段落、列表等,也可用来在一定程度上描述文档的外观和语义。包含 HTML 内容的文件最常用的扩展名是.html,但是像 DOS 这样的旧操作系统限制扩展名为最多 3 个字符,所以.htm 扩展名也被使用。虽然现在使用得比较少一些了,但是.htm 扩展名仍旧普遍被支持。可以用任何文本编辑器或所见即所得的 HTML 编辑器来编辑 HTML 文件。

早期的 HTML 语法被定义成较松散的规则,以有助于不熟悉网络编程的人采用。网页浏览器接受了这个现实,并且可以显示语法不严格的网页。随着时间的流逝,官方标准渐渐趋于严格的语法,但是浏览器继续显示一些远称不上合乎标准的 HTML。使用 XML 的严格规则的 XHTML(可扩展超文本标记语言)是 W3C(万维网联盟)计划中的 HTML 的接替者。虽然很多人认为它已经成为当前的 HTML 标准,但是它实际上是一个独立的和HTML 平行发展的标准。

2. HTML 文件结构

一个 HTML 文档由一系列的元素和标签组成,元素名不区分大小写,HTML 用标签来规定元素的属性和它在文件中的位置。HTML 超文本文档分为文档头和文档体两部分,在文档头中对这个文档进行了一些必要的定义,文档体中才是要显示的各种文档信息。

下面是一个最基本的 HTML 文档的代码:

```html
<html>
    <head>
        <title>一个简单的 HTML 示例</title>
    </head>
```

```
    <body>
        <center>
            <h1>这是标题</h1>
            <font size = "7" color = "red">这是主体内容</font>
        </center>
    </body>
</html>
```

　　<html></html>在文档的最外层,文档中的所有文本和 HTML 标签都包含在其中,它表示该文档是以 HTML 编写的。

　　<head></head>是 HTML 文档的头部标签,在浏览器窗口中,头部信息是不被显示在正文中的。在此标签中可以插入其他标记,用以说明文件的标题和整个文件的一些公共属性。

　　<title></title>是嵌套在<head>头部标签中的,标签之间的文本是文档标题,它被显示在浏览器窗口的标题栏。

　　<body></body>标记一般不省略,标签之间的文本是正文,是在浏览器窗口中要显示的页面内容。

　　以上的元素是 HTML 文件结构中必须具备的,剩下的则可有可无。常见的 HTML 元素及其描述如表 1-1 所示。

表 1-1　常用的 HTML 元素及其描述

元　　素	描　　述
a	表示超链接的起始或目的位置
b	指定文本应以粗体显示
body	指明文档主体的开始和结束
br	插入一个换行符
div	表示一块可显示 HTML 的区域
embed	允许嵌入任何类型的文档
font	用于说明所包含文本的新字体、大小写和颜色
form	说明所包含的控件是某个表单的组成部分
frame	在 frameset 元素内表示单个框架
frameset	表示一个框架集,用于组织多个框架和嵌套框架
heat	提供了关于文档的无序信息集合
hr	画一条横线
html	表明文档包含 HTML 元素
i	指定文本应以斜体显示
iframe	创建内嵌漂浮框架
img	在文档中嵌入图像或视频片段
input	创建各种表单输入控件
li	表示列表中的一个项目
select	表示一个列表框或者一个下拉框
script	指定由脚本引擎解释的页面中的脚本

元　　素	描　　述
span	指定内嵌文本容器
strike	带删除线显示文本
strong	以粗体显示文本
style	指定页面的样式表
table	说明所含内容组织成含有行和列的表格形式
td	指定表格中的单元格
textarea	多行文本输入控件
tr	指定表格中的一行
u	带下画线显示文本

1.4　静态网页和动态网页

1.4.1　静态网页

传统的网站一般是采用静态网页技术制作的静态网站。静态网页中所有的内容以 HTML 语言编写，文件扩展名为 html、htm、sthml、xml 等。这些网页内容在用户发出请求之前就已经生成了，Web 服务器只负责保存和传递 HTML 文件而不进行额外的处理，用户只能阅读网站所提供的信息内容。在网页上可以出现 GIF 动画、Flash 动画、滚动字幕等动态效果，但这些动态效果只是视觉上的"动"。

静态网页的内容相对稳定，不需要通过数据库工作，对于 Web 服务器来说，处理负担不大，因此静态网页具有容易被搜索引擎检索、访问速度比较快的优点。其缺点是不容易维护，为了不断更新网页内容，网站管理员必须不断地重复制作 HTML 文档，随着网站内容和信息量的日益增加，维护工作将变得十分艰巨。因此，静态网页往往适用于数据不多、网页比较固定、更新不频繁的情况，如更新较少的展示网站一般采用静态网页技术搭建。

1.4.2　动态网页

动态网页中，动态的含义是指交互性，即网页能根据访问者的不同请求或不同访问时间而显示不同内容，弥补了 HTML 静态网页难以适应信息频繁更新以及缺乏交互性等不足。从网站开发、管理、维护的角度看，与静态网页有很大的差别。

在浏览器中输入一个动态网页的网址后，就向服务器提出一个浏览网页的请求，服务器接到请求后，首先找到要浏览的动态网页文件，然后执行网页文件中的程序代码，将含有程序代码的动态网页转化为静态网页，在静态页面上呈现程序代码的执行结果，然后将静态网页发送给浏览器，由浏览器进行解释，呈现出来。

因此，无论通过浏览器查看的是静态网页还是动态网页，在客户端看到的都是静态页面。客户端除了安装浏览器，不需要再安装其他客户端软件。

1.5 常见的网络程序设计语言

1. CGI

CGI(Common Gateway Interface,公共网关接口)是信息服务器主机对外信息服务的标准接口,为了向客户端提供动态信息而制定。通过专门编写 CGI 脚本程序(在 CGI 控制下运行的程序,通常称为 CGI 程序),不仅可以生成静态的内容,而且可以生成完全无法预见的动态的内容,如雅虎、搜狐等搜索引擎提供的强大搜索功能便是利用 CGI 实现的。CGI脚本程序可以用 C、C++等语言在多种平台上进行开发,无须太大修改就可以从一个平台移植到另一个平台上运行,具有很好的兼容性。

2. ASP

ASP(Active Server Pages)是微软公司推出的意图取代 CGI 的动态服务器网页技术。ASP 文件就是在普通的 HTML 文件中嵌入 VBScript 或 JavaScript 脚本语言,当客户端请求一个 ASP 文件时,服务器端就会运行 ASP 文件中的脚本代码,并转化为标准的 HTML文件,然后发送到客户端。ASP 提供了几个非常有用的内部对象和内部组件,利用它们可以轻松地实现表单上传、存取数据库等功能。此外,还可以使用第三方提供的专用组件实现发送 E-mail、文件上传等功能。

ASP 的优点是简单易学,又有微软公司强大的支持;缺点是不能跨平台,一般只能在Windows 系列的操作平台上运行,而且 ASP 的脚本是与 HTML 代码放在一起的,程序不清晰,可读性差。

3. PHP

PHP(Hypertext Preprocessor,超文本预处理器)是一种 HTML 内嵌式的语言,PHP与微软的 ASP 颇有几分相似,都是一种在服务器端执行的"嵌入 HTML 文档的脚本语言",语法混合了 C、Java、Perl 及 PHP 自创新的语法。PHP 程序可以运行在 UNIX、Linux 或Windows 操作系统下,客户端也仅是需要普通浏览器,但它的运行环境安装比较复杂。PHP、MySQL 数据库和 Apache Web 服务器是一个较好的组合。

PHP 的优点是免费和开放源代码,效率高、容易掌握、面向对象,这对许多要考虑运行成本的商业网站来说尤为重要;缺点是缺乏大公司的支持,前途不如 ASP 和 JSP 等辉煌,运行环境配置起来也稍显复杂。

4. JSP

JSP(Java Server Pages)是由 Sun 公司提出,由多家公司合作建立的一种动态网页技术。该技术的目的是为了整合已经存在的 Java 编程环境,结果产生了一个全新的足以和ASP 抗衡的网络程序语言。

JSP 几乎可以运行在所有的服务器系统上,包括 Windows NT、Windows 2000、Windows XP、UNIX 和 Linux,但是必须安装 JSP 服务器引擎软件。Sun 公司提供了免费的 JDK、JSDK 和 JSWDK,供 Windows 和 Linux 系统使用。JSP 也是在服务器端运行的,对客户端浏览器的要求很低。

JSP 是将 Java 程序片段(Scriptlet)和 JSP 标记嵌入普通的 HTML 文档中。客户端访问一个 JSP 网页时,将执行其中的程序片段,然后返给客户端标准的 HTML 文档。和 ASP 的区别是,在 ASP 中每次访问一个 ASP 文件,服务器都要将该文件解释一遍,然后将标准的 HTML 文档发送到客户端。但在 JSP 下,当第一次请求 JSP 文件时,该文件将被编译成 Servlet,并由 Java 虚拟机执行,以后就不用再编译了。

5. ASP.NET

ASP.NET 并不是 ASP 的简单升级,而是微软公司推出的.NET 框架的一部分,是一种以.NET 框架为基础开发的网络应用程序的全新模式。它继承了 ASP 的优点,融入了 Java、VB 等特性,本质上更像一种框架,在这个框架上可以采用 VB.NET、C♯ 等语言开发。

ASP.NET 从最初的 1.0 一直到现在的 4.5,发展非常迅速,应用也非常广泛,在开发动态网站方面极具优势。本书主要讲解的就是利用.NET 开发平台、C♯ 语言进行网络程序设计。

本章小结

本章从整体上介绍了 Web 开发的基础知识,包括 Web 技术基础、Web 结构、HTML 技术、静态网页和动态网页,以及常见的网络程序设计语言。通过本章内容的学习,掌握 Web 开发中遇到的基本概念、C/S 结构与 B/S 结构的区别、HTML 文件的结构、静态网页与动态网页的工作原理,了解当前常用的网络程序设计语言。

习题

一、单选题

1. 在网页的 HTML 源代码中,(　　)标记是必不可少的。
   A. <html>　　　　B. <table>　　　　C. <p>　　　　D.
2. 静态网页文件的扩展名是(　　)。
   A. .NET　　　　B. .html　　　　C. .aspx　　　　D. .jsp
3. ASP.NET 不能使用(　　)语言进行开发。
   A. VB.NET　　　　B. C++.NET　　　　C. C♯　　　　D. JScript.NET

二、填空题

1. B/S 结构即_____和_____结构。
2. Web 系统的三层结构是_____、_____和_____。

第 2 章 ASP.NET概述

　　ASP.NET 不是一种编程语言,而是一个统一的 Web 开发模型,它可以支持可视化的方式创建企业级网站。ASP.NET 是.NET 框架(.NET Framework)的一部分,可以利用.NET 框架中的类进行编程,可以使用 VB.NET、C♯、J♯和 JScript.NET 等编程语言来开发 Web 程序。

2.1　.NET Framework 简介

　　.NET Framework 是一套 Microsoft 应用程序开发的框架,主要目的是要提供一个一致的开发模型。作为 Windows 的一种组件,它为下一代应用程序和 XML Web 服务提供支持。.NET Framework 旨在实现以下目标:提供一个一致的面向对象的编程环境;提供一个实现软件部署和版本冲突最小化的执行环境;提供一个可提高代码执行安全性的环境;使开发人员在面对 Windows 应用程序和 Web 应用程序时保持一致的开发流程。

1..NET 特点

　　(1)统一应用层接口。.NET 框架将 Windows 操作系统底层的 API(Application Programming Interface,应用程序接口)进行封装,为各种 Windows 操作系统提供统一的应用层接口,从而消除了不同 Windows 操作系统带来的不一致性,用户只需直接调用 API 进行开发,无须考虑平台。

　　(2)面向对象开发。.NET 框架使用面向对象的设计思想,更加强调代码和组件的重用性,其提供了大量的类库,每个类库都是一个独立的模块,供用户调用。同时,开发者也可自行开发类库给其他开发者使用。

　　(3)支持多种语言。.NET 框架支持多种开发语言,允许用户使用符合公共语言运行库 CLR(Common Language Runtime)规范的多种编程语言开发程序,包括 C♯、VB.NET、J♯、C++等,然后再将代码转换为中间语言存储到可执行程序中。在执行程序时,通过.NET 组件对中间语言进行编译执行。

2..NET 体系结构

　　.NET Framework 具有两个主要组件:公共语言运行库(Common Language Runtime,CLR)和.NET Framework 类库,如图 2-1 所示。公共语言运行库是.NET Framework 的基

础,提供内存管理、线程管理和远程处理等核心服务,并且强制实施严格的类型安全来提高代码执行的安全性和可靠性。通常把以公共语言运行库为基础运行的代码称为托管代码,而不以公共语言运行库为基础运行的代码称为非托管代码。.NET Framework 类库完全面向对象,与公共语言运行库紧密集成,可以使用它开发多种应用程序,如传统的 Windows 应用程序、Web 服务和 ASP.NET 网站等。

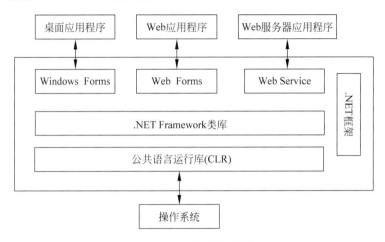

图 2-1　.NET 框架结构

1) 公共语言运行库

公共语言运行库又称公共语言运行时(Common Language Runtime,CLR)或公共语言运行环境,是.NET 框架的底层。其基本功能是管理用.NET 框架类库开发的所有应用程序的运行并且提供各种服务。

使用 CLR 的一大好处是支持跨语言编程,即.NET 将开发语言与运行环境分开,凡是符合公共语言规范(Common Language Specification,CLS)的语言所编写的对象都可以在 CLR 上互相通信、互相调用。这是因为基于.NET 平台的所有语言的共同特性(如数据类型、异常处理等)都是在 CLR 层面实现的。例如,用 C♯语言编写的应用程序,能够使用 VB.NET 编写的类库和组件,反之亦然,这大大提高了开发人员的工作效率。

2) .NET Framework 类库

.NET Framework 类库是一个面向对象的可重用类型集合,该类型集合可以理解成预先编写好的程序代码库,这些代码包括一组丰富的类与接口,程序员可以用这些现成的类和接口来生成.NET 应用程序、控件和组件。例如,Windows 窗体类是一组综合性的可重用的类型,使用这些类型可以轻松灵活地创建窗体、菜单、工具栏、按钮和其他屏幕元素,从而大大简化了 Windows 应用程序的开发。

.NET 支持的所有语言都能使用类库,任何语言使用类库的方式是一样的。程序员可以直接使用类库中的具体类,或者从这些类派生出自己的类。.NET 框架类库是程序员必须掌握的工具,熟练使用类库是每个程序员的基本功。

3. Microsoft 中间语言和即时编译器

.NET 框架上可以集成几十种编程语言,这些编程语言共享.NET 框架的庞大资源,还可以创建由不同语言混合编写的应用程序,因此可以说.NET是跨语言的集成开发平台。

如图 2-2 所示,.NET 框架上的各种语言分别有各自不同的编译器,编译器向 CLR 提供原始信息,各种编程语言编译器负责完成编译工作的第一步,即把源代码转换为用 Microsoft 中间语言(Microsoft Intermediate Language,MSIL)表示的中间代码。MSIL 是一种非常接近机器语言的语言,但还不能直接在计算机上运行。第二步编译工作就是将中间代码转换为可执行的本地机器指令(本地代码),在 CLR 中执行,这个工作由 CLR 中包含的即时编译器(Just In Time,JIT)完成。

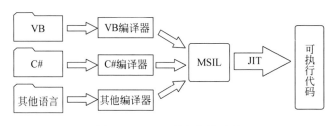

图 2-2 .NET 程序编译过程

2.2 ASP.NET 简介

ASP.NET 是 Microsoft 公司推出的用于编写动态网页的一项功能强大的新技术,它建立在公共语言运行库基础上,是一个已编译的、基于.NET 环境,可以用任何与.NET 兼容的语言创作应用程序。ASP.NET 并不是一门编程语言,而是一个统一的 Web 开发模型,它支持以可视化的方式创建企业级网站。ASP.NET 是.NET 框架(.NET Framework)的一部分,可以利用.NET 框架中的类进行编程,可使用 VB.NET、C♯、J♯ 和 JScript.NET 等编程语言来开发 Web 应用程序。

1.ASP.NET 的特性

(1) 与.NET Framework 完美整合。ASP.NET 作为.NET Framework 的一部分,可以像开发其他.NET 应用程序一样地使用类库,也就是说,在 Microsoft 提供的 Visual Studio(VS)开发环境中,ASP.NET 网站和 Windows 应用程序的开发原理是一致的。并且,ASP.NET 网站的开发可使用任何一种.NET 语言,本书的所有实例均采用 C♯语言。

(2) ASP.NET 属于编译型而非解释型。ASP.NET 网站编译有两个阶段:第一阶段是当 ASP.NET 页面被首次访问或 ASP.NET 网站被预编译时,包含的语言代码将被编译成微软中间语言 MSIL 代码;第二阶段是当 ASP.NET 页面实际执行前,MSIL 代码将以即时编译形式被编译成机器语言。

2.ASP.NET 的发展历史

(1) ASP 的第一个版本是 0.9 测试版,它给 Web 开发带来一阵暴风,最终出场的是 Active Server Page 1.0。

(2) 1998 年,微软公司又发布了 ASP 2.0,主要区别是外部的组件需要实例化。

（3）Windows 2000 的推出，IIS5.0 附带了 ASP3.0，COM＋组件服务给组件提供了一个更好的执行环境。

（4）2000 年，微软公司推出了基于新平台的 ASP.NET 1.0，它不是 ASP 的简单升级，而是 .NET 体系的一部分，2003 年升级为 1.1 版本。ASP.NET1.1 发布后，更加激发了 Web 应用程序开发人员对 ASP.NET 的兴趣，并且对网络技术的发展起到了巨大的推动作用。

（5）为了达到"减少70％代码"的目标，2005 年 11 月，微软公司又发布了 ASP.NET 2.0。它的发布是 .NET 技术走向成熟的标志。

（6）2008 年，微软推出了 ASP.NET 3.5，使网络程序开发更倾向于智能化。它是建立在 ASP.NET 2.0CLR 基础上的一个框架，其底层类库依然调用的是 .NET2.0 以前封装好的所有类，但在其基础上增加了众多新特性，如 LINQ 数据库访问技术等。

（7）2010 年，微软又发布了 ASP.NET 4.0，新增了 ASP.NET MVC 模式和 Chart 控件。ASP.NET MVC 模式将应用程序分为模型、视图和控制器，使 Web 应用程序开发中的输入逻辑、业务逻辑和界面逻辑相分离，方便实现并行开发流程。Chart 控件作为一种图表型控件，能方便地建立柱状直方图、曲线走势图和饼状比例图等。

（8）2012 年，微软发布的 ASP.NET 4.5 在页面设计上有长足的进步，支持 XHTML5 和 CSS3，可以将 Web 应用程序使用的 JavaScript 程序文件和 CSS 样式文件打包成一个单一文件进行下载以改善页面的浏览效率，而且在 Visual Studio 2012 开发环境中还可以实现 JavaScript 的智能编程提示。同时，ASP.NET4.5 支持开发适合智能手机与平板电脑浏览的页面。

2.3　ASP.NET 运行及开发环境

用户上网时，在浏览器的地址栏中输入网址，信息传到目标网站，网站就能返回用户所需要的信息。用户也可以把网页存入自己的硬盘，在浏览页面时选择"文件"→"另存为"命令即可。存入硬盘的网页在脱机状态下也可以浏览，用户还可以分析其中的代码，作为自己编制网页的借鉴。但是动态交互式网页的源代码用户却看不到，虽然也可以使用上述方法把网页保存下来，但看到的只是转化的 HTML 代码，源代码保存在网站的服务器中。学习使用 ASP.NET 进行交互动态式网页的制作，首先要在单机上创建一个 Web 服务器环境，也就是要安装 IIS(Internet 信息服务)。

IIS 是 Microsoft 公司主推的 Web 服务器，提供了集成、可靠的 Web 服务器功能，实际运行的 ASP.NET 网站需要 IIS 支持。IIS 的版本与不同的操作系统有关，如 Windows7 旗舰版对应 IIS7.5。

注意：在 Visual Studio 2012 开发环境中建立网站时，可以使用内含的 IIS Express 或"Visual Studio 开发服务器"运行网站，不需要额外安装操作系统中的 IIS。

2.3.1　IIS7.5 的安装

下面以在 Windows7 旗舰版上安装 IIS7.5 为例说明。

选择"开始"→"控制面板"→"程序"→"打开或关闭 Windows 功能"命令,在出现的窗口中选中"Internet 信息服务"复选框。展开"Internet 信息服务"→"万维网服务"选项,在"安全性"选项下选中"Windows 身份验证"和"请求筛选"复选框;在"应用程序开发功能"选项下分别选中". NET 扩展性"、ASP. NET、"ISAPI 扩展"、"ISAPI 筛选器"等复选框,选择后的窗口如图 2-3 所示。最后单击"确定"按钮完成安装。

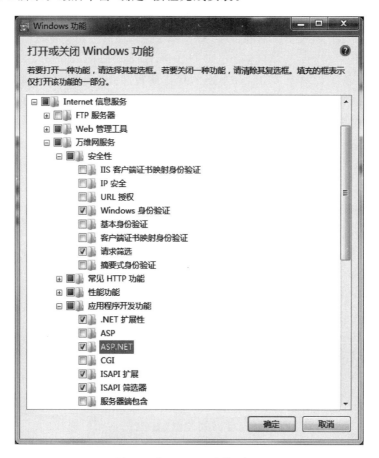

图 2-3　"Windows 功能"窗口

注意：若 IIS7.5 在 Visual Studio 2012 安装后再安装,为使 IIS 能运行 ASP. NET 4.5 页面,需注册 ASP. NET。其步骤是先以管理员身份运行 cmd. exe 文件,再在其后出现的窗口中输入"％windir％\Microsoft . NET\Framework\v4.0.30319\aspnet_regiis-i"命令完成注册(说明一下,. NET Framework 4.5 在 IIS 中就显示为 4.0),注册的具体步骤如下。

(1) 按键盘上的 Windows 键,打开"开始"菜单,在搜索栏里输入 cmd,会出现 cmd. exe 程序。

(2) 右击 cmd. exe,在弹出的快捷菜单中选择"以管理员身份运行"选项,如图 2-4 所示。

(3) 找到. NET Framework 安装路径,输入命令,运行即可,如图 2-5 所示。

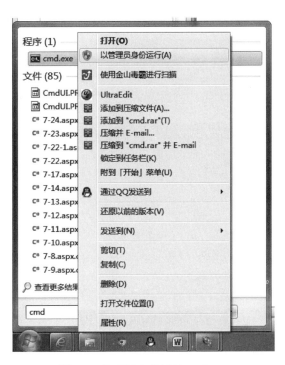

图 2-4　管理员身份运行 cmd. exe

图 2-5　注册 ASP. NET

2.3.2　IIS7.5 的配置

IIS 信息服务安装成功后,系统会自动在系统盘上创建一个默认网站目录,可以通过在该目录下创建 Web 窗体页来发布信息,一般默认网站目录为 C:\Inetpub\wwwroot。打开该目录的物理文件夹,会看到如图 2-6 所示的一个 aspnet_client 文件夹,一个 iisstart. htm

静态页面和一个 Welcome.png 图片。

图 2-6　默认网站目录

此时,在浏览器地址栏输入"http://localhost/"会出现如图 2-7 所示界面,表示访问的是默认网站目录中的 iisstart.htm 页面,同时表明 IIS7.5 安装成功。

图 2-7　iisstart.htm 页面运行效果

选择"开始"→"控制面板"→"管理工具",双击"Internet 信息服务(IIS)管理器"选项,打开"Internet 信息服务(IIS)管理器"窗口,可以对 IIS 服务器进行管理和配置,包括修改默认网站的物理路径,修改默认文档和创立虚拟目录等。

1. 修改默认网站的物理路径

在"Internet 信息服务(IIS)管理器"窗口,依次展开节点,右击默认网站 Default Web Site,在弹出的快捷菜单中选择"管理网站"→"高级设置"选项,打开"高级设置"对话框,可以通过浏览按钮 [...] 修改物理路径,如图 2-8 所示。

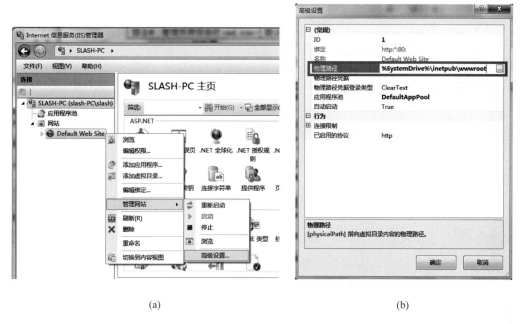

(a) (b)

图 2-8 修改默认网站的物理路径

2. 修改默认文档

设置默认文档可使用户在访问该默认文档对应的页面时即使不输入页面名也能访问该文档。在"Internet 信息服务(IIS)管理器"窗口,选中 Default Web Site,在功能视图中双击"默认文档"按钮,如图 2-9 所示,出现默认文档设置窗口,如图 2-10 所示,可以添加新的默认文档和调整顺序,以提高性能。实际工程中为加快页面浏览速度,仅保留一个默认文档。

图 2-9 功能视图中的"默认文档"图标

图 2-10　默认文档设置窗口

3．创建虚拟目录

如果要从默认网站目录之外的文件夹发布信息,可以在默认网站上创建虚拟目录。虚拟目录是未包含在默认网站目录下的一个文件夹,但客户端浏览器却将其视为包含在默认网站目录下的目录。虚拟目录具有别名,这个别名映射到所在的实际物理目录,Web 浏览器通过别名来访问此目录。别名可以与实际文件名相同,也可以不同。别名通常要比目录的路径名短,便于用户输入。另外,客户端不知道文件的实际路径,无法用这些信息来修改文件,所以使用别名更安全。

在 Windows 操作系统中可以使用 Internet 信息服务管理器在默认网站中创建虚拟目录,步骤如下。

(1) 在硬盘相应位置建立一个文件夹,如 E:\Web,作为网站的存放文件夹,把要发布的网站复制过去。

(2) 使用前面介绍的方法,打开"Internet 信息服务(IIS)管理器"窗口。

(3) 右击要添加虚拟目录的网站名称(如默认网站 Default Web Site),从弹出的快捷菜单中选择"添加虚拟目录"命令,如图 2-11 所示。

(4) 在弹出如图 2-12 所示的"添加虚拟目录"对话框中,添加别名,物理路径选择刚才建立的文件夹,单击"确定"按钮,一个虚拟目录建立完毕。

(5) 右击刚才建立的虚拟目录 test,从弹出的快捷菜单中选择"转换为应用程序"命令,在弹出的对话框中进行参数的设置,如图 2-13 所示。IIS7.5 中的网站与 Visual Studio 2012 中的网站不是同一个概念,实际上,IIS7.5 中的 Web 应用程序与 Visual Studio 2012 中的网站相对应。

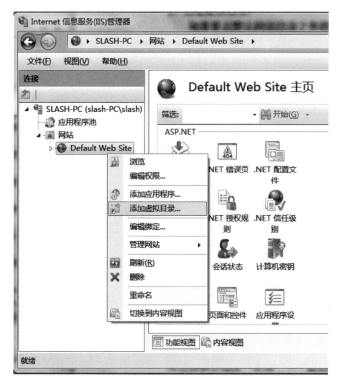

图 2-11 "添加虚拟目录"选项

图 2-12 "添加虚拟目录"对话框

这样就在服务器的默认网站下建立了一个虚拟目录并将其转换为应用程序了,目录名为 test,但其实它指向的是 E:\Web 下的文件。还可以采用前面设置默认文档的方法来设置虚拟目录 test 的默认文档,这里省略。

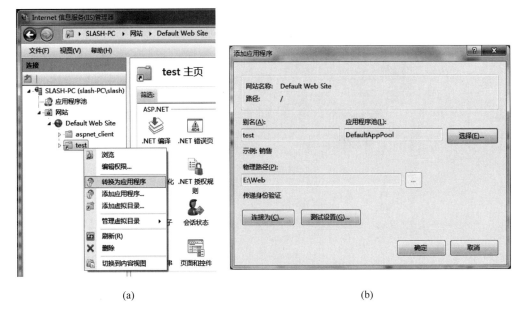

(a)　　　　　　　　　　　　　　(b)

图 2-13　将虚拟目录转换为应用程序

4．访问 ASP.NET 文件的方法

用客户端访问服务器的方法来调试 ASP.NET 文件时，需要将被访问的文件放在服务器的默认网站目录或者是某个虚拟目录对应的物理路径下。

如果一个 ASP.NET 文件，如 first.aspx 保存在 C:\Inetpub\wwwroot 中，则访问 first.aspx 的方法如下。

（1）http://localhost/first.aspx。

（2）http://127.0.0.1/first.aspx。

（3）http://计算机的名称/first.aspx。

（4）http://计算机的 IP 地址/first.aspx。

注意：前 3 种方法一般指的是在自己的计算机上访问自己 Web 站点中的 ASP.NET 文件；第 4 种方法指的是别人通过 Internet 访问自己 Web 站点中的文件，前提是自己的计算机必须连入 Internet 且别人知道自己 Web 站点的 IP 地址。如果此时把 first.aspx 添加到默认网站的默认文档中，并且将其设置为第一位序，则以上 4 种访问 first.aspx 页面的方法中都可以省略页面名称，如 http://localhost/。

如果一个 ASP.NET 文件，如 second.aspx 保存在前面建立的虚拟目录 test 对应的物理路径 E:\Web 中，则访问 second.aspx 文件的方法如下。

（1）http://localhost/test/second.aspx。

（2）http://127.0.0.1/test/second.aspx。

（3）http://计算机的名称/test/second.aspx。

（4）http://计算机的 IP 地址/test/second.aspx。

2.3.3 Visual Studio 2012 集成开发环境

每一个正式版本的.NET框架都会有一个与之对应的高度集成的开发环境,微软称为 Visual Studio,也就是"可视化工作室"。随同.NET 4.5一起发布的开发工具是 Visual Studio 2012,在页面设计上有长足的进步,支持 XHTML5 和 CSS3,可以将 Web 应用程序使用的 JavaScript 程序文件和 CSS 样式文件打包成一个单一文件进行下载以改善页面的浏览效率,而且在 Visual Studio 2012 开发环境中还可以实现 JavaScript 的智能编程提示。使用 Visual Studio 2012 可以方便地进行各种项目的创建、具体程序的设计、程序调试和跟踪,以及项目发布等,同时 ASP.NET4.5 支持开发适合智能手机与平板电脑浏览的页面。

Visual Studio Ultimate 2012 可供开发高度可扩展的软件应用并经营相关服务的中大型企业使用。下载安装后,可以试用 Ultimate 2012 长达 30 天。如果想延长试用期到 90 天,可以通过注册获得免费的试用产品密钥,也可以购买正版安装程序。本书所有实例均使用 Visual Studio Ultimate 2012 设计与开发。

打开安装程序,弹出安装向导界面,如图 2-14 所示,选中"我同意许可条款和条件(T)"复选框,单击"下一步"按钮,出现选择安装可选功能界面,如图 2-15 所示,可按默认的安装全部功能,也可根据需要选择安装部分功能,这里按照默认全选所有功能,单击"安装"按钮,之后按照向导的指引一步步即可完成安装。

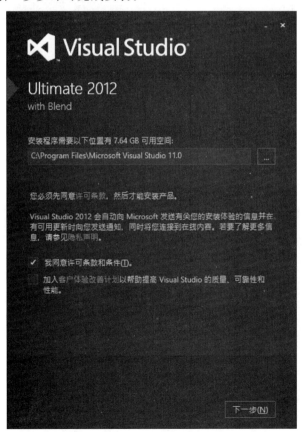

图 2-14 Visual Studio 2012 的安装向导界面

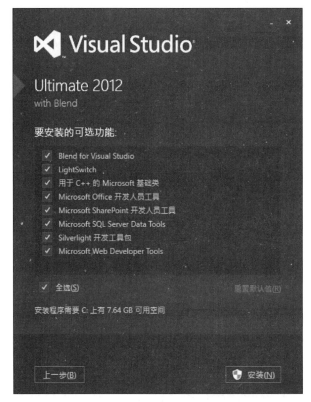

图 2-15　选择安装可选功能界面

下面来介绍一下 Visual Studio 2012 开发界面的构成,图 2-16 为创建一个页面时呈现的主界面。

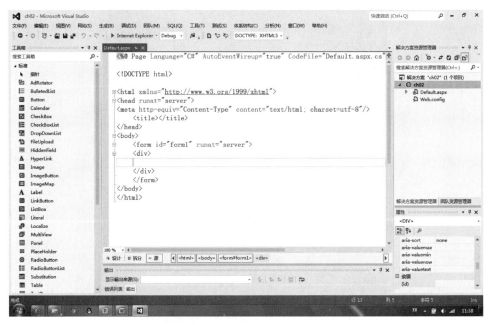

图 2-16　Visual Studio 2012 主界面

1．工具栏

工具栏上提供了一些方便程序员编程工作的按钮。"向后导航"按钮 ← 可以定位到文档先前访问过的位置；"调试运行"按钮 ▶ 能启动网站的调试运行过程。

注意：调试运行按钮 ▶ 启动的是整个网站的启动项，所以在启动调试之前需要设置网站的启动页面。若要查看单个页面的浏览效果，可右击该页面，在弹出的快捷菜单中选择"在浏览器中查看"命令进行浏览。

右击工具栏，在弹出的快捷菜单中选择"HTML 源编辑"命令可在工具栏中增加"HTML 源编辑"按钮，其中"设置当前选定文本的格式"按钮 ▣ 适用于当前窗口为"源"视图的窗口，单击该按钮可对选中的 XHTML 元素、ASP.NET 元素、C♯代码等自动编排格式。与此按钮功能类似的是，当处于"源"视图时，选择"编辑"→"设置文档的格式"命令可不必选中源代码即能自动编排所有源代码的格式。"注释选中行"按钮 ⧉ 适用于在程序编程时对选中行集中注释，与此功能相反的是"取消对选中行的注释"按钮 ⧉。

2．常用窗口

文档窗口中，页面有"设计""拆分"和"源"3 种视图呈现方式，其中"设计"视图呈现页面的设计界面；"拆分"视图同时呈现页面的设计和源代码界面；"源"视图呈现页面的源代码界面。当处于"源"视图时，支持代码智能感知功能，即输入代码时能智能地列出控件对象的所有属性和事件。还可以在其中直接输入代码来建立 ASP.NET 控件。

"工具箱"窗口针对不同类型的页面，提供不同组合的控件列表。要建立相应的控件，只需拖放或双击控件图标。

"解决方案资源管理器"窗口可以对当前正在编辑的项目进行管理，可以创建、重命名、删除文件夹和文件。右击不同的项目会弹出非常实用的快捷菜单，如建立各种类型文件、浏览建立的页面和设置项目启动项等。

"属性"窗口可方便地设置 ASP.NET 控件、XHTML 元素等对象的属性，Visual Studio 2012 会自动生成源代码。

"错误列表"窗口可以显示编辑和编译代码时产生的"错误""警告"和"消息"。双击错误信息项，就可以打开包含错误信息的文件并定位到相应位置。

"数据库资源管理器"窗口可以打开数据连接，显示数据库等。

为能在屏幕上尽可能多地呈现文档窗口，大部分窗口都有"自动隐藏"按钮 ⧄，该按钮能使窗口自动隐藏。

3．"工具"菜单中"选项"的常用设置

选择"工具"→"选项"命令，在出现的"选项"对话框中可以进行 Visual Studio 2012 的常用设置。

（1）在"选项"对话框中选择"环境"→"字体和颜色"命令，可以设置文档窗口中文本呈现的字体和颜色等，如可以将字号调大、加粗等，有利于看清源代码，如图 2-17 所示。

图 2-17   设置文档窗口中文本呈现的字体和颜色

（2）在"选项"对话框中选择"项目和解决方案"命令，选中"总是显示解决方案"复选框，使得在"解决方案资源管理器"窗口中能以解决方案形式方便地管理所有 Web 应用程序。

（3）在"选项"对话框中选择"文本编辑器"→CSS→"格式设置"命令，可设置 CSS 代码呈现的形式。默认为"半展开"形式，本书采用"展开"形式。

（4）在"选项"对话框中选择"文本编辑器"→"所有语言"命令，选中"行号"复选框，能方便开发人员根据行号快速定位指定行。

（5）在"选项"对话框中选择"文本编辑器"→"所有语言"→"制表符"命令，然后在对话框的右侧中设置"制表符大小"和"缩进大小"的值可以改变一个 Tab 制表符代表的字符数和每行自动缩进的字符数。

2.4   第一个 ASP.NET 程序

2.4.1   创建 Web 项目

首次启动 Visual Studio 2012，会弹出一个如图 2-18 所示的对话框，提示用户选择默认环境设置。

Visual Studio 2012 可以根据用户的首选开发语言自己进行调整，在集成开发环境中，各个对话框工具针对用户选择的语言建立它们的默认设置。从列表中选择"Visual C♯ 开发设置"，再单击"启动 Visual Studio(S)"按钮，就会启动 Visual Studio 2012 集成开发环境，如图 2-19 所示。此时，有多种方式创建一个 Web 项目。

图 2-18 "选择默认环境设置"对话框

图 2-19 启动 Visual Studio 2012 集成开发环境

1. 方式一：新建网站

这是最常用的一种方法,首先在本地硬盘上建立一个用于存放网站的文件夹,如 D:\myWeb,然后启动 Visual Studio 2012 之后,选择"文件"→"新建"→"网站"命令,打开"新建网站"对话框,如图 2-20 所示。

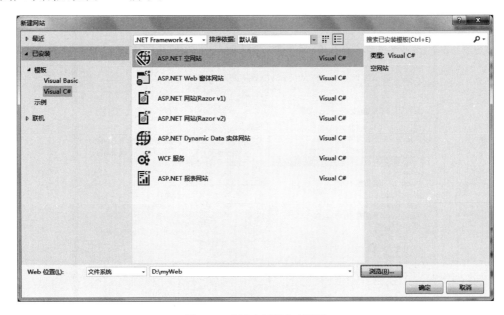

图 2-20 "新建网站"对话框

在"新建网站"对话框中,左侧栏"已安装"→"模板"处选择 Visual C♯,在中间栏选择"ASP. NET 空网站",这些也即默认选项。在"Web 位置"处选择"文件系统",通过浏览按钮选择 D:\myWeb 文件夹打开,单击"确定"按钮,一个新的网站项目即可创建,此时该网站只含有一个名为 Web.config 的 XML 格式的网站配置文件。本书所有章节的网站都是采用这种方式建立的。

2. 方式二：新建项目

选择"文件"→"新建"→"项目"命令,打开"新建项目"对话框,如图 2-21 所示。

在"新建项目"对话框中,左侧栏"已安装"→"模板"处选择"其他语言"→Visual C♯,在中间栏选择"ASP. NET Web 窗体应用程序",在"名称"文本框中输入项目的名称,并在"位置"文本框中选择相应的存储目录,单击"确定"按钮,即可创建一个带有模板的 Web 项目,通过修改模板,快速构建出新的项目。

3. 方式三：创建企业级网站

这种方式用来创建规模较大的企业级网站,使用解决方案可以有效地管理在 Visual Studio 2012 中建立的网站,步骤如下。

(1) 选择"文件"→"新建"→"项目"命令,打开如图 2-22 所示的"新建项目"对话框。

(2) 在"新建项目"对话框中,左侧栏"已安装"→"模板"处选择"其他项目类型"→

图 2-21 "新建项目"对话框

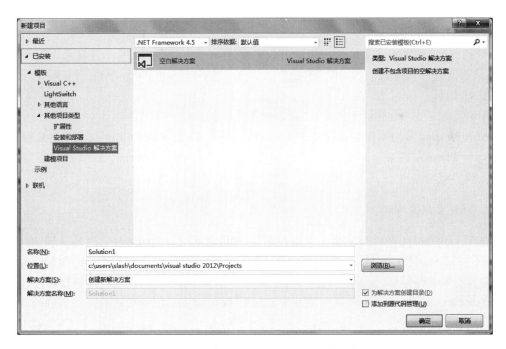

图 2-22 "新建项目"对话框(空白解决方案)

"Visual Studio 解决方案",在中间栏选择"空白解决方案",在"名称"文本框中输入解决方案的名称,并在"位置"文本框中选择相应的存储目录,单击"确定"按钮,创建一个新的方案。

(3)在"解决方案资源管理器"中右击"解决方案",在弹出的快捷菜单中选择"添加"→"新建网站"命令。

（4）在"新建网站"对话框中,左侧栏"已安装"→"模板"处选择 Visual C♯,中间栏选择"ASP.NET 空网站","Web 位置"处选择"文件系统",通过"浏览"按钮选择存储位置并输入名称,单击"确定"按钮,创建一个新的网站项目。

当创建一个新的网站项目之后,就可以利用资源管理器对网站项目进行管理,通过资源管理器,可以浏览当前项目包含的所有资源,也可以向项目中添加新的资源,并且可以修改、复制和删除已经存在的资源。

2.4.2　Web 项目的构成

建立的网站项目即应用网络程序设计语言建立的动态网站,也称为 ASP.NET Web 应用程序。它是程序的基本单位,也是程序部署的基本单位。ASP.NET 应用程序包含很多 Web 页面,用户可以在不同的入口访问应用程序,也可以用超链接,从一个页面链接到网站的另一个页面,还可以访问其他服务器提供的应用程序。

应用程序由多种文件组成。一个由 Visual Studio 2012 开发的网站通常包含以下内容。

（1）一个或多个扩展名为.aspx 的网页文件,网站中也允许包含.htm 或.asp 文件。

（2）一个或多个 Web.config 配置文件。

（3）一个以 Global.asax 命名的全局文件(可选)。

（4）App_Code、App_Data、App_Themes(可选)3 个常用目录。

1．特殊文件夹

ASP.NET 除了包含普通的可以由开发者创建的文件夹外,还可以包含几个特殊的文件夹,这些文件夹由系统命名,用户不能修改。App_Code、App_Data、App_Themes 是 3 个常用的文件夹。

App_Code 是一个共享文件夹,用来存放共享的代码。

App_Data 包含应用程序数据文件,如 MDF 文件、XML 文件和其他数据存储文件。

App_Themes 用来存储在 Web 应用程序中使用的主题(.skin 和.css 文件以及图像文件和一般资源)。

2．网站全局文件

在 Visual Studio 2012 建立全局应用程序类,即可建立网站全局文件。网站全局文件也称为 ASP.NET 应用程序文件,文件名为 Global.asax,放在 ASP.NET 应用程序的根目录中。

网站全局文件是可选的,用于包含响应 ASP.NET 或 HTTP 模块引发的应用程序级别事件的代码,如 Application_Start、Application_End 和 Session_Start、Session_End 等事件的代码。

3．ASP.NET 配置文件

ASP.NET 配置文件 Web.config 是针对具体网站或者某个目录的配置,配置文件是 XML 格式的文件。新建一个 Web 应用程序,会在根目录中自动创建一个默认的 Web.config 文件,包括初始的配置设置,所有的子目录都继承它的配置设置。如果修改子目录的配置设置,可以在该子目录下新建一个 Web.config 文件。它提供除从父目录继承的配置信息以外的配置信息,也可以重写或修改父目录中定义的设置。

2.4.3 创建 ASP.NET 网页

ASP.NET 网页也称为 Web 窗体,它有两种存储模型:单文件模型和代码隐藏模型。在单文件模型中,将显示信息的代码和逻辑处理的代码放置在同一文件中,文件的后缀名为.aspx。在代码隐藏模型中,两种代码分别放在不同的文件中,用于显示信息的代码仍然放在后缀为.aspx 文件中,该文件称为页面文件,而用于逻辑处理的代码放在另一个文件中,该文件的后缀为.aspx.cs,称为代码隐藏文件。

1. 创建 Web 窗体

创建 ASP.NET 网页与创建 Web 窗体是同一个含义,步骤如下。

(1) 在"解决方案资源管理器"中,选中要添加 Web 窗体的文件夹(可以是网站文件夹也可以是网站下的其他文件夹)并右击,在弹出的快捷菜单中选择"添加"→"添加新项"命令,打开"添加新项"对话框,如图 2-23 所示,是在网站文件夹 D:\myWeb 中添加网页。

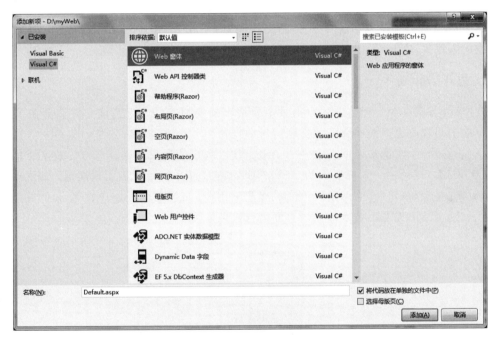

图 2-23 "添加新项"对话框

也可以先在"解决方案资源管理器"中,选中要添加 Web 窗体的文件夹,然后通过选择"文件"→"新建"→"文件"命令,打开"添加新项"对话框。

(2) 在"添加新项"对话框中,左侧栏选择 Visual C♯,中间栏选择"Web 窗体"作为模板,在"名称"文本框中输入 Web 窗体的文件名称,单击"添加"按钮,就可添加一个 Web 窗体。

应该注意的是在"添加新项"对话框中,"将代码放在单独的文件中"复选框默认被选中,说明将为 Web 窗体建立代码隐藏模型的文件,也就是建立两个文件,一个名为 Default.aspx,用来显示页面的信息,也称为前台网页文件;另一个名为 Default.aspx.cs,用来存放逻辑处理的代码,也称为后台代码文件。如果取消选中"将代码放在单独的文件中"复选框,那么将只建立一个名为 Default. aspx 的文件,页面信息的代码和逻辑处理的代码都存放在该文件中。

(3) 此时,打开网站 D:\myWeb 存储的物理文件夹,如图 2-24 所示。在文件夹中,会看到新生成的 Web 窗体的两个文件。另外,还会看到一个名为 Web. config 的网站配置文件,它是创建网站时自动生成的。

Default.aspx   Default.aspx.cs   Web.config

(4) 如图 2-24 所示,在网站物理文件夹中 Default. aspx 和 Default. aspx. cs 文件是并列平行关

图 2-24   网站的物理文件夹结构图

系,那么它们是如何关联的呢? 原来在 Default. aspx 前台网页文件中,通过 Page 指令的 CodeFile 和 Inherits 属性,将前台网页文件和后台代码文件相关联。Page 指令的代码如下。

```
<% @ Page Language = "C♯" AutoEventWireup = "true" CodeFile = "Default.aspx.cs" Inherits = "_Default" %>
```

其中,CodeFile 属性表示后台代码的文件名为 Default. aspx. cs,Inherits 属性表示后台对应类的名称为_Default。

2. 打开 Web 窗体

在"解决方案资源管理器"中,双击某个要编辑的 Web 窗体文件,该文件就会在 Visual Studio 的中间视窗也即前面介绍的文档窗口中打开。

下面通过一个实例来说明建立一个 ASP. NET 程序的过程。

【例 2-1】   设计一个用户登录的 ASP. NET 页面,打开的时候显示欢迎语,当输入用户姓名,单击"登录"按钮后,欢迎语马上变成欢迎某用户,如果未输入用户姓名,直接单击"登录"按钮,则会给出提醒。登录前后的页面运行效果如图 2-25 所示。

(a)

(b)   (c)

图 2-25   登录前后的页面运行效果

操作步骤如下。

(1) 在硬盘上首先建立一个用于存放本章程序的网站文件夹,如 D:\ch02。

(2) 启动 Visual Studio 2012 后,选择"文件"→"新建"→"网站"命令,打开"新建网站"对话框,如图 2-26 所示。

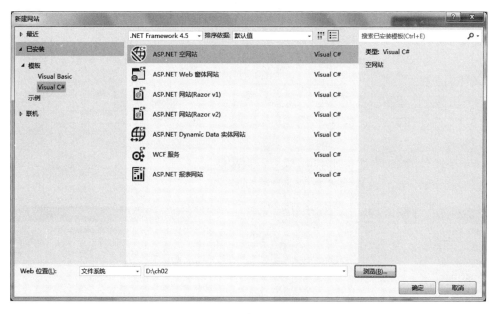

图 2-26 "新建网站"对话框

在"新建网站"对话框中,左侧栏"已安装"→"模板"处选择 Visual C♯,中间栏选择"ASP. NET 空网站"。在"Web 位置"处选择"文件系统",通过"浏览"按钮选择 D:\ch02 文件夹,单击"确定"按钮,一个新的网站项目即可创建,此时该网站只含有一个网站配置文件 Web. config。

（3）在"解决方案资源管理器"中,右击网站名称 ch02,在弹出的快捷菜单中选择"添加"→"添加新项"命令,打开"添加新项"对话框,如图 2-27 所示。

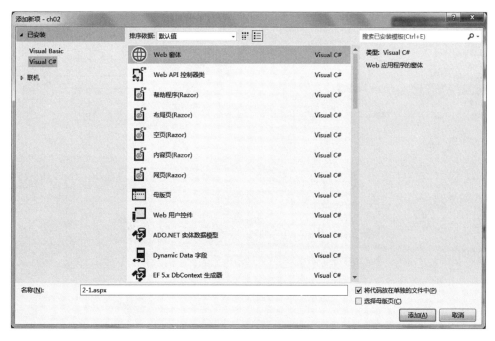

图 2-27 "添加新项"对话框

在"添加新项"对话框中,左侧栏选择 Visual C♯,中间栏选择"Web 窗体"作为模板,在"名称"文本框中输入"2-1.aspx",单击"添加"按钮,就新建了一个 Web 窗体,默认建立两个文件 2-1.aspx 和 2-1.aspx.cs。此时,在 Visual Studio 2012 的文档窗口中默认打开了 2-1.aspx 文件的源视图。

（4）切换到"设计"视图,在工具箱中拖出两个 Label 控件,一个 TextBox 控件,一个 Button 控件,如图 2-28 所示。

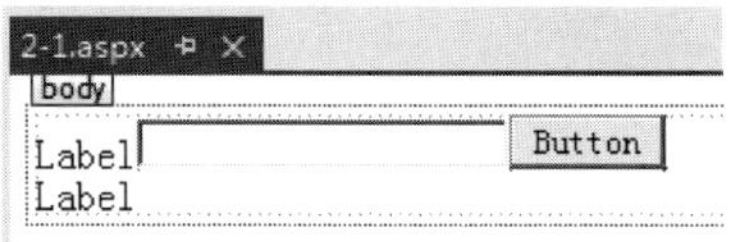

（5）在属性窗口设置每个控件的 Text 属性,如图 2-29～图 2-31 所示,最后生成的界面如图 2-32 所示。

图 2-29　Label1 的属性窗口

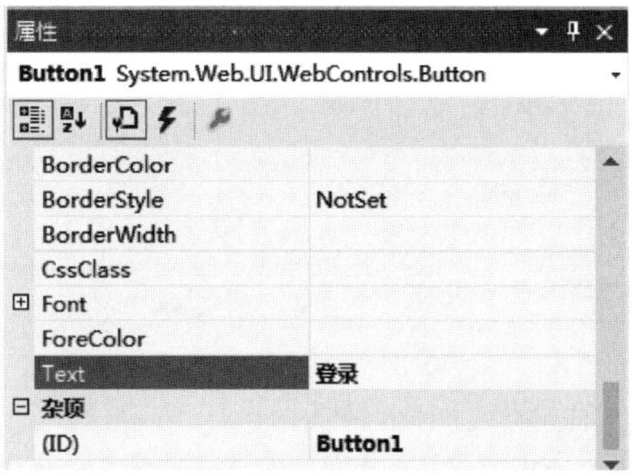

图 2-30　Button1 的属性窗口

图 2-31　Label2 的属性窗口

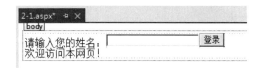

图 2-32　设计好的网页界面

（6）双击"登录"按钮,就会打开一个名为 2-1.aspx.cs 的文件。在 Button1_Click 事件中输入如下代码。

```csharp
if (TextBox1.Text.Trim() != "")      //判断文本框是否为空,Trim()删除字符串首尾的空格
{
    Label2.Text = "欢迎" + TextBox1.Text.Trim() + "!";
}
else
{
    Label2.Text = "对不起,姓名不能为空!";
}
```

（7）保存文件，调试运行。在"解决方案资源管理器"中找到 2-1.aspx 文件并右击，在弹出的快捷菜单中选择"设为起始页"，然后单击常用工具栏上的"启动调试"按钮 ▶（按 F5 键或者执行"调试"→"启动调试"命令）。

（8）网站首次被调试运行，会出现如图 2-33 所示的"未启用调试"对话框，按照默认设置，单击"确定"按钮，浏览器将会出现网页，直接单击"登录"按钮或者在文本框中输入姓名后再单击"登录"按钮，观察运行结果。

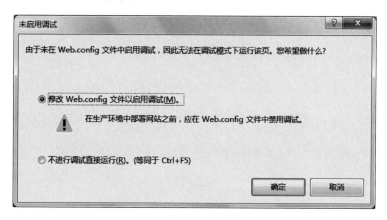

图 2-33 "未启用调试"对话框

（9）发布网页。在"解决方案资源管理器"中，右击网站 D:\ch02\，在弹出的快捷菜单中选择"生成网站"命令，然后再选择"发布网站"命令，在弹出如图 2-34 所示的"发布网站"对话框中选择发布网站的位置，这里就选择前面建立的虚拟目录 test 对应的物理路径 E:\

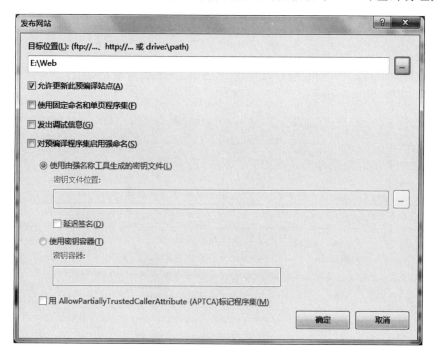

图 2-34 "发布网站"对话框

Web,这样将在指定位置生成 2-1. aspx、Web. config 文件和 Bin 目录,在 Bin 目录里生成 App_Web_ccywevr3. dll 文件。

在 IE 浏览器中输入"http://localhost/test/2-1. aspx",则可以访问用户创建的网页。

程序分析如下:

程序为代码隐藏模式,前台页面文件 2-1. aspx 的代码清单如下。

```
<%@ Page Language = "C♯" AutoEventWireup = "true" CodeFile = "2 - 1.aspx.cs" Inherits = "_2_
1" %>
<!DOCTYPE html>
<html xmlns = "http://www.w3.org/1999/xhtml">
<head runat = "server">
<meta http - equiv = "Content - Type" content = "text/html; charset = utf - 8"/>
<title></title>
</head>
<body>
<form id = "form1" runat = "server">
<div>
<asp:Label ID = "Label1" runat = "server" Text = "请输入您的姓名: "></asp:Label>
<asp:TextBox ID = "TextBox1" runat = "server"></asp:TextBox>
<asp:Button ID = "Button1" runat = "server" OnClick = "Button1_Click" Text = "登录" />
<br />
<asp:Label ID = "Label2" runat = "server" Text = "欢迎访问本网页!"></asp:Label>
</div>
</form>
</body>
</html>
```

该文件的重要语句解释如下。

(1) 文件第一行的@Page 指令,定义了 ASP. NET 页分析器和编译器使用的页特定 (aspx 文件)属性,其语法如下:

```
<%@ Page 属性名 1 = "值 1"…[属性名 n = "值 n"] %>
```

@Page 指令的主要属性及说明如表 2-1 所示。

表 2-1   @Page 指令主要属性及说明

序号	属性	说明
1	Language	网页编程使用的语言,如 C♯、JScript、Visual Basic. NET
2	AutoEventWireup	True——页的事件自动绑定;False——不自动绑定
3	CodeFile	网页引用后台程序代码文件的路径与名称
4	Inherits	定义供页继承的代码隐藏类,也即来自后台代码文件的类名
5	Buffer	True——启用页缓冲;False——不启用页缓冲
6	MasterPageFile	设置母版页的路径与文件名
7	Trace	True——启动跟踪;False——未启动跟踪

（2）用"<>"括起来的都是 HTML 标记。

（3）<asp:控件名称>表示这是一个 ASP. NET 控件。

后台代码文件 2-1. aspx. cs 的清单如下。

```
using System;
usingSystem.Collections.Generic;
usingSystem.Linq;
usingSystem.Web;
usingSystem.Web.UI;
usingSystem.Web.UI.WebControls;

public partial class _2_1 : System.Web.UI.Page
{
protected void Page_Load(object sender, EventArgs e)
    {

    }
protected void Button1_Click(object sender, EventArgs e)
    {
        if (TextBox1.Text.Trim() != "")      //判断文本框是否为空,Trim()删除字符串首尾空格
        {
            Label2.Text = "欢迎" + TextBox1.Text + "!";
        }
        else
        {
            Label2.Text = "对不起,姓名不能为空!";
        }
    }
}
```

该文件的重要语句解释如下。

（1）using 表示导入名称空间。

（2）语句"public partial class _2_1：System. Web. UI. Page"表示类"_2_1"是 System. Web. UI. Page 的子类。

（3）Page_Load 事件表示 Page_Load 事件处理函数,页面一加载就会运行这个函数,本例为空。

（4）Button1_Click 表示控件 Button1 的 Click 单击事件,单击 Button1 控件时会激发此事件,运行这个事件中的程序代码。

如果在例 2-1 的步骤（3）添加 Web 窗体时,取消选择"将代码放在单独的文件中"复选框,将以单文件模型建立程序文件,现以向网站 D:\ch02 中添加单文件模型 Web 窗体 2-2. aspx 为例,前台页面文件的设计和控件属性设置,以及添加事件处理程序的具体步骤同上,不再重述,只给出程序 2-2. aspx 的代码清单,如下所示。

```
<%@ Page Language = "C#" %>
<!DOCTYPE html>
<script runat = "server">
```

```
protected void Button1_Click(object sender, EventArgs e)
    {
        if (TextBox1.Text.Trim() != "")        //判断文本框是否为空,Trim()删除字符串首尾空格
        {
            Label2.Text = "欢迎" + TextBox1.Text + "!";
        }
        else
        {
            Label2.Text = "对不起,姓名不能为空!";
        }
    }
</script>

<html xmlns = "http://www.w3.org/1999/xhtml">
<head runat = "server">
<meta http - equiv = "Content - Type" content = "text/html; charset = utf - 8"/>
<title></title>
</head>
<body>
<form id = "form1" runat = "server">
<div>
<asp:Label ID = "Label1" runat = "server" Text = "请输入您的姓名: "></asp:Label>
<asp:TextBox ID = "TextBox1" runat = "server"></asp:TextBox>
<asp:Button ID = "Button1" runat = "server" OnClick = "Button1_Click" Text = "登录" />
<br />
<asp:Label ID = "Label2" runat = "server" Text = "欢迎访问本网页!"></asp:Label>
</div>
</form>
</body>
</html>
```

由以上代码可以看出,单文件模型的 Web 窗体把 HTML 语句和程序代码放在一个文件中,其中<script runat＝"server">表示程序代码要放在<script>和</script>之间。

2.5　创建 ASP.NET 程序的步骤

在 Visual Studio 2012 中创建一个 ASP.NET 网站,一般需要经过以下 6 个步骤。

(1) 按软件工程的思想,根据用户需求进行系统分析,构思出合理的程序设计思路。具体包括规划网站的架构、总体设计、划分模块、数据库设计、网站母版及导航设计等。

(2) 创建一个新的 ASP.NET 网站,准备需要用到的媒体素材,包括文字、图片、音频、动画、视频等,复制到网站相关目录下。

(3) 添加网页并设计页面的外观。

(4) 设置页面中所有控件的初始属性值。

(5) 编写用于响应系统事件或用户事件的代码。

(6) 试运行并调试程序,纠正存在的错误,调整程序界面,提高容错能力和操作的便捷性。

本章小结

本章首先介绍了.NET Framework 和 ASP.NET 的基础知识,然后介绍了如何安装和配置 IIS Web 服务器、安装集成开发环境 Visual Studio 2012,最后介绍了如何创建一个 ASP.NET Web 应用程序并且总结了创建步骤。通过本章内容的学习,了解 IIS 服务器的配置方法,掌握如何创建 ASP.NET 网站、如何添加 Web 窗体及页面设计和添加事件处理代码,为后续章节的学习打下良好的基础。

习题

一、单选题

1. Web 窗体页的文件扩展名是( )。
   A. asx   B. ctl   C. aspx   D. ascx
2. ASP.NET 是一种( )。
   A. 编程语言   B. 动态网页开发技术
   C. 开发工具   D. 应用程序
3. 在 ASP.NET 中源程序代码先被生成中间代码(IL 或 MSIL),然后再转变成各个 CPU 需要的代码,其目的是( )的需要。
   A. 源程序跨平台   B. 保证安全   C. 提高效率   D. 易识别
4. ASP.NET 采用 C♯、Visual Basic 语言作为脚本,执行时一次编译,可以( )执行。
   A. 一次   B. 两次   C. 三次   D. 多次
5. 在 Visual Studio 中新增 Web 页面,应该右击解决方案资源管理器中对应的目录,然后选择( )。
   A. 添加新项   B. 添加现有项   C. 添加引用   D. 添加 Web 引用

二、填空题

1. IIS 是一个综合的服务器,它不仅能提供_____服务,同时还能提供 FTP 服务以及 SMTP 服务。
2. Web 窗体有两种存储模型:_____模型和_____模型。
3. _____是 Web 站点上一组网页或其他文件的起始页。在 IIS 中,指的是"默认文档"。
4. .NET Framework 的核心组件是_____和_____。

三、操作题

1. 安装 IIS,并查看默认网站目录中的 iisstart.htm 文件。
2. 为 E 盘的 TEST 文件夹设置虚拟目录,设置默认文档为 index.htm。
3. 安装 Visual Studio 2012 集成开发环境。
4. 利用 Visual Studio 2012 创建一个 ASP.NET 的网站项目,设计两种存储模型的动态网页,并调试运行。

第 3 章

C#程序设计基础

3.1 C♯基础语法

ASP.NET 的页面与业务逻辑代码是分开的,业务逻辑代码是用面向对象语言编写的,可以用.NET 系列中的任一种语言开发,包括 C++、C♯、J♯、Visual Basic 等。在本书中采用的是 C♯语言,在本章中主要介绍语法基础。

3.1.1 数据类型和常量、变量

1. 数据类型

按数据的存储方式划分,C♯的数据类型可分为值类型和引用类型。值类型在其内存空间中包含实际的数据,而引用类型中存储的是一个指针,该指针指向存储数据的内存位置。值类型的内存开销小,访问速度快,但是缺乏面向对象的特征;引用类型的内存开销大(在堆上分配内存),访问速度稍慢。

值类型包括整数类型、实数类型、字符类型、布尔类型、枚举类型和结构类型。

和值类型相比,引用类型不存储它们所代表的实际数据,但它们存储实际数据的引用。一个具有引用类型的数据并不驻留在栈内存中,而是存储于堆内存中。在堆内存中分配内存空间直接存储所包含的值,而在栈内存中存放定位到存储具体值的索引位置编号。

当访问一个具有引用类型的数据时,需要到栈内存中检查变量的内容,而该内容指向堆中的一个实际数据。

C♯的引用类型包括类、接口、委托和字符串等。

2. 类型转换

在编程工作中,有很多时候需要不同类型的量相互转换,例如,用户在页面上输入的所有内容均为字符串类型,但是程序却想用某些内容做数学运算,此时需要在使用输入内容之前做一个类型转换。

1) 隐式转换

隐式转换又称为自动类型转换,若两种变量的类型是兼容的或者目标类型的取值范围大于原类型时,就可以使用隐式转换。

2）显式类型转换

显式类型转换又称为强制类型转换,该方式需要用户明确地指定转换的目标类型,该类型转换的一般形式为:

```
(类型标识符)表达式
```

例如:

```
int i = (int)7.256;        //将 float 类型的 7.256 转换为 int 类型,并赋值于 int 类型变量 i
```

3）使用 Parse()方法进行数据类型的转换

每个数值数据类型都包含一个 Parse()方法,它可以将特定格式的字符串转换为对应的数值类型,其使用格式为:

```
数值类型名称.Parse(字符串型表达式)
```

例如:

```
string s1 = "30",s2 = "3.9";
int i = int.Parse(s1);       //字符串符合整型格式,转换成功
float j = float.Parse(s2);   //字符串符合浮点格式,转换成功
int k = float.Parse(s2);     //字符串不符合整型格式,出错
```

4）使用 ToString()方法进行数据类型的转换

ToString()方法可将其他数据类型的变量值转换为字符串类型,其使用格式为:

```
变量名称.ToString( )
```

例如:

```
int i = 69;
string s = i.ToString( );      // s = "69"
```

5）使用 Convert 类的方法进行数据类型的转换

在实际编程中,基本类型之间的相互转换是一种非常常见的操作。System.Convert 类就是为这个目的而设计的,其功能是将一种基本数据类型转换为另一种基本数据类型。Convert 类的所有方法都是静态方法,如表 3-1 所示,其使用格式为:

```
Convert.方法名(原始数据)
```

表 3-1 Convert 类的常用方法

名　　称	主　要　功　能
ToBoolean()	将指定的值转换为等效的布尔值
ToByte()	将指定的值转换为 8 位无符号整数
ToChar()	将指定的值转换为 Unicode 字符

续表

名　称	主　要　功　能
ToDateTime()	将指定的值转换为 DateTime 类型
ToDecimal()	将指定的值转换为 Decimal 数字
ToDouble()	将指定的值转换为双精度浮点数字
ToInt16()	将指定的值转换为 16 位有符号整数
ToInt32()	将指定的值转换为 32 位有符号整数
ToInt64()	将指定的值转换为 64 位有符号整数
ToSByte()	将指定的值转换为 8 位有符号整数
ToSingle()	将指定的值转换为单精度浮点数字
ToUInt16()	将指定的值转换为 16 位无符号整数
ToUInt32()	将指定的值转换为 32 位无符号整数
ToUInt64()	将指定的值转换为 64 位无符号整数
ToString()	将指定的值转换为与其等效的 String 形式

例如：

```
string s = "97";
int n = Convert.ToInt32(s);              // n = 97
char c = Convert.ToChar(n);              // ASCII 码为 97 的字符是 a,即 c = 'a'
string str = "123456789.123456789";
decimal dec = Convert.ToDecimal(str);    //dec = 123456789.123456789
double d1 = Convert.ToDouble(dec);       //d1 = 123456789.123457
int i = Convert.ToInt32(d1);             //i = 123456789
```

3. 常量

在程序运行过程中,其值保持不变的量称为常量。常量可分为直接常量和符号常量两种形式。

1) 直接常量

所谓直接常量,就是在程序中直接给出的数据值。在 C♯语言中,直接常量包括整型常量、浮点型常量、小数型常量、字符型常量、字符串常量和布尔型常量。

(1) 整型常量。例如,5、5U、5L。

(2) 浮点型常量。例如,3f、3d。

需要注意的是,以小数形式直接书写而未加标记时,系统将自动解释成双精度浮点型常量。例如,9.0 即为双精度浮点型常量。

(3) 小数型常量。在 C♯语言中,小数型常量的后面必须添加 m 或 M 标记,否则就会被解释成标准的浮点型数据,如 7.0M。

(4) 字符型常量。字符型常量是一个标准的 Unicode 字符,用来表示字符数据常量时,共有以下几种不同的表示方式。

① 用单引号将一个字符包括起来,如 'R'、'8'、'李'。

② 用原来的数值编码来表示字符数据常量,如 'A' 是 65,'b' 是 98。虽然 char 型数据的表示形式与 ushort(无符号短整型)相同,但 ushort 与 char 意义不同,ushort 代表的是数值

本身,而 char 代表的则是一个字符。例如,

```
char m = 'A';
int k = m + 32;          //k 的值为 97
```

③ C♯提供了转义符,用来在程序中指代特殊的控制字符,常用的转义字符如表 3-2 所示。

表 3-2　C♯常用转义字符

转 义 序 列	产生的字符	字符的 Unicode 值
\'	单引号	0x0027
\"	双引号	0x0022
\\	反斜杠	0x005c
\0	空字符	0x0000
\a	响铃符	0x0007
\b	退格符	0x0008
\f	换页符	0x000c
\n	换行符	0x000a
\r	回车符	0x000d
\t	水平制表符	0x0009
\v	垂直制表符	0x000b

（5）字符串常量。字符串常量表示若干个 Unicode 字符组成的字符序列,使用两个双引号来标记,如"book"、"123"、"中国"。

（6）布尔型常量。布尔型常量只有两个：一个是 true,表示逻辑真；另一个是 false,表示逻辑假。

2）符号常量

符号常量使用const关键字定义,格式为：

```
const 类型名称常量名 = 常量表达式;
```

"常量表达式"不能包含变量、函数等值会发生变化的内容,可以包含其他已定义常量。如果在程序中非常频繁地使用某一常量,可以将其定义为符号常量,例如：

```
const double PI = 3.1415926;
const int Months = 12,Weeks = 52,Days = 365;
```

4. 变量

在程序运行过程中,其值可以改变的量称为变量。变量可以用来保存从外部或内部接收的数据,也可以保存在处理过程中产生的中间结果或最终结果。在 C♯语言中,每一个变量都必须具有变量名、存储空间和取值等属性。

【例 3-1】 编写一个网页,在文本框中输入圆的半径,单击"计算"按钮,显示圆的面积。具体实现步骤如下。

（1）新建一个网站，在资源管理器中右击网站，然后在弹出的快捷菜单选择"添加/Web 窗体"选项，在弹出的指定名称对话框中给网页命名。

（2）在网页中添加 Label 控件、TextBox 控件、Button 控件。页面设计如图 3-1 所示。

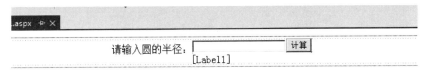

图 3-1　例 3-1 设计界面

（3）在网页设计界面，选中 Button1，在属性窗口中选中闪电标志，双击 Click 事件，为它添加单击事件代码如下：

```csharp
protected void Button1_Click(object sender, EventArgs e)
{
    double s,r;
    const double PI = 3.14159;
    r = double.Parse(TextBox1.Text);
    s = PI * r * r;
    Label1.Text = "圆的面积是：" + s.ToString();
}
```

程序运行结果如图 3-2 所示。

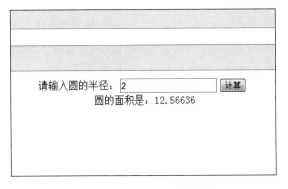

图 3-2　圆面积的运行结果

Windows 的窗体程序都是事件驱动程序。当用户使用鼠标或键盘或其他输入设备做一个动作时，对于程序来说都是一个事件。例如，单击按钮，对于程序来说是发生了一个单击事件。在 C♯语言中，每个控件都有已经准备好的若干事件框架，编程人员按需要决定是否响应这些事件。响应的方式是选中某一控件，在属性窗口单击事件按钮，找到对应事件，双击即生成了事件处理方法，在事件处理方法中输入处理代码即可。如果某一事件对于这个控件来说是最经常发生的，那么这个事件就是它的默认事件，对于默认事件，可以直接在设计界面双击此控件，直接进入事件代码页面，并生成事件方法。例如，对于按钮来说，单击是最常发生的，所以例 3-1 也可以双击按钮响应单击事件。

变量的类型包括整数类型、实数类型、单精度类型、双精度类型、字符类型、字符串类型、布尔类型、枚举类型和结构类型。它们的类型标识符分别为 int、decimal、float、double、 char、string、bool、struct、enum。除此之外，还有数组。

变量的命名规则是：变量名只能由字母、数字和下画线组成，不能包含空格、标点符号、运算符等其他符号。不能以数字开头。还要注意 C♯ 严格区分大小写，name 和 Name 对于 C♯ 是完全不同的两个变量。

1）变量的声明

变量的声明格式为：

```
类型标识符 变量列表;
```

例如：

```
int x,y,z;                      //合法
int 3old;                       //不合法,以数字开头
float struct;                   //不合法,与关键字名称相同
float Main;                     //不合法,与函数名称相同
```

数组变量的声明格式为：

```
类型标识符[] 数组名 = new 类型标识符[数组长度];
```

例如：

```
int[] arr = new int[5];
```

2）变量的赋值

在 C♯ 语言中，变量必须赋值后才能引用。为变量赋值，一般使用赋值号"＝"。例如：

```
char ch;                        //声明一个字符型变量
ch = 'm';                       //为字符型变量 ch 赋值
int a,b,c;
a = b = c = 0;                  //同时为多个变量赋相同的值
bool b1 = true,b2 = false;      //声明布尔型变量 b1 和 b2,同时为其赋值
```

数组的赋值可以在声明的时进行初始化，例如：

```
int[] arr = new int[5]{1,2,3,4,5};
```

如果在声明的同时进行初始化，就可以省略"new 类型标识符［数组长度］"这部分，例如：

```
int[] arr = {1,2,3,4,5};
```

如果不在声明数组的同时进行初始化，数组必须按下标一个一个进行赋值或引用。

```
int[] arr = new int[5];
arr[0] = 1;
arr[1] = arr[0] + 1;
```

3.1.2 运算符和表达式

运算符用于对操作数进行特定的运算,而表达式则是运算符和相应的操作数按照一定的规则连接而成的式子。

1. 算术运算符和算术表达式

算术运算符有一元运算符与二元运算符。一元运算符包括＋(取正)、－(取负)、＋＋(自增)、－－(自减);二元运算符包括＋(加)、－(减)、*(乘)、/(除)、%(求余)。

2. 字符串运算符与字符串表达式

字符串运算符只有一个,即"＋"运算符,表示将两个字符串连接起来。例如:

```
string s1 = "计算机" + "编程";        // s1 的值为"计算机编程"
```

"＋"运算符还可以将字符串型数据与一个或多个字符型数据连接在一起,例如:

```
string s2 = 'A' + "bcd" + 'E';        // s2 的值为"AbcdE"
```

3. 关系运算符与关系表达式

关系运算又称为比较运算,实际上是逻辑运算的一种,关系表达式的返回值总是布尔值。关系运算符用于对两个操作数进行比较,以判断两个操作数之间的关系。C♯中定义的比较操作符有＝＝(等于)、!＝(不等于)、<(小于)、>(大于)、<＝(小于或等于)、>＝(大于或等于)。

关系表达式的运算结果只能是布尔型值,要么是 true,要么是 false。

4. 逻辑运算符与逻辑表达式

C♯语言提供了 4 类逻辑运算符:&&(条件与)或 &(逻辑与)、||(条件或)或|(逻辑或)、!(逻辑非)和^(逻辑异或)。其中,&&、&、||、|和^都是二元操作符,而 ! 为一元操作符。它们的操作数都是布尔类型的值或表达式。

5. 赋值运算符

赋值运算符"＝"称为"简单赋值运算符",它与其他算术运算符结合在一起可组成"复合赋值运算符",如"*＝""/＝""%＝""＋＝""－＝"等。

6. 条件运算符

条件运算符由"?"和":"组成,其一般格式为:

```
关系表达式?表达式 1: 表达式 2
```

条件表达式在运算时,首先计算"关系表达式"的值,如果为 true,则运算结果为"表达式

1"的值,否则运算结果为"表达式2"的值。例如:

```
int x = 50 , y = 80 , m;
m = x > y ? x * 5 : y + 20 ;          //m 的值为 100
```

条件表达式也可以嵌套使用,从而实现多分支的选择判断。

这些常用运算符从高到低的优先级顺序如表3-3所示。

表 3-3　运算符的优先级

优先级	类　别	运　算　符
1	初级运算符	( )
2	一元运算符	+(正)　-(负)　!　~　++　--
3	乘除运算符	*　/　%
4	加减运算符	+　-
5	位运算符	<<　>>
6	关系运算符	<>　<=　>=
7	关系运算符	==　!=
8	逻辑与	&
9	逻辑异或	^
10	逻辑或	|
11	条件与	&&
12	条件或	||
13	条件运算符	? :
14	赋值运算符	=　*=　/=　%=　+=　-=　<<=　>>=　&=　^=　|=

3.2　流程控制语句

虽然C♯语言是完全面向对象的语言,但在局部的语句块内,仍然要使用结构化程序设计的方法,用控制结构来控制程序的执行流程。结构化程序设计有3种基本控制结构,分别是顺序结构、选择结构和循环结构。

3.2.1　选择语句

常用的条件语句有如下几种。

1. if 语句

if语句是基于布尔表达式的值来判定是否执行后面的内嵌的语句块,其语法形式有3种,分别为:

```
if(表达式)
    {
        语句块;
    }
```

或者

```
if(表达式)
    {
        语句块 1;
    }
else
    {
        语句块 2;
    }
```

或者

```
if(表达式 1)
    {
        语句块 1
    }
else if(表达式 2)
    {
        语句块 2
    }
    else if(表达式 m)
        {
            语句块 m
        }
    else
        {
            语句 n
        }
```

【例 3-2】　输入一个整数,求绝对值。

程序分析如下。

如果是负数,取反;否则,绝对值是这个数本身。

网页设计如图 3-3 所示。

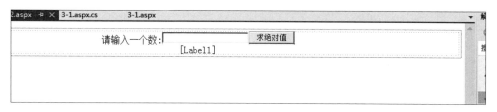

图 3-3　例 3-2 网页设计

程序代码如下:

```
protected void Button1_Click(object sender, EventArgs e)
{
    int x;
```

```
    x = Convert.ToInt32(TextBox1.Text);
    if (x < 0)
    {
        x = - x;
    }
Label1.Text = "|" + TextBox1.Text + "|=" + x;
}
```

网页运行结果如图 3-4 所示。

图 3-4　求绝对值程序运行结果

【例 3-3】 检查输入字符是否为大写字符、小写字符或数字；否则，该输入字符是其他字符。

char 类型有判断字符是何种类型的方法，分别是 char.IsUpper(字符)、char.IsLower(字符)、char.IsDigit(字符)，返回值为布尔类型。

界面设计与例 3-1 和例 3-2 相似，为了美观，我们将按钮上的文本更改为“判断字符”。同样地，代码编写在按钮的单击事件中。

```
protected void Button1_Click(object sender, EventArgs e)
{
    char c = Convert.ToChar(TextBox1.Text);
    if (char.IsUpper(c))
        Label1.Text = c.ToString() + "是大写字符";
    else if (char.IsLower(c))
        Label1.Text = c.ToString() + "是小写字符";
    else if (char.IsDigit(c))
        Label1.Text = c.ToString() + "是数字字符";
    else
        Label1.Text = c.ToString() + "是其他字符";
}
```

执行上述程序的运行结果如图 3-5 所示。

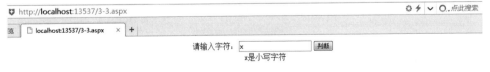

图 3-5　数字字符程序运行结果

2. switch 语句

当判定的条件有多个时，如果使用 if-else 语句将会让程序变得难以阅读。而开关语句

（switch语句）提供一个更为简洁的语法，以便处理复杂的条件判定。

switch语句的一般格式如下：

```
switch(表达式)
{
    case 常量表达式 1;
        语句 1;
        break;
    case 常量表达式 2;
        语句 2;
        break;
    ...
    case 常量表达式 n;
        语句 n;
        break;
    [default:
        语句 n+1;
        break;]
}
```

执行过程如下。

（1）首先计算switch后面的表达式的值。

（2）如果表达式的值等于"case常量表达式1"中常量表达式1的值，则执行语句1，然后通过break语句退出switch结构，执行位于整个switch结构后面的语句；如果表达式的值不等于"case常量表达式1"中常量表达式1的值，则判定表达式的值是否等于常量表达式2的值，以此类推，直到最后一个语句。

（3）如果switch后的表达式与任何一个case后的常量表达式的值都不相等，若有default语句，则执行default语句后面的语句 n+1，执行完毕后退出switch结构，然后执行位于整个switch结构后面的语句；若无default语句则退出switch结构，执行位于整个switch结构后面的语句。

【例3-4】　使用switch语句将学生成绩转换为等级输出。

界面设计参照例3-1。单击事件代码如下：

```
protected void Button1_Click(object sender, EventArgs e)
{
    int Score;
    Score = Convert.ToInt32(TextBox1.Text);
    int temp = Score / 10;
    switch (temp)
    {
        case 10:
        case 9:
            Label1.Text = "A 等级";
            break;
        case 8:
            Label1.Text = "B 等级";
```

```
            break;
        case 7:
            Label1.Text = "C 等级";
            break;
        case 6:
            Label1.Text = "D 等级";
            break;
        default:
            Label1.Text = "E 等级";
            break;
    }
}
```

执行上述程序的运行结果如图 3-6 所示。

图 3-6 switch 语句的应用运行结果

3.2.2 循环语句

循环结构是在给定条件成立时,反复执行某程序段,直到条件不成立为止。给定的条件称为循环条件,反复执行的程序段称为循环体。

1. while 循环

while 语句先计算表达式的值,值为 true 则执行循环体;反复执行上述操作,直到表达式的值为 false 时止。

语法如下:

```
while (表达式)
    {
        循环体
    }
```

执行 while 语句的步骤如下。

(1) 执行 while 后面括号中的表达式;

(2) 当表达式的运算结果为 true,则执行循环体,否则跳过步骤(3),直接执行步骤(4)。

(3) 反复执行(1)、(2)步骤,直到表达式的运算结果为 false 时止。

(4) 执行 while 语句块后面的代码。

2. do-while 循环

do-while 语句与 while 语句功能相似,但和 while 语句不同的是,do-while 语句的判定条件在后面,这和 while 语句不同。do-while 循环不论条件表达式的值是什么,do-while 循环都至少要执行一次。

语法如下:

```
do{
    循环体
}while(表达式);
```

说明:当循环执行到 do 语句后,先执行循环体语句;执行完循环体语句后,再对 while 语句括号中的条件表达式进行判定。若表达式的值为 true,则转向 do 语句继续执行循环体语句;若表达式的值为 false,则退出循环,执行程序的下一条语句。

3. for 循环

for 语句和 while 语句一样,也是一种循环语句,用来重复执行一段代码,两个循环语句的区别就是使用方法不同。

for 语句的使用语法如下:

```
for (表达式 1; 表达式 2; 表达 3)
{
循环体
}
```

执行 for 语句的步骤如下。

(1)计算表达式 1 的值。

(2)计算表达式 2 的值,若值为 true,则执行循环体一次,否则跳出循环。

(3)计算表达式 3 的值,转回第(2)步重复执行

【例 3-5】 计算 $1+2+3+\cdots+100$ 的和。

新建网页之后,选择代码文件,在代码文件中添加如下代码:

```
protected void Page_Load(object sender, EventArgs e)
{
    int i = 1, sum = 0;
    while (i <= 100)
    {
        sum += i;
        i++;
    }
    Response.Write("1 + 2 + 3 + … + 100 的和为: " + sum);
}
```

Page_Load 事件是整个页面加载过程中执行的事件,Response. Write()方法是向网页中输出内容。因此网页被执行后,页面中输出内容为:

```
1 + 2 + 3 + … + 100 的和为: 5050
```

4. foreach 语句

foreach 语句对于处理数组及集合等数据类型特别简便。foreach 语句用于列举集合中的每一个元素,并且通过执行循环体对每一个元素进行操作。foreach 语句只能对集合中的元素进行循环操作。

foreach 语句的一般语法格式如下:

```
foreach(数据类型标识符 迭代变量 in 表达式)
{
    循环体;
}
```

【例 3-6】 用 foreach 输出数组的值。

在新建网页的代码文件中添加如下代码:

```
protected void Page_Load(object sender, EventArgs e)
{
    int[] arr = new int[5] { 1, 2, 3, 4, 5 };
    foreach (int m in arr)
    {
        Response.Write(m + ",");
    }
}
```

网页运行后,将在页面中显示数组中的内容。

代码中的语句说明如下。

(1) Response. Wrtie()方法的功能是向网页输出内容。参数需要指明输出的字符串内容,同时字符串中可以包含 HTML 语言中的标识。

(2) foreach 语句中的循环变量是由数据类型和标识符声明的,循环变量在整个foreach 语句范围内有效;foreach 语句中的表达式必须是集合类型,若该集合的元素类型与循环变量类型不一致,必须有一个显示定义的从集合中元素类型到循环变量元素类型的显示转换。

在 foreach 语句执行过程中,循环变量就代表当前循环所执行的集合中的元素。每执行一次循环体,循环变量就依次将集合中的一个元素代入其中,直到把集合中的元素处理完毕,跳出 foreach 循环,转而执行程序的下一条语句。

5. break 和 continue

在 C♯语言中可以用跳转语句来改变程序的执行顺序。在程序中采用跳转语句,可以避免可能出现的死循环。

C♯语言中的跳转语句有 break 语句、continue 语句、return 语句和 goto 语句等。

break 语句常用于 switch、while、do-while、for 或 foreach 等语句中。在 switch 语句中，break 用来使程序流程跳出 switch 语句，继续执行 switch 后面的语句；在循环语句中，break 用来从当前所在的循环内跳出。break 语句的一般语法格式如下：

```
break;
```

break 语句通常和 if 语句配合，以便实现某种条件满足时从循环体内跳出的目的。在多重循环中，则是跳出 break 所在的循环。

continue 语句用于 while、do-while、for 或 foreach 循环语句中。在循环语句的循环体中，当程序执行到 continue 语句时，将结束本次循环，即跳过循环体下面还没有执行的语句，并进行下一次表达式的计算与判定，以决定是否执行下一次循环。

continue 语句并不是跳出当前的循环，它只是终止一次循环，接着进行下一次循环是否执行的判定。continue 语句的一般语法格式如下：

```
continue;
```

3.3　常用的.NET 框架类

面向对象语言的一大优势就在于代码的重用。学习面向对象语言，很大的一部分在于学习框架类的使用，熟练使用.NET 提供的框架类，将使编程工作事半功倍。

3.3.1　DateTime 类

C♯语言中的 DateTime 类提供了一些常用的日期时间方法与属性，该类属于 System 命名空间，在使用模板创建应用程序时，该命名空间的引用已自动生成，因此可以直接使用 DateTime 类。DateTime 常用的构造函数如表 3-4 所示，常用属性如表 3-5 所示，常用方法如表 3-6 所示。

表 3-4　DateTime 常用的构造函数

名　称	主　要　功　能
DateTime(int32，int32，int32)	将 DateTime 结构的新实例初始化为指定的年、月和日
DateTime（int32，int32，int32，int32，int32）	将 DateTime 结构的新实例初始化为指定的年、月、日、小时、分钟和秒
DateTime（int32，int32，int32，int32，int32，int32）	将 DateTime 结构的新实例初始化为指定的年、月、日、小时、分钟、秒和毫秒

表 3-5　DateTime 的常用属性

名　　称	类　　型	主 要 功 能
Date	DateTime	获取此实例的日期部分
Day	int32	获取此实例所表示的日期为该月中的第几天
DayOfWeek	System. DayOfWeek	获取此实例所表示的日期是星期几
DayOfYear	int32	获取此实例所表示的日期是该年中的第几天
Hour	int32	获取此实例所表示日期的小时部分
Millisecond	int32	获取此实例所表示日期的毫秒部分
Minute	int32	获取此实例所表示日期的分钟部分
Month	int32	获取此实例所表示日期的月份部分
Now	DateTime	获取一个 DateTime 对象,该对象设置为此计算机上的当前日期和时间,表示为本地时间
Second	int32	获取此实例所表示日期的秒部分
Ticks	long	获取表示此实例的日期和时间的计时周期数
TimeOfDay	DateTime	获取此实例的当天的时间
Today	DateTime	获取当前日期
UtcNow	DateTime	获取一个 DateTime 对象,该对象设置为此计算机上的当前日期和时间,表示为协调通用时间(UTC)
Year	int32	获取此实例所表示日期的年份部分

表 3-6　DateTime 的常用方法

名　　称	主 要 功 能
Parse(String)	将日期和时间的指定字符串表示形式转换为其等效的 DateTime
Parse(String，IFormatProvider)	使用指定的区域性特定格式信息,将日期和时间的指定字符串表示形式转换为其等效的 DateTime
Parse （ String， IFormatProvider，DateTimeStyles)	使用指定的区域性特定格式信息和格式设置样式将日期和时间的指定字符串表示形式转换为其等效的 DateTime
ToString()	将当前 DateTime 对象的值转换为其等效的字符串表示形式(重写 ValueType. ToString())
ToString(IFormatProvider)	使用指定的区域性特定格式信息将当前 DateTime 对象的值转换为它的等效字符串表示形式
ToString(String)	使用指定的格式将当前 DateTime 对象的值转换为它的等效字符串表示形式
ToString(String，IFormatProvider)	使用指定的格式和区域性特定格式信息将当前 DateTime 对象的值转换为它的等效字符串表示形式
TryParse(String，DateTime)	将日期和时间的指定字符串表示形式转换为其 DateTime 等效项,并返回一个指示转换是否成功的值
TryParse（String， IFormatProvider，DateTimeStyles，DateTime)	使用指定的区域性特定格式信息和格式设置样式,将日期和时间的指定字符串表示形式转换为其 DateTime 等效项,并返回一个指示转换是否成功的值

　　例如,想定义一个新的 DateTime 对象,实例化时想初始为 2015 年 10 月 1 日,语句如下:

```
DateTime dt = new DateTime(2015,10,1);
```

如果加上时、分、秒,应该使用下一个构造函数:

```
DateTime dt = new DateTime(2015,10,1,23,59,59);
```

这个语句将 dt 初始化为 2015 年 10 月 1 日 23 点 59 分 59 秒,如果再确切一些的时间,可以使用下一个构造函数,用法和前两个一样。

对于以当前日期时间为参照的操作,可以使用该类的 Now 属性及其方法,如表 3-7 所示。

表 3-7 日期时间类的 Now 属性的常用方法与属性

方法与属性	主 要 功 能
DateTime. Now. ToLongDateString()	获取当前日期字符串
DateTime. Now. ToLongTimeString()	获取当前时间字符串
DateTime. Now. ToShortDateString()	获取当前日期字符串
DateTime. Now. ToShortTimeString()	获取当前时间字符串
DateTime. Now. Year	获取当前年份
DateTime. Now. Month	获取当前月份
DateTime. Now. Day	获取当前日
DateTime. Now. Hour	获取当前小时
DateTime. Now. Minute	获取当前分钟
DateTime. Now. Second	获取当前秒
DateTime. Now. DayOfWeek	当前为星期几
DateTime. Now. AddDays(以天为单位的双精度实数)	增减天数后的日期

以当前系统时间为例使用日期时间类,例如:

```
DateTime.Now.ToLongDateString();      // 2016 年 4 月 7 日
DateTime.Now.ToShortDateString();     //2016/4/7
DateTime.Now.ToLongTimeString();      //10:15:20
(DateTime.Now.ToShortTimeString();    //10:15
DateTime.Now.DayOfWeek;               //Tuesday
DateTime.Now.AddDays(1.5);            //2016/4/7 22:15:20
```

【例 3-7】 判断当前时间是上午还是下午,在网页中输出问候语句,上午好的字体颜色是红色,下午好的字体颜色是绿色。

Page_Load 中代码如下:

```
protected void Page_Load(object sender, EventArgs e)
{
    int h;
    h = DateTime.Now.Hour;
    if (h <= 12)
    {
```

```
        Response.Write("今天是" + DateTime.Now.ToLongDateString() + ",<font color = \"red\">
上午好!</font>");
    }
    else
    {
        Response.Write("今天是" + DateTime.Now.ToLongDateString() + ",<font color = \"green
\">" + "下午好!</font>");
    }
}
```

执行上述程序的运行结果如图 3-7 所示。

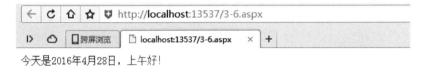

图 3-7 例 3-7 运行结果

3.3.2 Math 类

C♯语言中的 Math 类提供了一些常用的数学方法与属性,该类属于 System 命名空间。Math 类是一个密封类,有两个公共字段和若干静态数学方法。Math 类常用的方法与属性如表 3-8 所示。

表 3-8 Math 类常用方法与属性

方法与属性	主要功能
Math. PI	得到圆周率
Math. E	得到自然对数
Math. Abs(数值参数)	求绝对值方法
Math. Cos(弧度值)	求余弦值方法
Math. Sin(弧度值)	求正弦值方法
Math. Tan(弧度值)	求正切值方法
Math. Max(数值 1,数值 2)	求最大值方法
Math. Min(数值 1,数值 2)	求最小值方法
Math. Pow(底数,指数)	求幂方法
Math. Round(实数)	求保留小数值方法
Math. Round(实数,小数位)	
Math. Sqrt(平方数)	求平方根方法

3.3.3 Random 类

Random 类提供了产生随机数的方法,该方法必须由 Random 类创建的对象调用。Random 类属于 System 命名空间,创建对象的格式为:

```
Random 对象名 = new Random();
```

Random 类的常用方法如表 3-9 所示。

表 3-9　Random 类的常用方法

方　　法	主　要　功　能
对象名.Next()	产生随机数
对象名.Next(正整数)	产生 0～指定正整数之间的随机数
对象名.Next(整数 1,整数 2)	产生两个指定整数之间的随机整数
对象名.NextDouble()	产生 0.0～1.0 之间的随机实数

需要说明的是,使用 Random 对象产生随机数时,下界包含在随机数内,而上界不包含在随机数内。例如:

```
Random r = new Random();
int n = r.Next(1,10);        //产生的随机数包含1,但不包含10。
```

3.4　C♯面向对象编程

面向对象技术是一种新的软件技术,其概念来源于程序设计,从 20 世纪 60 年代提出面向对象的概念,到现在已发展成为一种比较成熟的编程思想,并且逐步成为目前软件开发领域的主流技术。

说明:本节是为了方便介绍类与对象的概念,所有例题采用.NET 平台中的控制台应用程序。控制台应用程序是指 Windows 下的单机应用程序,采用控制台输出程序结果。创建控制台应用程序的方法如下。

(1) 选择“文件”→“新建项目”选项,弹出“新建项目”对话框,如图 3-8 所示。

图 3-8　“新建项目”对话框

（2）在该对话框中的左侧栏选中 Visual C♯语言，在中间栏选择"控制台应用程序"。

（3）在下方选择好项目名称和存储位置。

3.4.1　类与对象

对象（Object）是整个面向对象程序设计的核心。什么是对象？在日常生活中，每天接触的每个具体的事物就是对象。例如，你的同学张某，走到路上看到的一辆白色 Jeep 越野车，校园里那只流浪的小狗，你的手机等一切具体而非抽象的食物。在计算机中如何来描述这些对象呢？例如，来描述白色 Jeep 越野车，可以描述这种车的静态特征：品牌、颜色、价格、车重、油耗、动力等，这些静态特征被称为属性，只描述属性并不能描述一个生动的、漂亮的白色 Jeep 越野车，还可以描述这辆车的动态特性，如车的启动、刹车、鸣笛等，这样的动态特性被称为行为或方法，当为属性赋予具体数值，定义具体的方法的时候，一个对象就被创造出来了。

对象是所有数据及可对这些数据施加的操作结合在一起所构成的独立单位的总称，是拥有具体数据和行为的独立个体。对象（Object）由属性（Attribute）和行为（Action）两部分组成。对象只有在具有属性和行为的情况下才有意义，属性是用来描述对象静态特征的一个数据项，行为是用来描述对象动态特征的一个操作。对象是包含客观事物特征的实体，是属性和行为的封装体。

那么在赋值之前的那个状态的事物被称为什么呢？来看这个状态的特点：它可以描述出某一类型的事物，换言之，这个状态描述的是一个模型，是抽象的、非具体的，它被称为类。

类（Class）是对一组客观对象的抽象，是具有共同属性和操作的多个对象的相似特性的统一体。它为属于该类的全部对象提供了统一的抽象描述，其内部包括属性和行为两个主要部分，类是对象集合的再抽象。

类与对象的关系如同一个模具与用这个模具铸造出来的铸件之间的关系。类给出了属于该类的全部对象的抽象定义，而对象则是符合这种定义的一个实体。所以，**一个对象又称为类的一个实例（Instance）**。

在 C♯语言中，使用关键字 class 来定义一个类，格式如下：

```
class 类名
{
    //类成员
}
```

【例 3-8】　定义一个 Person 类。

```
class Person
{
}
```

【例 3-9】　定义一个 Point 类，它的作用是标明一个二维坐标。

```
class Point()
{
}
```

定义类的最终目的就是用类来创建对象,对象才是人们编程的核心。当定义好一个类之后,可以用它来定义变量,也可以用它来创建对象(也被称为实例化一个对象),创建对象使用关键字 new,一般格式如下:

```
类名 对象名 = new 类名();
```

或者,将声明和实例化分为两行代码:

```
类名 对象名;
对象名 = new 类名();
```

注意:关键字 new 后面的类名()实际应该是构造函数名,到目前为止,只知道是类名就可以了,因为构造函数与类同名。

【例 3-10】 为定义的 Person 类创建两个对象,名为 s1 和 s2。

程序代码如下:

```
class Program
{
    static void Main()
    {
        Person s1 = new Person();        //声明并实例化一个对象
        Person s2;                       //声明一个变量
        s2 = new Person();               //将声明的变量实例化为一个对象
    }
}

public class Person
{
}
```

当使用 new 关键字来实例化一个对象的时候,这意味着什么呢? 当人们只是声明一个变量的时候,内存中并没有为这个变量分配相应的存储空间,只有当使用 new 关键字来实例化它时,内存中才为这个对象分配对应大小的存储空间,在每个对象的存储空间中,根据类的定义中所包含的成员,它们都有一份自己独立的数据,根据构造函数为对象中的各实例数据成员赋值,并返回一个对实例的引用,存储空间大小由对象的成员个数及类型来决定。这个阶段称为对象的构造阶段,初始化过程由构造函数完成。在应用程序结束之前的某个时候,对象最后一次被调用之后将被删除,这个阶段称为析构阶段,此时常常需要执行一些清理工作,如释放内存,系统的“运行时”会在最后一次访问对象之后,自动调用析构函数完成。这个析构过程是.NET 系统的垃圾自动回收机制。从构造阶段到析构阶段被称为对象的生命周期。

在这个示例中,没有数据或方法与 Person 类关联,所以相当于实例化了一个完全没用的对象。但一般的情况是当描述一个对象时,需要使用一些数据和动作来表示对象特征,它们被称为类的成员。

面向对象程序设计的优点之一就是数据的安全性,安全性通过访问限制修饰符得到了保证,访问限制修饰符规定了类的每个成员的访问级别,它们有以下几种。

(1) public:成员可以由任何代码访问。

(2) private:成员只能由类中的代码访问(默认关键字)。

(3) internal:成员只能被项目内部的代码访问。

(4) protected:成员只能由本类或派生类中的代码访问。

internal 和 protected 两个关键字可以合并使用,所以也有 protected internal 成员,这样的成员只能由本类及项目中派生类的代码来访问。除了这些修饰符,还有上面提过的关键字 static,static 和这些关键字是可以根据需要并列使用的。

原则上,将类的数据(即字段)定义为私有的,只能在类中的代码对其访问,防止类外代码改变重要数据造成错误;一些成员(如方法)定义为公有的,能保证类外的代码对类正常访问和使用;一些成员定义为受保护的,使得派生类能够访问,其他类不能访问。

3.4.2 类的成员

1. 字段

在 C# 语言中,字段(field)的定义、作用及使用方法类似于面向过程语言(如 C 语言)里面的变量,定义的时候也需要指定存储的数据类型,除此之外,由于它是类的成员,还需要指定访问级别,因此字段定义格式如下:

```
访问限制修饰符 数据类型 字段名;
```

在使用类的成员时,如果在类的内部,直接使用字段的名字;如果是在类的外部,要通过对象来使用,格式为"**对象名.成员名**"。可以和变量一样用"="为字段赋值,也可以读取字段的值。

【例 3-11】 为 Person 类添加年龄、姓名字段,为 s1 对象年龄字段赋值 21,为 s2 对象年龄字段赋值 22,并输出。

程序代码如下:

```csharp
class Person
{
    public int age;
    public string name;
}
//在 Program 中为字段赋值并读取字段的值
class Program
{
    static void Main()
    {
        Person s1 = new Person();
        Person s2;
        s2 = new Person();
        s1.name = "John";          //为 s1 的 name 字段赋值为 John
        s1.age = 21;               //为 s1 的 age 字段赋值为 21
        s2.name = "Tom";           //为 s2 的 name 字段赋值为 Tom
        s2.age = 22;               //为 s2 的 age 字段赋值为 22
```

```
            Console.WriteLine("{0}的年龄为{1},{2}的年龄为{3}.",s1.name,s1.age,s2.name,
        s2.age);
            }
        }
```

执行上述程序的运行结果如图3-9所示。

```
C:\WINDOWS\system32\cmd.exe
John的年龄为21,Tom的年龄为22.
请按任意键继续. . . ■
```

图 3-9   程序运行结果

在例 3-11 中,代码中的 Person 类增加了两个成员——age 和 name,类型分别是整型和字符串型,访问控制为 public。这意味着:首先,在用 new 实例化类的一个对象时,每个对象的存储空间中都有这两个成员存在,而且可以计算出每个实例化的对象在内存中所占空间大小,它们等于这两个字段所占空间大小(这里比较特殊的是 string 类型,string 类型是一个没有上限的变量类型),对象 p 在内存中所占大小为 16 字节(两个 double 变量的大小);同时,在类的外部的代码中,只要实例化了该类的一个对象,就能访问这个对象的公共字段,可以修改它们的值(如语句 s1.age=21;),也可以读取它们的值(如语句 Console. WriteLine("{0}的年龄为{1},{2}的年龄为{3}.",s1.name,s1.age,s2.name,s2.age);)。

2. 方法

方法又称为函数(Function),是一种组合一系列语句以执行一个特定操作或计算一个特殊结果的方式。

方法的定义格式如下:

```
访问限制修饰符 返回值类型 方法名(参数类型参数 1, 参数类型参数 2,…,参数类型参数 n)
{
    //方法体
    return 返回值;
}
```

其中,访问限制修饰符   返回值类型   方法名(参数类型参数 1,参数类型参数 2,…,参数类型参数 n)(包括参数的顺序)被称为方法的签名。

访问修饰符规定了方法被访问的级别;返回值类型表明调用并执行此方法后是否得到一个值,得到的值是什么类型;参数是调用者与方法之间交换数据的途径。可以看出,方法的签名唯一标识了某个类中的一个方法,在一个类中,不允许有相同签名的两个方法。

下面先通过一个简单的示例初步认识方法的定义。

【例 3-12】 为 Person 类添加一个输出个人信息的方法。

程序代码如下:

```
    class Person
    {
        public int age;
        public string name;
        public void PrintInfo()          //此方法用来输出对象的信息
        {
            Console.WriteLine("My name is {0},I'm {1}",name,age);
        }
    }
//在 Program 中使用这个方法
    class Program
    {
        static void Main()
        {
            Person s1 = new Person();
            Person s2;
            s2 = new Person();
            s1.name = "John";
            s1.age = 21;
            s2.name = "Tom";
            s2.age = 22;
            s1.PrintInfo();              //调用 PrintInfo()函数
            s2.PrintInfo();
        }
    }
```

执行上述程序的运行结果如 3-10 所示。

图 3-10　程序运行结果

在 Main()函数中通过对象 s1 和 s2 调用了 PrintInfo()函数，Main()函数被称为调用者。由于方法总是和类联系一起，"调用一个方法"概念上等价于"向一个类发送一条消息"。上面的示例中，由于 PrintInfo 方法只是简单地输出对象的个人信息，方法既没有参数，也没有返回值（返回值类型标为 void）。

3. 构造函数

构造函数（Constructor）是一种特殊的成员函数，它主要用于为对象分配空间，完成初始化的工作。它为程序提供一种方式，在创建对象的同时指定所需的数据。

构造函数有以下几个特点。

（1）构造函数的名称必须与类名相同。

（2）构造函数可以带参数，但没有返回值。

（3）构造函数只能在对象定义时，由 new 关键字自动调用，不能显示调用。

（4）如果没有给类定义构造函数，编译系统会自动生成一个默认的构造函数，其形式如下：

```
public 类名():base(){ }
```

（5）构造函数可以重载，但不能继承。

【例 3-13】 为 Person 类添加一个构造函数，在此构造函数中为姓名和年龄提供初始值。

程序代码如下：

```
class Person
{
    private int age;
    private string name;

    public Person(int inAge, string inName)          //有参构造函数
    {
        name = inName;
        age = inAge;
    }

    public void PrintInfo()
    {
        Console.WriteLine("My name is {0},I'm {1}",name,age);
    }

    public void SetInfo(int inAge, string inName)     //通过参数设置个人信息的方法
    {
        name = inName;
        age = inAge;
    }
}
//在 Program 中使用这个有参构造方法为 s1 和 s2 对象初始化
class Program
{
    static void Main()
    {
        Person s1 = new Person(21,"Tom");
        Person s2 = new Person(22,"John");
        s1.PrintInfo();
        s2.PrintInfo();
    }
}
```

执行上述程序的运行结果如图 3-11 所示：

在上面的代码中，可以看出在 Person 类中添加了一个有参构造函数，因此执行了"Person s1＝new Person(21,"Tom");"语句时调用这个构造函数为字段 name 和 age 初始

图 3-11 程序运行结果

化。值得注意的是,因为要在类之外的代码中创建类的对象,所以构造函数的访问限制修饰符一般情况下都为 public。现在,请思考一个问题,在前面的代码中并没有构造函数出现,为什么能使用 new 来实例化一个对象呢?

这是因为当没有在代码中显式地定义任何构造函数,C♯编译器在编译时会自动添加一个如下形式的构造函数:

```
public Person():base()
{
}
```

这个构造函数不获取参数,所以它被称为**默认构造函数**(Default Constructor)。必须注意的是,一旦为一个类显式添加了一个构造函数,C♯编译器不再提供默认构造函数,即一旦添加了一个有参的构造函数,在 Main()中实例化一个 Person 时,就必须指定名字和年龄,如果再像以前那样使用语句"Person s1=new Person();"来实例化一个 Person 时,代码在编译的时候会产生错误。因为定义了 public Person(int inAge, string inName)之后,编译器不再添加默认构造函数 Person()。如果此时仍想使用语句"Person s1=new Person();"来实例化一个 Person 时,需要手动添加这样的一个构造函数。

【例 3-14】 为 Person 类添加一个有参构造函数(在此构造函数中为姓名和年龄提供初始值)和一个无参构造函数。

程序代码如下。

```
class Person
{
    private int age;
    private string name;

    public Person(int inAge, string inName)        //有参构造函数
    {
        name = inName;
        age = inAge;
    }

    public Person()                                //无参构造函数
    {
    }

    public void PrintInfo()
    {
```

```
                Console.WriteLine("My name is {0},I'm {1}",name,age);
        }

        public void SetInfo(int inAge, string inName)        //通过参数设置个人信息的方法
        {
            name = inName;
            age = inAge;
        }
    }
//在 Program 中使用这个有参构造方法为 s1 对象初始化
    class Program
    {
        static void Main()
        {
            Person s1 = new Person(21,"Tom");
            Person s2 = new Person();
            s2.SetInfo(22,"John");
            s1.PrintInfo();
            s2.PrintInfo();
        }
    }
```

执行上述程序的运行结果如图 3-12 所示。

图 3-12　程序运行结果

可以看出来,语句"Person s1＝new Person(21,"Tom");"与"Person s1＝new Person();s1. SetInfo(21,"Tom");"(或者"s1. age＝21;s1. name＝"Tome";")对字段初始化的效果是一样的,只是初始化的时机不同。

这样一来,Person 类就有了两个构造函数,同样地,这两个构造函数名称相同,参数不同,称为构造函数的重载。

4. 属性

类还有一种十分重要的成员是属性。属性本质上和字段作用类似,也是用来读写类中的数据的,读写的方式和字段一样。同时,由于属性拥有两个类似函数的块(一个用于获取属性的值,一个用于设置属性的值),在读写数据之前,属性还可以执行一些额外的操作,如判断读写行为是否合法,最终决定是否执行数据的读写操作。因此,属性对数据具有更好的保护性。

再来说说这两个块。这两个块也称为访问器,分别用 get 和 set 关键字来定义,可以用来控制对属性的访问级别。可以忽略其中的一个块来创建只读或只写属性(忽略 get 块创

建只写属性,忽略 set 为只读属性)。

属性的定义方式如下。

```
访问限制修饰符返回值类型属性名
{
    get
    {
        //…
    }
    set
    {
        //…
    }
}
```

【例 3-15】　为 Point 类添加属性成员。

程序代码如下:

```
class Point
{
    private double x, y;
    public Point(double a, double b)
    {
        x = a;
        y = b;
    }
    public double XProp
    {
        get
        {
            return x;
        }
        set
        {
            x = value;
        }
    }
    public double YProp
    {
        get
        {
            return y;
        }
        set
        {
            y = value;
        }
    }
    public void Display()
```

```
    {
        Console.WriteLine("横坐标是{0},纵坐标是{1}",x,y);
    }
}
class Program
{
    static void Main()
    {
        Point p = new Point(5,10);
        p.Display();
        p.XProp = -5;               //直接为属性赋值
        p.YProp = -10;
        p.Display();
        Console.WriteLine("属性 XProp 的值为{0},属性 YProp 的值为{1}",p.XProp, p.YProp);
                                    //直接像字段一样读取属性的值
    }
}
```

执行上述程序的运行结果如图 3-13 所示。

图 3-13　程序运行结果

属性不仅能控制赋值范围,而且能控制数据是否可读写,还可以控制读写的访问范围。
如果只有 set 块,就意味着只能给该属性赋值,该属性被称为**只写属性**;如果只有 get 块,就
意味着该属性只能读取,不能修改值,被称为**只读属性**。

只读属性:

```
public int AgeProp
{
    get
    {
        return age;
    }
}
```

又如:

```
public int Age
{
    get
    {
        return birthDate.Year - DateTime.now.Year + 1;
    }
}
```

只写属性：

```
public int AgeProp
{
    set
    {
        if( value > 0 && value <= 100)
            age = value;
    }
}
```

3.4.3　继承

　　如果所有的类都从头写起，那么现在应用程序肯定没有这么丰富。面向对象技术最大的优点之一是可以继承，继承使得设计者能对现有的类型进行扩展，以便添加更多的功能。前面已经定义了一个 Person 类，如果设计者想再定义一个 Student 类，那么就可以在 Person 类的基础上进行扩展。可以分析一下，Student 类除了有 Person 类的那些特性以外，还需要哪些自己的特性呢？因此可以再为 Student 类添加 Phone、E-mail、Score 等属性。此时，称 Person 类为父类（基类），Student 类为子类（派生类）。子类拥有父类的可继承成员。

　　定义派生类格式如下：

```
class 子类名: 父类名
    {
        //…
    }
```

为了清楚地说明继承，简化 Person 类，以便代码看起来比较清晰。

【例 3-16】　定义一个 Student 类，从 Person 类中继承。

程序代码如下：

```
class Person
{
    public string Name{ get; set;}
    public DateTime BirthDate{ get;set; }
}
class Student : Person
{
    public string Phone{ get; set; }
    public string Email{ get; set; }
    public int Score{ get; set; }        //高考成绩
}
class Program
{
    static void Main()
```

```
    {
        Student s = new Student();
        s.Name = "Tom";
        s.BirthDate = DateTime.Parse("1990-1-1");
        s.Email = "tom@126.com";
        //…
    }
}
```

通过继承,虽然 Student 类没有直接定义 Name 属性,但 Student 的所有实例仍然可以访问来自 Student 类的 Name 属性,并把它作为 Student 的一部分来使用。这是因为在内存中,Student 的对象是由父类中的成员和自己类中新增加的成员组成的。

在例 3-16 中,基类中的所有成员都可由派生类使用,那是因为将基类所有成员都定义为 public,如果访问修饰符是 private,派生类则不能访问该成员。除了 public 或 private 之外,还可以对成员进行更细致的封装。可以用 protected 定义只有派生类才能访问的成员。

【例 3-17】 为 Person 类定义 3 种不同访问级别的成员,在派生类 Student 中以及在其他类中利用派生类的对象对基类成员进行访问,实现 3 种成员的访问限制。

程序代码如下:

```
class Person
{
    private string name;
    protected DateTime birthDate;
    pulbic string Name
    {
        get
        {
            return name;
        }
        set
        {
            name = value;
        }
    }
}
class Student : Person
{
    public string Phone{ get; set; }
    public string Email{ get; set; }
    public int Score{ get; set; }              //高考成绩

    public Student()
    {
        name = "noname";                       //错误!
    }

    public int Age
```

```
    {
        get
        {
            return DateTime.Now.Year - birthDate.Year + 1;
        }
    }
    public DateTime BirthDate
    {
        get
        {
            return birthDate;
        }
        set
        {
            birthDate = value;
        }
    }
}
class Program
{
    static void Main()
    {
        Student s = new Student();
        s.name = "Tom";                              // 错误! name 字段是私有(private)的!
        s.Name = "Tom";                              //正确! Name 属性是公有(pulic)的!
        s.birthDate = DateTime.Parse("1990 - 1 - 1");  //错误! birthDate 字段是 protected, 只
                                                        有在本类和派生类内部能够被访问
        s.BirthDate = DateTime.Parse("1990 - 1 - 1"); //正确!
        s.Email = "tom@126.com";
        //…
    }
}
```

在例 3-17 的代码中,斜体字是错误的代码。以上代码说明:name 字段作为父类的私有成员,不能在本类以外的代码中访问;birthDate 是父类中 protected 类型的成员,可以在派生类中被访问(属性 BirthDate 与父类的受保护字段 birthDate 关联),但在本类和派生类的外部被访问就会产生错误;public 成员在任何代码中都可以被访问。

本章小结

本章简要介绍了 C♯的部分语法知识,包括数据、流程控件、类的定义和使用等。由于本书的重点在于 ASP. NET 网站设计,因此关于 C♯语言中的更多语法细节没有在此介绍,只对涉及接下来的学习 ASP. NET 的知识必要的语法基础做了说明。如果读者对 C♯语言有更多的兴趣,可以参考其他经典书籍。

习题

一、单选题

1. C♯每个语句行以（　　　）结束。
   A. ♯ 　　　　　　 B. 句号 　　　　　　 C. 逗号 　　　　　　 D. 分号

2. 数组的下标是从（　　　）开始。
   A. 1 　　　　　　 B. −1 　　　　　　 C. 0 　　　　　　 D. 2

3. 数组对象是通过（　　　）运算符在运行时动态产生的。
   A. new 　　　　　　 B. int 　　　　　　 C. float 　　　　　　 D. oid

4. C♯是一种安全的、稳定的、简单的，由（　　　）衍生出来的面向对象的编程语言。
   A. MASM 　　　　　 B. Visual Basic 　　　　　 C. Java 　　　　　 D. C 和 C++

5. 对象是（　　　）的实例化。
   A. 类 　　　　　　 B. 事件 　　　　　　 C. 方法 　　　　　　 D. 属性

6. 执行如下语句后，sum 的值为（　　　）。

```
int[ ] a = new int[6];
int sum = 0;
for(int i = 0; i <= 5; i++)
{   a[i] = i;
    sum += a[i];   }
```

   A. 0 　　　　　　 B. 5 　　　　　　 C. 15 　　　　　　 D. 20

7. 执行"a＝5 % 3"语句后，a 的值为（　　　）。
   A. 0 　　　　　　 B. 2 　　　　　　 C. 3 　　　　　　 D. 5

8. 下面的（　　　）语句可以取回当前的年份。
   A. DateTime. Now 　　　　　　　　　　 B. DateTime. Now. Year
   C. DateTime. Now. Hour 　　　　　　　　 D. DateTime. Now. Month

二、填空题

1. C♯语言有 15 种不同的数据类型，这 15 种数据类型分为两大类：_____和_____。

2. C♯语言中，类中具有字段的使用形式，又有方法的本质的成员是_____。

3. 为了用 1 到 10 之间的随机整数给整型变量 i 赋值，应该使用语句 Random ran＝new Random()；int i =_____。

三、操作题

1. 用 ASP. NET 创建网页，在页面上用"＊"输出空心菱形。

2. 用 C♯语言创建一个控制台应用程序，编写矩形类 Rectangle，类中包含长和宽字段，包含求面积和周长的只读属性，长和宽只写属性；包含两个构造函数：无参构造函数和有参构造函数；有参构造函数中初始化长和宽字段。

第4章 ASP.NET控件

控件是一种可重用的组件或对象,它不但有自己的外观,还有自己的属性和方法,大部分控件还能响应系统或用户事件。ASP. NET 控件不仅大大增强了 ASP. NET 的功能,还可以完成许多重复工作,提高开发人员的工作效率。

4.1 ASP.NET 控件概述

创建 ASP. NET 网页时,开发人员可以使用 HTML 服务器控件、Web 服务器控件、验证控件和 ASP. NET 用户控件。Web 服务器控件是 ASP. NET 的精华所在,它们功能全面,极大地方便了开发人员的开发工作。

4.1.1 HTML 控件

HTML 控件就是人们通常说的 HTML 语言,它不能在服务器端控制,只能在客户端通过 JavaScript 和 VBScript 等程序语言来控制。

下面的示例代码就是一个 HTML 的按钮控件,代码如下:

```
< input type = "button" id = "btn" value = "button"/>
```

【例 4-1】 添加 HTML 的按钮控件,当单击按钮的时候,会弹出写有"测试 HTML 控件!"的提示框。

具体步骤如下。

(1) 打开 Visual Studio 2012 集成开发环境,单击"新建"→"网站"命令,弹出"新建网站"对话框,如图 4-1 所示。

(2) 在"Web 位置"下拉列表中选择"文件系统",通过"浏览"按钮选择网站创建的本地系统目录"H:\TestWeb\WebSite1"。

(3) 单击"确定"按钮,进入编写代码的主窗口,右击站点名称,通过弹出的快捷菜单中的"添加"→"添加新项"为站点添加一个 Default. aspx 页面文件,并自动生成 Default. aspx. cs 后台代码文件。在 Default. aspx 文件中,自动生成一个页面框架代码,其代码如下:

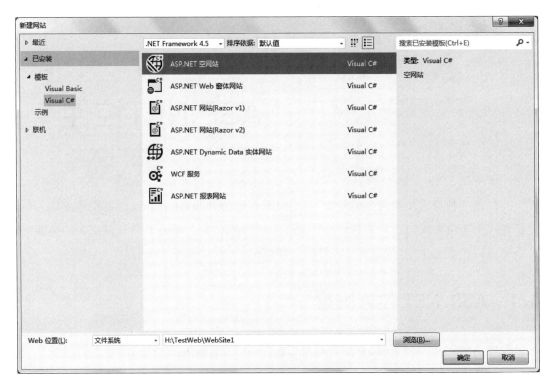

图 4-1 "新建网站"对话框

```
<%@ Page Language = "C#" AutoEventWireup = "true" CodeFile = "Default.aspx.cs" Inherits =
"_Default" %>
<!DOCTYPE html>
<html xmlns = "http://www.w3.org/1999/xhtml">
    <head runat = "server">
        <meta http-equiv = "Content-Type" content = "text/html; charset = utf-8"/>
        <title></title>
    </head>
    <body>
        <form id = "form1" runat = "server">
        <div>

        </div>
        </form>
    </body>
</html>
```

（4）打开"工具箱"（默认布局的位置在左侧）中的 HTML 标签，把 Input(Button)按钮控件拖放到主窗口中。右击 Button 控件，在弹出的快捷菜单中选择"属性"命令，打开"属性"面板，修改 size 属性值为"30"，value 属性值为"单击"，修改后的"属性"面板如图 4-2所示。

（5）切换到主窗口的"源"视图，在<div>标签中已经自动生成了一行代码，代码如下：

图 4-2　HTML 控件"属性"面板

```
< body >
    < form id = "form1" runat = "server">
    < div >
    < input id = "Button1" size = "30" type = "button" value = "单击" />
    </ div >
    </ form >
</ body >
```

（6）在＜head＞标签中，增加 JavaScript 事件函数 btn_Click( )。代码如下：

```
    < head runat = "server">
< title ></ title >
< script language = "javascript" type = "text/javascript">
        function btn_Click()
        {
            //弹出提示框
            alert('测试 HTML 控件!');
        }
</ script >
    </ head >
```

（7）在按钮控件中增加单击事件 onclick，代码如下：

```
< input id = "Button1" size = "30" type = "button" value = "单击" onclick = "btn_Click()" />
```

（8）按 Ctrl＋F5 组合键执行代码，执行的结果如图 4-3 所示。

图 4-3　HTML 控件示例运行结果

4.1.2　HTML 服务器控件

HTML 服务器控件其实就是在 HTML 控件的基础上加上 runat="server"所构成的控件。它们的主要区别是运行方式不同,HTML 控件运行在客户端,而 HTML 服务器控件运行在服务器端。

当 ASP. NET 网页执行时,会检查标注有无 runat 属性,如果标注没有设定,那么 HTML 标注就会被视为字符串,并被送到字符串流等待送到客户端,客户端的浏览器会对其进行解释;如果 HTML 标注有设定 runat="server"属性,Page 对象会将该控件放入控制器,服务器端的代码就能对其进行控制,等到控制执行完毕后再将 HTML 服务器控件的执行结果转换成 HTML 标注,然后当成字符串流发送到客户端进行解释。

下面的示例就是一个 HTML 服务器控件,代码如下:

```
< input id = "Button" type = "button" value = "button" runat = "server"/>
```

【例 4-2】　使用 HTML 服务器按钮控件,实现单击按钮时,按钮的标题文字改为"我是 HTML 服务器控件!"。

具体步骤如下。

(1) 打开 WebSite1 站点,添加一个 Default2. aspx 页面文件。在 Default2. aspx 文件中,自动生成了一个页面框架代码。

(2) 打开"工具箱"中的 HTML 标签,把 Input(Button)按钮控件拖放到主窗口中。右击 Button 控件,在弹出的快捷菜单中选择"属性"命令,打开"属性"面板,修改 value 属性值为"单击"。

(3) 切换到主窗口的"源"视图,在<div>标签中已经自动生成了一行代码,代码如下:

```
< body >
    < form id = "form1" runat = "server">
    < div >
        < input id = "Button1" type = "button" value = "单击" />
    </div >
    </form >
</body >
```

（4）在按钮控件代码中，设计属性 runat 的值为 server。这样，客户端按钮控件就转换为服务器按钮控件了。代码如下：

```
< input id = "Button1" type = "button" value = "单击" runat = "server" />
```

（5）在"解决方案资源管理器"中双击 Default2.aspx.cs 文件，打开后台代码。Button1 添加了 runat 属性后，在后台代码可以直接访问它了，添加代码如下。如果没有这个属性，则无法在后台访问 Button1。

```
protected void Page_Load(object sender, EventArgs e)
{
    Button1.Value = "我是 HTML 服务器控件!";
}
```

（6）按 Ctrl+F5 组合键执行代码，执行的结果如图 4-4 所示。

图 4-4 HTML 服务器控件示例运行结果

4.1.3 Web 服务器控件

Web 服务器控件也称为 ASP.NET 服务器控件，是 Web Form 编程的基本元素，也是 ASP.NET 所特有的。它会按照 client 的情况产生一个或者多个 HTML 控件，而不是直接描述 HTML 元素。下面的示例就是一个 Web 服务器控件，代码如下：

```
< asp:Button ID = "Button1" runat = "server" Text = "Button" />
```

【例 4-3】 添加 Web 服务器的标准按钮控件，实现当单击按钮的时候，会弹出一个提示框。具体步骤如下。

（1）打开 WebSite1 站点，添加一个 Default3.aspx 页面文件。

（2）打开"工具箱"中的"标准"标签，把 Button 按钮控件拖放到主窗口中。选中按钮控件，在"属性"面板中修改 Text 的值为"单击"，如图 4-5 所示。

（3）切换到主窗口的"源"视图，在<div>标签中已经自动生成了一行代码，代码如下：

```
< body >
    < form id = "form1" runat = "server">
    < div >
        < asp:Button ID = "Button1" runat = "server" Text = "单击" />
    </div >
    </form >
</body >
```

图 4-5　Web 服务器控件"属性"面板

（4）切换到"设计"视图，双击按钮会打开 Default3.aspx.cs 文件，看到生成了一个按钮的单击事件函数，代码如下：

```
protected void Button1_Click(object sender, EventArgs e)
{
}
```

（5）在按钮的单击事件函数中添加代码，功能是在浏览器上输出字符串。添加代码如下：

```
protected void Button1_Click(object sender, EventArgs e)
{
    Response.Write("测试 Web 服务器控件.");
}
```

（6）再切换到"源"视图，会看到生成的代码如下：

```
<asp:Button ID = "Button1" runat = "server" Text = "单击" OnClick = "Button1_Click" />
```

（7）按 Ctrl＋F5 组合键执行代码，执行的结果如图 4-6 所示。

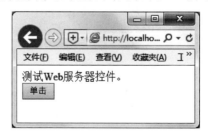

图 4-6　Web 服务器控件示例运行结果

4.2 常用的 Web 控件

在 ASP. NET 页面中,所有控件都运行于服务器端,因此所有的 ASP. NET 控件又被称为服务器控件。控件是一种类,绝大多数控件都具有可视的界面,能够在程序运行中显示其外观。利用控件进行可视化设计既直观又方便,可以实现所见即所得的效果。页面中的每个控件是所属类的一个对象,因此,每个控件都有自己的属性、事件和方法。

所有的 Web 服务器控件都是从 System. Web. UI. WebControls 类继承实现的,所以有很多属性都是相同的,如 Font、Text 等。可以根据需要在控件中设置和使用这些属性,如表 4-1 所示,用来改变服务器控件所展现的内容和显示风格等。

表 4-1 Web 服务器控件的常用属性

属　　性	说　　明
AutoPostBack	控件的属性内容发生改变时,Web 表单自动将数据回传到服务器
DataSource	指定控件进行数据绑定的数据源
DataBind	将控件与数据源进行数据绑定
ID	控件的编程标识符
Font	控件的字体
ForeColor	控件的前景色。可以用英文单词,也可以用颜色的十六进制表示方法,如 green 或 ♯008800
BackColor	控件的背景颜色
BorderColor	控件的边界颜色
Height	控件的高度,单位为 px(像素)、pt、cm、mm 等(下同)
Width	控件的宽度
BorderWidth	控件的边界宽度
Style	控件的风格,在该属性中可以使用 CSS(层叠样式表单)
CssClass	指定 CSS 层叠样式风格
Enabled	True 或 False 值,表示该控件是否可用
TabIndex	控件的索引(整数)。Web 表单中所有的控件都有一个索引号。按 Tab 键就可按此顺序移动光标焦点
Text	控件上显示的文字
ToolTip	当光标在控件上停留时,显示提示信息
Visible	值为 True 或 False,表示控件显示或隐藏

服务器控件的属性值可通过以下 3 种方式来设置。

(1) 通过"属性"窗口直接设置。

(2) 在控件的 HTML 代码中设置。

(3) 通过页面的后台代码以编程的方式设置。

通过"属性"窗口直接进行设置是最简单的方式,设置的时候,只需右击该控件,从弹出的快捷菜单中选择"属性"命令,即可对控件的属性进行设置。

ASP. NET 网页中,与服务器控件关联的事件在客户端(浏览器上)触发,但 ASP. NET 事务代码都是在 Web 服务器上处理的,响应、处理和发回需要经由网络实现。因此,一般服务器控件仅提供有限的一组事件。主要是 Click 类事件与 Change 类事件。

基于服务器的 ASP. NET 页和控件事件遵循事件处理程序方法的标准. NET FrameWork 模式,所有事件都传递两个参数:第一个参数表示引发事件的对象,以及包含任何事件特定信息的事件对象;第二个参数通常是 EventArgs 类型。

服务器控件事件的添加是在控件的属性窗口中,鼠标双击控件的事件图标,如图 4-7 所示,选取系统内置的事件名称,用鼠标双击生成事件框架。

服务器控件中,某些事件(通常是 Click 类事件)会导致页面被立即回发到服务器,而另一些事件(通常是 Change 类事件)不会导致页面被立即发送,它们在下一次发生发送操作时触发。如果希望改变的操作立即回发到服务器,让 Change 事件导致页面发送,则需要设置 Web 服务器控件的 AutoPostBack 属性。当该属性为 true 时,控件的更改事件会导致页面立即发送,而不必使用 Click 事件。

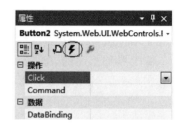

图 4-7 属性窗口中的事件名列表

4.2.1 标签控件

标签(Label)控件是常用的 Web 服务器端控件之一,主要用于在页面上显示文本信息。有以下两种方式在页面上添加一个 Label 对象。

(1) 在工具箱的"标准"标签中找到 **A** **Label** 对象,通过鼠标拖放或双击操作就可以添加。

(2) 在页面 HTML 视图中,通过添加代码实现。例如,想要添加一个 ID 为 Label1 的标签,在页面上显示"我是标签控件",可以通过添加下面的代码实现:

```
< form id = "form1" runat = "server">
    < asp:Label ID = "Label1" runat = "server" Text = "我是标签控件"></asp:Label >
</form >
```

4.2.2 文本框控件

利用文本框(TextBox)控件,用户可以向 Web 窗体中输入信息(包括文本、数字和日期)。另外,通过配置其属性,TextBox 可以接收单行、多行或者密码形式的数据。有以下两种方式在页面上添加一个 TextBox 对象。

(1) 在工具箱的"标准"标签中找到 **TextBox** 对象,通过鼠标拖放或双击操作就可以添加。

(2) 在页面 HTML 视图中,通过添加代码实现。例如,想要添加一个 ID 为 TextBox1 的单行输入框控件,可以通过添加下面的代码实现:

```
< form id = "form1" method = "post" runat = "server">
< asp:TextBox ID = "TextBox1" runat = "server"></asp:TextBox >
</form >
```

TextBox 控件的常用属性及其功能如表 4-2 所示。

表 4-2 TextBox 控件的常用属性及其功能描述

属　　性	功　　能
AutoPostBack	指示在输入信息时,数据是否实时自动回发到服务器
Columns	文本框的显示宽度(以字符为单位)
MaxLength	文本框中最多允许的字符数
ReadOnly	指示能否更改 TextBox 控件的内容
Rows	多行文本框中显示的行数
Text	TextBox 控件的文本内容
TextMode	TextBox 控件的行为模式,其中 MultiLine 为多行输入模式,Password 为密码输入模式,SingleLine 为单行输入模式(默认)
Wrap	指示多行文本框内的文本内容是否换行

TextBox 控件的常用事件是 TextChanged,当文本框的内容在向服务器的各次发送过程间更改时触发。

4.2.3 命令类控件

1. 按钮控件

按钮(Button)是页面上最常用的控件之一,用户常常通过单击按钮来完成提交、确认等功能,通过对单击事件编程可以完成特定的功能。有以下两种方式在页面上添加一个 Button 对象。

(1) 在工具箱的"标准"标签中找到 🔳 **Button** 对象,通过鼠标拖放或双击操作就可以添加。

(2) 在页面 HTML 视图中,通过添加代码实现。例如,想要添加一个 ID 为 Button1 显示文字为"确定"的 Button 对象,可以通过添加下面的代码实现:

```
<form id = "form1" method = "post"runat = "server">
<asp:Button ID = "Button1" runat = "server" Text = "确定" />
</form>
```

Button 控件的常用属性及其功能如表 4-3 所示。

表 4-3 Button 控件的常用属性及其功能描述

属　　性	功　　能
CommandArgument	获取或设置可选参数,该参数与 CommandName 一起传递到 Command 事件
CommandName	获取或设置命令名,该命令名与传递给 Command 事件的 Button 控件相关联
EnableViewState	获取或设置一个值,指示服务器控件是否保持自己以及所包含子控件的状态
Text	获取或设置在 Button 控件中显示的文本标题

Button 控件的常用事件及其功能如表 4-4 所示。

表 4-4　Button 控件的常用事件及其功能描述

事　件	功　能
Click	在单击 Button 控件时发生
Command	在单击 Button 控件时发生

Click 事件和 Command 事件虽然都能够响应单击事件,但并不相同。Click 事件具有简单快捷的事件响应功能。而 Command 事件具有更为强大的功能,它通过关联按钮的 CommandName 属性使按钮可以自动寻找并调用特定的方法,还可以通过 CommandArgument 属性向该方法传递参数。

这样做的好处在于,当页面上需要放置多个 Button 按钮分别完成多个任务,而这些任务非常相似,容易用统一的方法实现时,不必为每一个 Button 按钮单独实现 Click 事件。可通过一个公共的处理方法结合各个按钮的 Command 事件来完成。

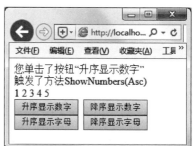

【例 4-4】　实现如图 4-8 所示的 4 个按钮上显示的功能。要求自定义两个函数分别用来显示数字和字母,要显示的内容在函数中已写好,只需要通过传递参数决定升序还是降序显示。

具体步骤如下。

(1) 新建 ASP.NET 网站 ButtonTest,添加一个 Default.aspx 页面,并在页面上添加 4 个 Button 按钮,它们的 HTML 代码如下:

图 4-8　Button 控件的示例效果

```
< form id = "form1" runat = "server">
    < asp: Button ID = "Button1" runat = "server" CommandArgument = "Asc" CommandName =
"ShowNumbers_Asc" Text = "升序显示数字" />  
        < asp: Button ID = "Button2" runat = "server" CommandArgument = "Desc" CommandName =
"ShowNumbers_Desc" Text = "降序显示数字" />
        < asp: Button ID = "Button3" runat = "server" CommandArgument = "Asc" CommandName =
"ShowLetters_Asc" Text = "升序显示字母" />  
        < asp: Button ID = "Button4" runat = "server" CommandArgument = "Desc" CommandName =
"ShowLetters_Desc" Text = "降序显示字母" />
</form >
```

请注意 4 个按钮对应的 CommandName 属性和 CommandArgument 属性,有了它们 Command 事件才能自动寻找合适的执行方法。

(2) 转向代码页,Command 事件代码如下:

```
protected void Button_Command(object sender, CommandEventArgs e)
{
    switch (e.CommandName)
    {
        case "ShowNumbers_Asc":
            Response.Write("您单击了按钮"升序显示数字"<br>");
```

```
            //调用不同的方法,并传递 CommandArgument 参数
            ShowNumbers(e.CommandArgument);
            break;
        case "ShowNumbers_Desc":
            Response.Write("您单击了按钮"降序显示数字"<br>");
            ShowNumbers(e.CommandArgument);
            break;
        case "ShowLetters_Asc":
            Response.Write("您单击了按钮"升序显示字母"<br>");
            ShowLetters(e.CommandArgument);
            break;
        case "ShowLetters_Desc":
            Response.Write("您单击了按钮"升序显示字母"<br>");
            ShowLetters(e.CommandArgument);
            break;
        default:
            break;
    }
}
```

该方法是 4 个按钮单击时都要触发的方法,switch 语句通过 CommandName 属性值可判断单击来自哪一个按钮,然后去做不同的事情。在调用时,还把 CommandArgument 属性值作为参数传递给 ShowNumbers()或 ShowLetters()。

方法 ShowNumbers()和 ShowLetters()非常简单,功能是按照升序或降序输出数字或字母。以 ShowLetters()为例,代码如下:

```
private void ShowLetters(Object commandArgument)
{
    Response.Write("触发了方法 ShowLetters(" + commandArgument.ToString() + ")<br>");
    if (commandArgument.ToString() == "Asc")
        Response.Write("a b c d e");
    else if (commandArgument.ToString() == "Desc")
        Response.Write("e d c b a");
}
```

(3) 关联 4 个按钮的 Command 事件到 Button _Command()方法。右击该按钮,在弹出的快捷菜单中选择"属性"命令,在"属性"面板中单击 ⚡ 图标,查看该按钮的事件列表。在 Command 选项中,输入方法名,或者通过单击后面的下拉按钮,选择已有的方法,如图 4-9 所示。将 4 个按钮的 Command 事件都关联到 Button_Command()方法。

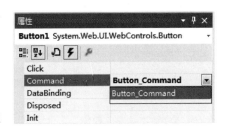

图 4-9 关联按钮的 Command 事件

(4) 按 Ctrl+F5 组合键运行程序。

2. 链接按钮控件

链接按钮(LinkButton)控件是 Button 和 HyperLink 控件的结合,实现具有超级链接样

式的按钮。如果希望在单击控件时链接到另一个 Web 页而不用执行某些操作,使用 HyperLink 控件即可。有以下两种方式在页面上添加一个 LinkButton 对象。

(1) 在工具箱的"标准"标签中找到  LinkButton 对象,通过鼠标拖放或双击操作就可以添加。

(2) 在页面 HTML 视图中,通过添加代码实现。例如,想要添加一个 ID 为 LinkButton1 显示标题为"用户注册"的链接按钮,可以通过添加下面的代码实现:

```
< form id = "form1" method = "post"runat = "server">
    < asp:LinkButton ID = "LinkButton1" runat = "server">用户注册</asp:LinkButton >
</form >
```

LinkButton 控件的属性和事件与 Button 控件非常相似,也具有 CommandName 属性和 CommandArgument 属性及 Click 事件和 Command 事件。

【例 4-5】 添加 LinkButton 控件,显示标题为"用户注册",单击链接按钮后在页面上显示"此用户注册成功!"。

具体步骤如下。

(1) 新建 ASP.NET 网站 LinkButtonTest,添加一个 Default.aspx 页面,并在页面上添加一个 LinkButton 按钮,其 HTML 代码如下:

```
< asp:LinkButton ID = "LinkButton1" runat = "server" >用户注册</asp:LinkButton >
```

(2) 双击"用户注册"链接按钮,在其 Click 事件方法中,添加向页面输出文字的代码:

```
protected void LinkButton1_Click(object sender, EventArgs e)
{
    Response.Write("此用户注册成功!");
}
```

图 4-10   LinkButton 控件示例运行结果

(3) 按 Ctrl+F5 组合键运行程序,结果如图 4-10 所示。

3. 图片按钮控件

图片按钮(ImageButton)控件使用户能够处理图像中的单击操作。在外观上,ImageButton 控件与 Image 控件相似,具有 ImageUrl、ImageAlign、AlterText 属性。在功能上,ImageButton 控件与 Button 控件非常相似,具有 CommandName、CommandArgument 属性及 Click 事件和 Commangd 事件。有以下两种方式在页面上添加一个 LinkButton 对象。

(1) 在工具箱的"标准"标签中找到 Image 对象,通过鼠标拖放或双击操作就可以添加。

(2) 在页面 HTML 视图中,通过添加下面的代码实现:

```
< form id = "form1" method = "post" runat = "server">
    < asp:ImageButton ID = "ImageButton1" runat = "server" />
</ form >
```

4.2.4 图像控件

图像(Image)控件可以在 Web 窗体页上显示图像,并有服务器的代码管理这些图像。有以下两种方式在页面上添加一个 Image 对象。

(1) 在工具箱的"标准"标签中找到 🖾 Image 对象,通过鼠标拖放或双击操作就可以添加。

(2) 在页面 HTML 视图中,通过添加代码实现。例如,想要添加一个 ID 为 Image1 的图像控件,用来显示一张动物的图片,可以通过添加下面的代码实现:

```
< form id = "form1" runat = "server">
    < asp:Image ID = "Image1" runat = "server" ImageUrl = "./pic/动物.jpg" />
</ form >
```

Image 控件的常用属性及其功能如表 4-5 所示。

表 4-5　Image 控件的常用属性及其功能描述

属　性	功　能
AlternateText	当图像不可用时,Image 控件中显示的是替换文本
ImageAlign	Image 控件相对于 Web 页上其他元素的对齐方式
ImageUrl	图像的位置

【例 4-6】　添加一个 Image 控件和 3 个 Button 控件,要求单击 Button 控件时会在 Image 控件中显示相应的图片。

具体步骤如下。

(1) 新建 ASP.NET 网站 ImageTest,在站点根目录下建立 pic 文件夹,存放鲜花.jpg、动物.jpg、水果.jpg 三张图片。添加一个 Default.aspx 页面,并在页面上添加一个 Image 控件和 3 个 Button 按钮,其 HTML 代码如下:

```
< form id = "form1" runat = "server">
    < asp:Image ID = "Image1" runat = "server" Height = "90px" Width = "120px ImageUrl = "./pic/
鲜花.jpg" />
    < asp:Button ID = "Button1" runat = "server" Text = "鲜花" />
    < asp:Button ID = "Button2" runat = "server" Text = "动物" />
    < asp:Button ID = "Button3" runat = "server" Text = "水果" />
</ form >
```

(2) 双击 Button1 控件,在其 Click 事件中添加修改 ImageUrl 属性值的代码,代码如下:

```
protected void Button1_Click(object sender, EventArgs e)
    {
        Image1.ImageUrl = "./pic/鲜花.jpg";
    }
```

用同样的方法,为 Button2 控件和 Button3 控件编写 Click 事件,代码如下:

```
protected void Button2_Click(object sender, EventArgs e)
{
    Image1.ImageUrl = "./pic/动物.jpg";
}
protected void Button3_Click(object sender, EventArgs e)
{
    Image1.ImageUrl = "./pic/水果.jpg";
}
```

(3) 按 Ctrl+F5 组合键运行程序,结果如图 4-11 所示。

图 4-11　Image 控件示例运行结果

4.2.5　超链接控件

超链接(HyperLink)控件可以在 Web 窗体上设定超链接,单击该控件会链接到另一个 Web 页面。有以下两种方式在页面上添加一个 HyperLink 对象。

(1) 在工具箱的"标准"标签中找到 **A HyperLink** 对象,通过鼠标拖放或双击操作就可以添加。

(2) 在页面 HTML 视图中,通过添加代码实现。例如,想要添加一个 ID 为 HyperLink1 的超链接控件,用来指向百度网站的首页,可以通过添加下面的代码实现:

```
< form id = "form1" runat = "server">
    < asp:HyperLink ID = "HyperLink1" runat = "server" NavigateUrl = "http://www.baidu.com"
Target = "_blank">百度网</asp:HyperLink >
</form >
```

HyperLink 控件的常用属性及其功能如表 4-6 所示。

表 4-6　HyperLink 控件的常用属性及其功能描述

属　　性	功　　能
Text	超链接文字提示
ImageUrl	图像文件的路径与名称
NavigateUrl	目标链接地址
Target	目标链接网页窗口位置。_blank,将目标网页放在新窗口中;_parent,将目标网页放在父窗口中;_self,将目标网页放在焦点所在框架中;_top,将目标网页放在本窗口中

4.2.6 选择类控件

选择类控件是网页文件中经常出现的一类控件,用户经常要通过此类控件选择个人信息,提交给服务器。

1. 单选按钮控件

单选按钮(RadioButton)控件是常用的 Web 服务器端控件之一,主要用于数据列表选项。RadioButton 控件允许用户选择 True 状态或 False 状态,但是只能选择其一。有以下两种方式在页面上添加一个 RadioButton 对象。

(1) 在工具箱的"标准"标签中找到 ◉ **RadioButton** 对象,通过鼠标拖放或双击操作就可以添加。

(2) 在页面 HTML 视图中,通过添加代码实现。例如,想要添加一个 ID 为 RadioButton1 的单选按钮控件,可以通过添加下面的代码实现:

```
< form id = "form1" runat = "server">
    < asp:RadioButton ID = "RadioButton1" runat = "server" />
    </form >
```

RadioButton 控件的常用属性及其功能如表 4-7 所示。

表 4-7 RadioButton 控件的常用属性及其功能描述

属 性	功 能
AutoPostBack	指示在单击时 RadioButton 状态是否自动回发到服务器
Checked	指示是否已选中 RadioButton 控件,true 为选中,false 为未选中
GroupName	同一组单选按钮的组名,同组的单选按钮互斥

RadioButton 控件的常用事件是 CheckedChanged,当 Checked 属性值更改时触发。

【例 4-7】 用户通过 RadioButton 控件选择系别,且只能选择一个系别,选择后页面上将显示用户的系别信息。

具体步骤如下。

(1) 新建 ASP.NET 网站 RadioButtonTest,添加一个 Default.aspx 页面,并在页面上添加一个 Label 控件和 3 个 RadioButton 控件,分别表示计算机系、金融系和会计系,3 个 RadioButton 控件是一组互斥按钮,所以 GroupName 属性值是一样的,都是 department,其 HTML 代码如下:

```
< form id = "form1" runat = "server">
    < asp:Label ID = "Label1" runat = "server"></asp:Label >
        < asp:RadioButton ID = "RadioButton1" runat = "server" GroupName = "department" Text = "计算机系" />
    < asp:RadioButton ID = "RadioButton2" runat = "server" GroupName = "department" Text = "金融系" />
    < asp:RadioButton ID = "RadioButton3" runat = "server" GroupName = "department" Text = "会计系" />
    </form >
```

（2）设置 3 个 RadioButton 控件的 AutoPostBack 属性值为 true。

（3）双击 RadioButton1 控件或双击其事件列表中的 CheckedChanged 事件，编写 RadioButton1 控件的 CheckedChanged 事件，代码如下：

```
protected void RadioButton1_CheckedChanged(object sender, EventArgs e)
{
    if (RadioButton1.Checked)
    Label1.Text = "你是计算机系学生!";
}
```

用同样的方法，为 RadioButton2 控件和 RadioButton3 控件编写 Click 事件，代码如下：

```
protected void RadioButton2_CheckedChanged(object sender, EventArgs e)
{
    if (RadioButton2.Checked)
    Label1.Text = "你是金融系学生!";
}
protected void RadioButton3_CheckedChanged(object sender, EventArgs e)
{
    if (RadioButton3.Checked)
    Label1.Text = "你是会计系学生!";
}
```

（4）按 Ctrl+F5 组合键运行程序，结果如图 4-12 所示。

2．单选按钮列表控件

单选按钮列表（RadioButtonList）控件用于构建单选列表，并可以指定排列方式。与单选按钮不同的是，该控件用组的方法来管理各个选项，因此不需要逐一判断，提高了效率。有以下两种方式在页面上添加一个 RadioButton 对象。

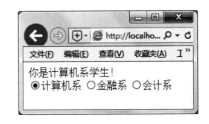

图 4-12　RadioButton 控件示例运行结果

（1）在工具箱的"标准"标签中找到 ▐▐ **RadioButtonList** 对象，通过鼠标拖放或双击操作就可以添加。

（2）在页面 HTML 视图中，通过添加代码实现。例如，想要添加一个 ID 为 RadioButtonList1 的单选按钮列表控件，可以通过添加下面的代码实现：

```
<form id = "form1" runat = "server">
    <asp:RadioButtonList ID = "RadioButtonList1" runat = "server">
    </asp:RadioButtonList>
    </form>
```

RadioButtonList 控件属性除了与 RadioButton 控件相似之外，还包括如表 4-8 所示的属性。

表 4-8　RadioButtonList 控件的常用属性功能描述

属　　性	功　　能
RepeatColumns	RadioButtonList 控件中显示的列数
RepeatDirection	设置控件中单元的布局是水平还是垂直。默认是垂直 Vertical
ListItem	集合属性,是列表控件中每个数据项对象。该属性包括 3 个子属性:Text,表示每个选项的文本;Value,表示每个选项的选项值;Selected,表示该选项是否选中

RadioButtonList 的常用事件是 SelectedIndexChanged,当 Checked 属性值更改时触发。

【例 4-8】 设计一个调查表,如图 4-13 所示。单击"确定"按钮,在页面下方显示个人身份信息。

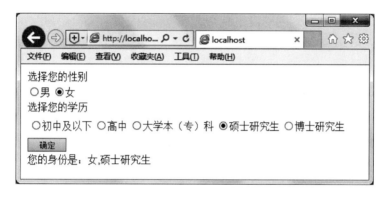

图 4-13　RadioButtonList 控件示例

具体步骤如下。

(1) 新建 ASP.NET 网站 RadioButtonListTest,添加一个 Default.aspx 页面。

(2) 在网页中添加一个表格控件(6 行 1 列)。从工具箱的 HTML 控件中选择添加 Table 控件,设计页面上会出现一个 3 行 3 列的表格,修改表格为 6 行 1 列,方法如下。

① 删除列:选中后两列并右击,在弹出的快捷菜单中选择"删除"→"删除列"命令。

② 插入行:选中最后一行并右击,在弹出的快捷菜单中选择"插入"→"上面的行"命令。

(3) 向表格内添加两个 RadioButton 控件、一个 RadioButtonList 控件、一个 Button 控件和一个 Label 控件。属性设置如表 4-9 所示。

表 4-9　调查表各控件属性设置

控　　件	ID	Text	其 他 属 性
RadioButton1	rbtn_Male	男	GroupName="Sex"
RadioButton2	rbtn_Female	女	GroupName="Sex"
RadioButtonList1	rbtnlst_Education		RepeatDirection=Horizontal
Button1	btn_Ok	确定	
Label1	lbl_Result		

(4) 单击 RadioButtonList 控件的 Items 属性,打开"ListItem 集合编辑器"对话框。在"成员"中添加新的成员,并在"属性"中设置其相应的 Text 和 Value 属性的值,如图 4-14 所示。

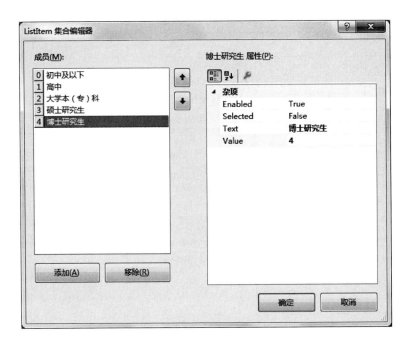

图 4-14　"ListItem 集合编辑器"对话框

（5）编写"确定"按钮的 Click 事件，代码如下：

```
protected void btn_Ok_Click(object sender, EventArgs e)
{
    string sex, education;
    if (rbtn_Male.Checked)
        sex = "男";
    else
        sex = "女";
    education = rbtnlst_Education.SelectedItem.Text;
    lbl_Result.Text = "您的身份是：" + sex + "," + education;
}
```

（6）按 Ctrl+F5 组合键运行程序。

3. 复选框控件

复选框（CheckBox）控件也是常用的 Web 服务器端控件之一，主要用于交互式的选项。CheckBox 控件允许用户选择 True 状态或 False 状态，与 RadioButton 控件不同的是能同时选多个或一个都不选。有以下两种方式在页面上添加一个 CheckBox 对象。

（1）在工具箱的"标准"标签中找到 ☑ CheckBox 对象，通过鼠标拖放或双击操作就可以添加。

（2）在页面 HTML 视图中，通过添加代码实现。例如，想要添加一个 ID 为 CheckBox1标题显示"保存密码"的复选框控件，可以通过添加下面的代码实现：

```
< form id = "form1" runat = "server">
< asp:CheckBox ID = "CheckBox1" runat = "server" Text = "保存密码" />
</form >
```

CheckBox 控件的常用属性及其功能如表 4-10 所示。

表 4-10　CheckBox 控件的常用属性及其功能描述

属　　性	功　　能
AutoPostBack	指示在单击时 CheckBox 状态是否自动回发到服务器
Checked	指示是否已选中 CheckBox 控件，true 为选中，false 为未选中
TextAlign	选项名对齐方式，取值有 left、right

CheckBox 控件的常用事件是 CheckedChanged，当用户改变 CheckBox 控件的状态时触发。

【例 4-9】　实现功能如图 4-15 所示的程序。用户在爱好中选择，每次选择的结果都会出现在页面的上方。

具体步骤如下。

（1）新建 ASP. NET 网站 CheckBoxTest，添加一个 Default. aspx 页面。

图 4-15　CheckBox 控件示例

（2）在页面上添加一个 Label 对象和 6 个 CheckBox 对象，其 HTML 代码如下：

```
< form id = "form1" runat = "server">
    < asp:Label ID = "Label1" runat = "server"></asp:Label >
    < asp:CheckBox ID = "CheckBox1" runat = "server" AutoPostBack = "True" Text = "唱歌" />
    < asp:CheckBox ID = "CheckBox2" runat = "server" AutoPostBack = "True" Text = "跳舞" />
    < asp:CheckBox ID = "CheckBox3" runat = "server" AutoPostBack = "True" Text = "足球" />
    < asp:CheckBox ID = "CheckBox4" runat = "server" AutoPostBack = "True" Text = "旅游" />
    < asp:CheckBox ID = "CheckBox5" runat = "server" AutoPostBack = "True" Text = "阅读" />
    < asp:CheckBox ID = "CheckBox6" runat = "server" AutoPostBack = "True" Text = "篮球" />
</form >
```

需要注意的是，每一个 CheckBox 的 AutoPostBack 属性都为 Ture，这保证在用户选择时，服务器会立该自动做出响应。

（3）实现一个显示用户选择的方法 Show()，代码如下：

```
protected void Show( )
{
    string result = "您选择的爱好者有：";
    if (CheckBox1.Checked) result += "唱歌 ";
    if (CheckBox2.Checked) result += "跳舞 ";
    if (CheckBox3.Checked) result += "足球 ";
    if (CheckBox4.Checked) result += "旅游 ";
    if (CheckBox5.Checked) result += "阅读 ";
    if (CheckBox6.Checked) result += "篮球 ";
    Label1.Text = result;
}
```

（4）双击每一个复选框控件，在自动生成的 CheckedChanged 事件中调用 Show()方法。以 CheckBox1 为例，代码如下：

```
protected void CheckBox1_CheckedChanged(object sender, EventArgs e)
{
    Show();
}
```

（5）按 Ctrl+F5 组合键运行程序。

4. 复选框列表控件

复选框列表（CheckBoxList）控件与 RadioButtonList 控件类似，区别在于 CheckBoxList 控件可以选择多个或一个都不选。有以下两种方式在页面上添加一个 CheckBoxList 对象。

（1）在工具箱的"标准"标签中找到  CheckBoxList 对象，通过鼠标拖放或双击操作就可以添加。

（2）在页面 HTML 视图中，通过添加代码实现。例如，想要添加一个 ID 为 CheckBoxList1 的单选按钮列表控件，可以通过添加下面的代码实现：

```
< form id = "form1" runat = "server">
    < asp:RadioButtonList ID = "RadioButtonList1" runat = "server">
    </asp:RadioButtonList >
</form >
```

CheckBoxList 控件属性除了与 CheckBox 控件相似之外，还包括如表 4-11 所示的属性。

表 4-11   CheckBoxList 控件的常用属性功能描述

属　　性	功　　能
RepeatColumns	CheckBoxList 控件中显示的列数
RepeatDirection	设置控件中单元的布局是水平还是垂直。默认是垂直 Vertical
ListItem	集合属性，是列表控件中每个数据项对象。该属性包括 3 个子属性：Text，表示每个选项的文本；Value，表示每个选项的选项值；Selected，表示该选项是否选中

CheckBoxList 的常用事件是 SelectedIndexChanged，当 Checked 属性值更改时触发。

【例 4-10】 将例 4-9 用 CheckBoxList 控件实现。

具体步骤如下。

（1）新建 ASP.NET 网站 CheckBoxListTest，添加一个 Default.aspx 页面。

（2）在页面上添加一个 Label 对象和一个 CheckBoxList 对象。Label1 标题不显示文字，CheckBoxList1 的 AutoPostBack 属性设置为 Ture，RepeatDirection 属性值设置为 Horizontal。

（3）单击 CheckBoxList1 的 Items 属性或单击 CheckBoxList1 右侧的箭头图标，在菜单中选择"编辑项"选项，如图 4-16 所示，打开"ListItem 集合编辑器"对话框。在"成员"中添加新的成员，并在"属性"中设置其相

图 4-16   添加 CheckBoxList 控件成员

应的 Text 和 Value 属性的值,如图 4-17 所示。

图 4-17 "ListItem 集合编辑器"对话框

(4)双击 CheckBoxList1 进入后台代码,编写 SelectedIndexChanged 事件,代码如下:

```
protected void CheckBoxList1_SelectedIndexChanged(object sender, EventArgs e)
{
    string result = "";
    int i ;
    for (i = 0; i < CheckBoxList1.Items.Count; i++)
    {
        if (CheckBoxList1.Items[i].Selected)
        {
            result += CheckBoxList1.Items[i].Text + "  ";
        }
    }
    Label1.Text = "您的爱好是: " + result;
}
```

(5)按 Ctrl+F5 组合键运行程序,结果如图 4-18 所示。

图 4-18 CheckBoxList 控件示例运行结果

5. 下拉列表控件

下拉列表(DropDownList)控件只支持单项选择,允许用户从多个选项中选择一项,并且在选择前用户只能看到第一个选项,其余的选项都将隐藏起来。有以下两种方式在页面上添加一个 DropDownList 对象。

(1) 在工具箱的"标准"标签中找到  DropDownList 对象,通过鼠标拖放或双击操作就可以添加。

(2) 在页面 HTML 视图中,通过添加代码实现。例如,想要添加一个 ID 为 DropDownList1 的单选按钮列表控件,可以通过添加下面的代码实现:

```
< form id = "form1" runat = "server">
< asp:DropDownList ID = "DropDownList1" runat = "server">
</asp:DropDownList>
</form>
```

DropDownList 控件中的列表项属于 ListItem 类型,每个 ListItem 对象都是带有自己的属性的单独对象,其常用的属性有 Text、Value 和 Selected。其中,Text 属性指定在列表中显示的文本;Value 属性包含了与某项相关联的值,设置此属性可使该值与特定的项关联而不显示该值。在程序中可以用"控件名. SelectedItem. Value"获取选中的选项值,用"控件名. SelectedItem. Text"获取选中的选项文字。

【例 4-11】 实现如图 4-19 所示的功能,在下拉列表框中选择城市,单击"确定"按钮,在页面下面的标签控件中显示出生地及当地邮编信息。

具体步骤如下。

(1) 新建 ASP. NET 网站 DropDownListTest,添加一个 Default. aspx 页面。

(2) 在页面上添加一个 DropDownList 对象、一个 Button 对象和一个 Label 对象。属性设置如表 4-12 所示。

图 4-19   DropDownList 控件示例

表 4-12   DropDownList 控件示例中各控件属性值

控　　件	ID	Text	其 他 属 性	
DropDownList	DropDownList1		ListItem	
			Text	Value
			哈尔滨	150000
			齐齐哈尔	161000
			牡丹江	157000
			佳木斯	154000
			大庆	163000
Button	Button1	确定		
Label	Label1			

（3）编写"确定"按钮的 Click 事件，代码如下：

```
protected void Button1_Click(object sender, EventArgs e)
{
    Label1.Text = "您的出生地为: " + DropDownList1.SelectedItem.Text + ",邮编为: " +
DropDownList1.SelectedItem.Value;
}
```

（4）按 Ctrl＋F5 组合键运行程序。

6. 列表框控件

列表框（ListBox）控件用于建立可单选或多选的下拉列表。它与 DropDownList 控件的区别在于，用户在选择操作前可看到所有的选项，并可进行多项选择。有以下两种方式在页面上添加一个 ListBox 对象。

（1）在工具箱的"标准"标签中找到 **ListBox** 对象，通过鼠标拖放或双击操作就可以添加。

（2）在页面 HTML 视图中，通过添加代码实现。例如，想要添加一个 ID 为 ListBox 1 的单选按钮列表控件，可以通过添加下面的代码实现：

```
< form id = "form1" runat = "server">
< asp:ListBox ID = "ListBox1" runat = "server"></asp:ListBox>
</form>
```

其常用属性类似于 DropDownList 控件，另外还包括两个常用属性，如表 4-13 所示。

表 4-13　ListBox 控件的常用属性功能描述

属　　　性	功　　　能
Rows	用于控制要显示的可见行的数目，默认值为 4
SelectionMode	用于控制列表的选择模式，有 Single 单项选择模式（默认）和 Multiple 多项选择模式

常用事件有 SelectedIndexChanged 和 TextChanged。SelectedIndexChanged 事件在改变列表中的索引时被激活，TextChanged 事件在更改文本框的属性后被激活。

【例 4-12】　实现如图 4-20 所示的选课功能，在左侧列表框中选择课程，被选中的课程会添加到右侧的列表框中。单击"删除课程"按钮，会把右侧列表框中鼠标选中的课程删除，单击"全部删除"按钮会清空右侧的列表框。

具体步骤如下。

（1）新建 ASP. NET 网站 ListBox Test，添加一个 Default. aspx 页面。

图 4-20　ListBox 控件示例

（2）在页面上添加两个 ListBox 对象和两个 Button 对象。为 ListBox1 对象的 ListItem 属性添加成员"ASP. NET 程序设计""计算机英语""C＃程序设计""数据库原理"和"计算机导论"，设置 AutoPostBack 属性值为 ture。

Button1 的 Text 属性为删除课程,Button2 的 Text 属性为全部删除。

(3)编写 ListBox 的 SelectedIndexChanged 事件,两个按钮的 Click 事件,代码如下:

```
protected void ListBox1_SelectedIndexChanged(object sender, EventArgs e)
{
    ListBox2.SelectedIndex = -1;
    ListBox2.Items.Add(ListBox1.SelectedItem );
}
protected void Button1_Click(object sender, EventArgs e)
{
    ListBox2.Items.Remove(ListBox2.SelectedItem );
}
protected void Button2_Click(object sender, EventArgs e)
{
    ListBox2.Items.Clear();
}
```

(4)按 Ctrl+F5 组合键运行程序。

4.3 其他常用控件

4.3.1 容器控件

容器(Panel)控件就好像是一个控件的大容器,可以将其他控件包含在其中,所以常用来包含一组控件,然后选择是否可视来显示或隐藏这组控件,以达到设计者特殊的设计效果。有以下两种方式在页面上添加一个 Panel 对象。

(1)在工具箱的"标准"标签中找到 ▦ **Panel** 对象,通过鼠标拖放或双击操作就可以添加。

(2)在页面 HTML 视图中,通过添加代码实现。例如,想要添加一个 ID 为 Panel1 的单选按钮列表控件,可以通过添加下面的代码实现:

```
< form id = "form1" runat = "server">
< asp:Panel ID = "Panel1" runat = "server" Height = "125px" Width = "174px">
</asp:Panel >
</form >
```

Panel 控件常用属性,如表 4-14 所示。

表 4-14 Panel 控件的常用属性功能描述

属　　性	功　　能
Visible	控制 Panel 控件是否可见,默认为 true
ScrollBars	为 Panel 控件添加滚动条。有 5 种值可选择,None,不显示滚动条(默认);Horizontal,只显示水平滚动条;Vertical,只显示垂直滚动条;Both,显示水平和垂直滚动条;Auto,如果需要,显示水平、垂直滚动条或者两者均显示
GroupingText	为 Panel 控件添加标题

【例 4-13】 实现如图 4-21 所示的页面,在 Panel 控件中选择星期信息,复选框用来控制是否显示 Panel 控件。

图 4-21 Panel 控件示例

具体步骤如下。

(1) 新建 ASP. NET 网站 Panel Test,添加一个 Default. aspx 页面。

(2) 在页面上添加一个 CheckBox 控件、一个 Panel 控件、一个 Label 控件和一个 RadioButtonList 控件。设置各控件的属性值,如表 4-15 所示。

表 4-15 Panel 控件示例中各控件属性值

控 件	ID	Text	其 他 属 性		
CheckBox	CheckBox1	显示 Panel1 控件	AutoPostBack＝true		
Panel	Panel1		GroupingText＝"测试" ScrollBars＝Auto		
Label	Label1	请选择今天是星期几:			
RadioButtonList	RadioButtonList1		ListItem		
				Text	Value
				星期一	1
				星期二	2
				星期三	3
				星期四	4
				星期五	5
				星期六	6
				星期日	7

(3) 编写 CheckBox1 的 CheckedChanged 事件,代码如下:

```
protected void CheckBox1_CheckedChanged(object sender, EventArgs e)
{
    if (CheckBox1.Checked)
    {
        Panel1.Visible = true;
    }
    else
    {
        Panel1.Visible = false;
    }
}
```

(4) 按 Ctrl＋F5 组合键运行程序。

4.3.2 日历控件

日历(Calendar)控件用于在 Web 窗体上显示日历。有以下两种方式在页面上添加一个 Calendar 对象。

（1）在工具箱的"标准"标签中找到 ▥ Calendar 对象，通过鼠标拖放或双击操作就可以添加。

（2）在页面 HTML 视图中，通过添加代码实现。例如，想要添加一个 ID 为 Calendar1 的单选按钮列表控件，可以通过添加下面的代码实现：

```
< form id = "form1" runat = "server">
< asp:Calendar ID = "Calendar1" runat = "server"></asp:Calendar >
</form >
```

Calendar 控件常用属性，如表 4-16 所示。

表 4-16　Panel 控件的常用属性功能描述

属　　　性	功　　　能
ShowDayHeader	True 为显示星期（默认），False 为隐藏星期
SelectionMode	设置选择日期的方式，取值有 day（选择一天）、dayweek（选择一周）、dayweekmonth（选择一个月）
TodayDate	设置或获取今天日期与时间
SelectedDate	获取用户选择的日期

Calendar 控件的常用事件有两个，SelectionChanged 事件当选择日期时被激活，VisibleMonthChanged 事件当单击月份导航按钮时被激活。

【例 4-14】　实现如图 4-22 所示的页面，在 TextBox 控件中显示用户选择的日期。

具体步骤如下。

（1）新建 ASP.NET 网站 CalendarTest，添加一个 Default.aspx 页面。

（2）在页面上添加一个 Calendar 控件和一个 TextBox 控件。Calendar 控件的 SelectionMode 属性值设置为 dayweekmonth。在页面上添加文字"用户选择日期："。

图 4-22　Calendar 控件示例

（3）编写 Calendar1 的 SelectionChanged 事件，代码如下：

```
protected void Calendar1_SelectionChanged(object sender, EventArgs e)
{
    TextBox1.Text = Calendar1.SelectedDate.ToLongDateString();
}
```

（4）按 Ctrl+F5 组合键运行程序。

4.3.3　文件上传控件

文件上传（FileUpload）控件可以让用户从页面上传一个文件到服务器的指定文件夹。

从外观上看,FileUpload 控件是由一个文本框和一个"浏览"按钮控件组成的,用户可直接在文本框中输入希望上传的文件名(包括文件存放路径)。有以下两种方式在页面上添加一个FileUpload 对象。

(1) 在工具箱的"标准"标签中找到 📁 FileUpload 对象,通过鼠标拖放或双击操作就可以添加。

(2) 在页面 HTML 视图中,通过添加代码实现。例如,想要添加一个 ID 为FileUpload1 的单选按钮列表控件,可以通过添加下面的代码实现:

```
< form id = "form1" runat = "server">
< asp:FileUpload ID = "FileUpload1" runat = "server" />
</form >
```

【例 4-15】 用 FileUpload 控件上传文件,并显示文件的相关信息。

具体步骤如下。

(1) 新建 ASP. NET 网站 FileUploadTest,添加一个 Default. aspx 页面。

(2) 在页面上添加一个 FileUpload 控件、一个 Button 控件和一个 Label 控件。Button1 的 Text 属性设置为"上传",Label1 的 Text 属性设置为空。

(3) 在站点文件夹 FileUploadTest 下,创建子文件夹 test,在 test 文件夹下新建一个名为"上传文件. txt"的文本文件。

(4) 编写 Button1 的 Click 事件,代码如下:

```
protected void Button1_Click(object sender, EventArgs e)
{
    string filename, filepath;
    filename = Path.GetFileName(FileUpload1.PostedFile.FileName );
    filepath = Server. MapPath("test") + "\\" + filename;
    FileUpload1. SaveAs(filepath );
    Label1. Text = "文件上传成功,您上传的文件名为: " + filename + "保存在" + filepath;
    Label1. Text += "< br>文件大小: " + FileUpload1. PostedFile. ContentLength + "字节";
    Label1. Text += "< br>文件类型: " + FileUpload1. PostedFile. ContentType;
    Label1. Text += "< br>客户端路径: " + FileUpload1. PostedFile. FileName;
}
```

(5) 按 Ctrl+F5 组合键运行程序,单击"浏览"按钮,找到"上传文件. txt",再单击"上传"按钮,结果如图 4-23 所示。

图 4-23 FileUpload 控件示例运行结果

4.4　数据验证控件

　　Web 页面通常用于询问用户,并要求用户录入一些信息,然后存储这些信息到后台数据库。为了确保用户在表单的各个域中输入正确的数据或者是所输入的数据符合商业逻辑的需求,需要进行客户端和服务器端的一系列验证。

　　由于服务器端的验证需要经历由客户端到服务器端的一次往返过程,因此很多时候对于用户输入的验证都建议在客户端进行实现。这样可以节省服务器的资源,并可以给用户更快的回应。在 ASP.NET 出现之前,开发人员必须要编写一定数量的 JavaScript 程序代码才可以实现验证过程,在 ASP.NET 中内置了一套用于进行验证的控件——验证控件。验证控件一般是为了验证另一个或两个控件的内容,正常状态下不显示,但被验证控件的内容不正确或者不符合要求时,则会在验证控件位置显示出错信息(ErrorMessage)。一个控件可以被多个验证控件验证,来保证它的内容符合多个要求,如一个用户名字段就可以用多个验证控件来分别验证必填、长度、内容合法性等项目。

4.4.1　RequiredFieldValidator 非空验证

　　RequiredFieldValidator 控件又称为非空验证控件,常用于文本框的非空验证。如注册页面中的用户名,一般为"必填字段",就是用非空验证控件来完成验证的。RequiredFieldValidator 控件在工具箱的"验证"标签中可以找到。

　　RequiredFieldValidator 控件的常用属性如表 4-17 所示。

表 4-17　RequiredFieldValidator 控件的常用属性

属　　性	功　　能
ControlToValidate	获取或设置验证控件的 ID 属性
ErrorMessage	错误发生时的提示信息
Display	表示当错误发生时错误提示信息的显示方式,取值有 Static、Dynamic、None
InitialValue	设置被验证初始值
Text	控件显示文字

　　【例 4-16】　创建用户登录界面,如果用户名和密码输入正确,单击"确定"按钮显示"登录成功",否则显示"登录失败"。要求用户名和密码不能为空。

　　具体步骤如下。

　　(1) 新建 ASP.NET 网站 RequiredFieldValidatorTest,添加一个 Default.aspx 页面。

　　(2) 在页面上添加 3 个 Label 控件、两个 TextBox 控件、两个 Button 控件和两个 RequiredFieldValidator 验证控件。设置各控件的属性值如表 4-18 所示。

表 4-18　RequiredFieldValidator 控件示例中各控件属性值

控　　件	ID	Text	其　他　属　性
Label1	lbl_User	用户名	
Label2	lbl_Password	密码	

续表

控　　件	ID	Text	其 他 属 性
Label3	lbl_Result		
TextBox1	txt_UserName		
TextBox2	txt_Password		TextMode＝password
Button1	btn_Login	确定	
Button2	btn_Cancel	取消	
RequiredFieldValidator1	rfv_User		ControlToValidate＝txt_UserName ErrorMessage＝"用户名不能为空"
RequiredFieldValidator2	rfv_Password		ControlToValidate＝txt_Password ErrorMessage＝"密码不能为空"

（3）编写"确定"按钮和"取消"按钮的 Click 事件，代码如下：

```
protected void btn_Login_Click(object sender, EventArgs e)
{
    string user = txt_UserName.Text;
    string pass = txt_Password.Text;
    if (user == "admin" && pass == "123456")
        lbl_Result.Text = "登录成功!";
    else
        lbl_Result.Text = "登录失败";
}
protected void btn_Cancel_Click(object sender, EventArgs e)
{
    txt_UserName.Text = "";
    txt_Password.Text = "";
}
```

（4）由于开发环境是 Visual Studio 2012 版本，从而导致了验证控件运行时会出现问题。只需要在 Web.config 文件中找到如下代码：

```
<appSettings>
    <add key="aspnet:UseTaskFriendlySynchronizationContext" value="true" />
    <add key="ValidationSettings:UnobtrusiveValidationMode" value="WebForms" />
</appSettings>
```

删除"<add key="ValidationSettings:UnobtrusiveValidationMode" value="WebForms"/>"即可。

如果没有上面两条语句，则需要在 Web.config 文件中添加如下代码：

```
<configuration>
    <appSettings>
    <add key="ValidationSettings:UnobtrusiveValidationMode" value="None"></add>
    </appSettings>
</configuration>
```

（5）按 Ctrl＋F5 组合键运行程序，当不输入用户名和密码直接登录时，结果如图 4-24 所示。

图 4-24　RequiredFieldValidator 控件运行结果

4.4.2　RangeValidator 范围验证

RangeValidator 控件为范围验证控件，常用于验证文本框的输入值是否在一个特定的范围之内，如果不在指定的范围内，则该控件显示错误信息和提示信息窗口。该控件提供 Integer、String、Date、Double、Currency 这 5 种类型的验证，每种类型的验证都存在一个最大值和一个最小值。RangeValidator 控件在工具箱的"验证"标签中可以找到。

RangeValidator 控件的常用属性如表 4-19 所示。

表 4-19　RangeValidator 控件的常用属性

属　　　性	功　　　能
ControlToValidate	获取或设置验证控件的 ID 属性
ErrorMessage	错误发生时的提示信息
MaximumValue	最大值
MinimumValue	最小值
Type	比较数值类型，包括 Integer、String(默认)、Date、Double、Currency
Display	表示当错误发生时错误提示信息的显示方式，取值有 Static、Dynamic、None

【例 4-17】　要求在第一个文本框中输入 1～100 之间的数，在第二个文本框中输入 A～Z 之间的字母，如果输入正确，单击"确定"按钮显示"用户输入验证合法"，否则在文本框旁边显示错误提示信息。

具体步骤如下。

（1）新建 ASP．NET 网站 RangeValidatorTest，添加一个 Default．aspx 页面。

（2）在页面上添加两个 TextBox 控件、两个 RangeValidator 验证控件、一个 Label 控件和一个 Button 控件。Button 控件的 Text 属性值为"确定"，Label 控件的 Text 属性值为空。两个 RangeValidator 验证控件属性设置如表 4-20 所示。

表 4-20　RangeValidator 控件示例中的控件属性

控　　　件	ControlToValidate	Type	MaximumValue	MinimumValue	ErrorMessage
RangeValidator1	TextBox1	Integer	100	0	输入 1～100 数
RangeValidator2	TextBox2	String	Z	A	输入 A～Z 字母

（3）编写"确定"按钮的 Click 事件，代码如下：

```
protected void Button1_Click(object sender, EventArgs e)
    {
        if (Page.IsValid )
        Label1.Text = "用户输入验证合法";
    }
```

（4）在 Web.config 文件中找到如下代码：

```
<appSettings>
  <add key = "aspnet:UseTaskFriendlySynchronizationContext" value = "true" />
  <add key = "ValidationSettings:UnobtrusiveValidationMode" value = "WebForms" />
</appSettings>
```

删除"<add key="ValidationSettings:UnobtrusiveValidationMode"value="WebForms"/>"语句即可。

如果没有上面两条语句，则需要在 Web.config 文件中添加如下代码：

```
<configuration>
  <appSettings>
  <add key = "ValidationSettings:UnobtrusiveValidationMode" value = "None"></add>
  </appSettings>
</configuration>
```

（5）按 Ctrl＋F5 组合键运行程序，当文本框中分别输入"A"和"12"时，页面显示了错误提示信息，如图 4-25 所示。为文本框重新输入"12"和"A"后，单击"确定"按钮，结果如图 4-26 所示。

图 4-25　显示错误信息

图 4-26　用户输入验证合法页面

4.4.3　CompareValidator 比较验证

CompareValidator 控件又称为比较验证控件，常用于验证两个输入框的输入信息是否相等，或者验证某一个输入框的输入信息和某个固定表达式值是否相等。同时还可以设置控件比较的操作符和比较的数据类型。CompareValidator 控件在工具箱的"验证"标签中可以找到。

CompareValidator 控件的常用属性如表 4-21 所示。

表 4-21　CompareValidator 控件的常用属性

属　　性	功　　能
ControlToValidate	获取或设置第一个验证控件的 ID 属性
ControlToCompare	获取或设置第二个要验证控件的 ID 属性
ValueToCompare	指定数据值,该属性与 ControlToCompare 一般只出现一个
ErrorMessage	错误发生时的提示信息
Type	数据类型,包括 Integer、String(默认)、Date、Double、Currency
Operator	获取或设置验证控件中使用的比较操作符,默认值为 Equal,还有 NotEqual、GreaterThan、GreaterThanEqual、LessThan、LessThanEqual
Display	表示当错误发生时错误提示信息的显示方式,取值有 Static、Dynamic、None

【例 4-18】　要求向两个文本框中分别输入密码和再次输入密码,若两次输入的密码不同,则 CompareValidator 控件显示错误。

具体步骤如下。

(1) 新建 ASP.NET 网站 CompareValidatorTest,添加一个 Default.aspx 页面。

(2) 在页面上添加两个 Label 控件、两个 TextBox 控件和一个 CompareValidator 验证控件。两个 Label 控件的 Text 属性值分别为"输入密码"和"再次输入密码"。CompareValidator 验证控件属性设置如表 4-22 所示。

表 4-22　CompareValidator 控件示例中的控件属性

控　　件	ControlToValidate	ControlToCompare	ErrorMessage
CompareValidator1	TextBox2	TextBox1	两次输入密码不一致

(3) 在 Web.config 文件中找到如下代码:

```
<appSettings>
  <add key = "aspnet:UseTaskFriendlySynchronizationContext" value = "true" />
  <add key = "ValidationSettings:UnobtrusiveValidationMode" value = "WebForms" />
</appSettings>
```

删除"<add key="ValidationSettings:UnobtrusiveValidationMode" value="WebForms"/>"语句即可。

如果没有上面两条语句,则需要在 Web.config 文件中添加如下代码:

```
<configuration>
  <appSettings>
  <add key = "ValidationSettings:UnobtrusiveValidationMode" value = "None"></add>
  </appSettings>
</configuration>
```

(4) 按 Ctrl+F5 组合键运行程序,当文本框中分别输入"A"和"D"时,页面显示了错误提示信息,如图 4-27 所示。

图 4-27 CompareValidator 控件示例运行结果

4.4.4 RegularExpressionValidator 规则验证

RegularExpressionValidator 控件又称为正则验证控件,用来验证输入值是否和正则表达式定义的模式匹配,常用来验证电话号码、邮政编码、E-mail 等。RegularExpressionValidator 控件在工具箱的"验证"标签中可以找到。

RegularExpressionValidator 控件的常用属性如表 4-23 所示。

表 4-23 RegularExpressionValidator 控件的常用属性

属　　性	功　　能
ControlToValidate	获取或设置第一个验证控件的 ID 属性
ValidationExpression	正则表达式
ErrorMessage	错误发生时的提示信息
Display	表示当错误发生时错误提示信息的显示方式,取值有 Static、Dynamic、None

正则表达式是比通常用的 * 和?通配符更复杂的一种字符定义规则,它由正常字符和元字符(通配符)两种基本字符类型组成。

常用的元字符如表 4-24 所示。

表 4-24 常用的元字符

元字符	说　　明	示　　例
[]	设置一个字符集	[0-9]表示只能输入 0～9 的单个字符；[a-c][a-z] 表示可以输入两字符,其中第一个字符只能是 a～c 之间的字符,第二个字符只能是 a～z 之间的字符
{}	设置字符个数	设置 m,n 为大于 0 的整数,且 m≤n,则{n}表示只能输入 n 个字符,{n,}表示至少要输入 n 个字符,{n,m}表示可以输入 m～n 个字符,如[a-z]{1,8} 表示可以输入 1～8 个小写英文字母
.	表示任意字符	.{2,10}表示可以输入 2～10 个任意字符
|	表示多选一	com|gov|net 表示可以是 com、gov、net 三者之一
\	表示只能输入其后的字符	\\|可以输入一个竖线
\d	与[0-9]的含义相同	\d{6}表示只能输入 6 个数字
\w	表示包含下画线的任何单词字母	等价于[A-Za-z0-9]
?	匹配前面的子表达式 0 次或 1 次	
*	没有出现或出现过多次	

续表

元字符	说　　明	示　　例
\n	换行符号	
\r	Enter 键或返回键	
\t	Tab 键	
\W	除了英文字母、数字和下画线以外的字符	
\D	任何非数字字符	

例如,电话验证的正则表达式一般写成[0-9]{3,4}-[0-9]{7,8},E-mail 验证一般写成 .{1,}@.{1,}\.[a-zA-Z]{2,3}。

4.4.5　CustomValidator 自定义验证

CustomValidator 控件又称为自定义验证控件,该类验证控件比较特别,用户可以自定义控件的验证方式,如客户端验证函数、服务器端验证函数等,用户必须定义一个函数来验证输入。CustomValidator 控件在工具箱的"验证"标签中可以找到。

CustomValidator 控件的常用属性如表 4-25 所示。

表 4-25　**CustomValidator 控件的常用属性**

属　　　　性	功　　　能
ControlToValidate	获取或设置第一个验证控件的 ID 属性
OnServerValidateFunction	验证函数
ErrorMessage	错误发生时的提示信息

【例 4-19】　自定义验证方式,判断用户输入的数字是否能被 5 整除。

具体步骤如下。

（1）新建 ASP. NET 网站 CustomValidatorTest,添加一个 Default. aspx 页面。

（2）在页面上添加一个 TextBox 控件、一个 Button 控件、一个 Label 控件和一个 CompareValidator 验证控件,如图 4-28 所示。

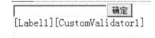

图 4-28　CustomValidator 控件示例设计界面

（3）编写 CustomValidator1 的服务器验证函数 ServerValidate,代码如下：

```
protected void CustomValidator1_ServerValidate(object source, ServerValidateEventArgs args)
{
    int i = int.Parse(args.Value);
    args.IsValid = ((i % 5) == 0);
}
```

（4）编写"确定"按钮的 Click 事件,代码如下：

```
protected void Button1_Click(object sender, EventArgs e)
{
    if (Page.IsValid)
        Label1.Text = "此数能被 5 整除";
```

```
    else
        Label1.Text = "此数不能被 5 整除";
}
```

（5）在 Web.config 文件中找到如下代码：

```
< appSettings >
  < add key = "aspnet:UseTaskFriendlySynchronizationContext" value = "true" />
  < add key = "ValidationSettings:UnobtrusiveValidationMode" value = "WebForms" />
</appSettings >
```

删除"＜add key＝"ValidationSettings:UnobtrusiveValidationMode"value＝"WebForms"/＞"语句即可。

如果没有上面两条语句，则需要在 Web.config 文件中添加如下代码：

```
< configuration >
  < appSettings >
  < add key = "ValidationSettings:UnobtrusiveValidationMode" value = "None"></add >
  </appSettings >
</configuration >
```

（6）按 Ctrl＋F5 组合键运行程序，结果如图 4-29 所示。

图 4-29　CustomValidator 控件示例运行结果

4.4.6　ValidatorSummary 验证总结

ValidatorSummary 控件又称为验证总结控件，该控件可以对多个文本框进行同时验证，并且还可以把多个验证控件的错误或提示信息组合在一起。当页面上的每个验证控件的 Display 属性设为 None，验证控件就不会再显示提示信息，将集中在 ValidationSummary 控件中显示，显示的错误消息是由每个验证控件的 ErrorMessage 属性规定的。ValidatorSummary 控件在工具箱的"验证"标签中可以找到。

ValidatorSummary 控件的常用属性如表 4-26 所示。

表 4-26　ValidatorSummary 控件的常用属性

属　　性	功　　能
HeaderText	控件的标题信息
ShowSummary	规定是否显示验证摘要，取值为 True 或 False
DisplayMode	确定该摘要显示的样式，可取值为 List、BulletList、SingleParagraph

【例 4-20】 使用 ValidatorSummary 控件收集用户注册页面中其他验证控件的错误提示信息并统一显示处理,要求用户名必填,密码必须为"123456",E-mail 填写格式必须正确。

具体步骤如下。

(1)新建 ASP. NET 网站 ValidatorSummaryTest,添加一个 Default. aspx 页面。

(2)在页面上添加 3 个 TextBox 控件、3 个 Label 控件、一个 RequiredFieldValidator 控件、一个 CompareValidator 控件、一个 RegularExpressionValidator 控件、一个 Button 控件和一个 ValidatorSummary 控件,如图 4-30 所示。

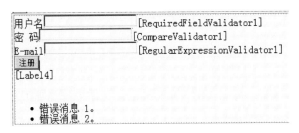

图 4-30 ValidatorSummary 控件示例设计界面

设置 RequiredFieldValidator 控件的 ControlToValidate 属性为 TextBox1、ErrorMessage 属性为"用户名必填";设置 CompareValidator 控件的 ControlToValidate 属性为 TextBox2、ValueToCompare 属性为"123456"、ErrorMessage 属性为"密码输入错误";RegularExpressionValidator 控件的 ControlToValidate 属性为 TextBox3、ValidationExpression 属性为"Internet 电子邮件地址"、ErrorMessage 属性为"格式错误"。以上 3 个验证控件的 Display 属性都为 None。设置 ValidatorSummary 控件的 HeaderText 属性为"所有的错误提示信息"。

(3)编写"注册"按钮的 Click 事件,代码如下:

```
protected void Button1_Click(object sender, EventArgs e)
{
    if(Page.IsValid)
        Label4.Text = "恭喜您注册成功!";
}
```

(4)在 Web. config 文件中找到如下代码:

```
<appSettings>
  <add key = "aspnet:UseTaskFriendlySynchronizationContext" value = "true" />
  <add key = "ValidationSettings:UnobtrusiveValidationMode" value = "WebForms" />
</appSettings>
```

删除"<add key="ValidationSettings:UnobtrusiveValidationMode"value="WebForms"/>"语句即可。

如果没有上面两条语句,则需要在 Web. config 文件中添加如下代码:

```
<configuration>
  <appSettings>
  <add key = "ValidationSettings:UnobtrusiveValidationMode" value = "None"></add>
  </appSettings>
</configuration>
```

（5）按 Ctrl＋F5 组合键运行程序,分别输入正确和错误的内容,结果如图 4-31 和图 4-32 所示。

图 4-31　输入正确的内容后的结果　　　　图 4-32　输入错误的内容后的结果

4.5　用户控件

可以根据实际需要创建具有事件处理能力的 Web 用户控件。控件创建后,可以在设计视图或程序运行时将其添加到页面中,大幅度提高设计的效率。

4.5.1　创建用户控件

用户根据需要开发的自定义控件称为用户控件,用户控件的文件扩展名为.ascx。它与一个完整的 Web 窗体相似,都包含一个用户界面和一个代码文件。用户控件文件与 Web 窗体文件主要有以下几点区别。

（1）用户控件文件只能以".ascx"为扩展名。

（2）用户控件中没有@Page 指令,取而代之的是包含@Control 指令,该指令对配置及其他属性进行定义。

（3）用户控件文件中不能包含＜html＞、＜body＞、＜form＞元素。

（4）用户控件不能作为独立文件运行,必须像处理任何控件一样,将其添加到 ASP.NET 页面中。

与创建其他文件一样,创建用户控件也可以在"添加新项"对话框中找到。在"解决方案资源管理器"中右击项目名称,在弹出的快捷菜单中执行"添加"→"添加新项"命令,在弹出如图 4-33 所示的对话框中选择"Web 用户控件"模板,在"名称"文本框中输入用户控件的文件名,然后单击"添加"按钮生成用户控件文件。

【例 4-21】　在例 4-8 中创建用户控件,要求实现用户登录功能,其中验证用户名和密码不能为空。

具体步骤如下。

图 4-33　"添加新项"对话框

（1）打开 ASP. NET 网站 RadioButtonListTest，添加一个 WebUserControl. ascx 页面。

（2）登录界面设计和代码详见例 4-16，其中去掉两个 Button 控件和显示登录成功的 Label 控件。

此时设计界面、源代码和解决方案资源管理器的文件结构如图 4-34 所示。

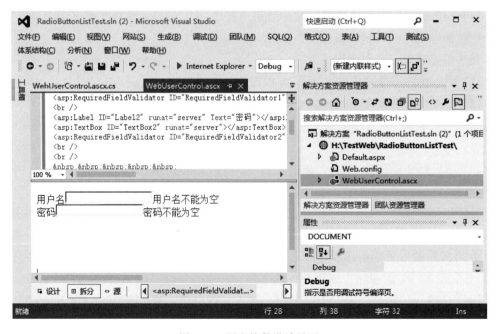

图 4-34　用户控件设计界面

4.5.2 添加用户控件

由于用户不可以直接访问这个用户控件,下面将刚创建好的这个用户控件添加到例 4-8 的 Default.aspx 页面上。方法就是将用户控件直接拖入 Default.aspx 页面的适当位置上。

运行例 4-8 中的程序,用户名和密码都不填,单击"确定"按钮,结果如图 4-35 所示。

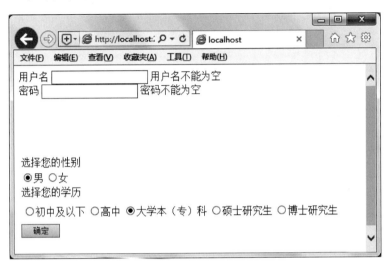

图 4-35 添加用户控件后运行结果

4.6 Web 服务器控件的综合应用

【例 4-22】 使用常用标准服务器控件实现一个校园文化调查表,并将输入内容显示在页面上。

具体步骤如下。

(1) 新建 ASP.NET 网站 ControlTest,添加一个 Default.aspx 页面。

(2) 在页面上添加表格 table 标记,用于页面布局。在单元格中添加文字、TextBox、RequiredFieldValidator、Calendar、RadioButton、DropDownList、List、RadioButtonList、CheckBoxLis、Button、Label 等控件,源代码如下:

```
<%@ Page Language = "C♯" AutoEventWireup = "true" CodeFile = "Default.aspx.cs" Inherits =
"_Default" %>
<!DOCTYPE html>
<html xmlns = "http://www.w3.org/1999/xhtml">
    <head runat = "server">
    <meta http-equiv = "Content-Type" content = "text/html; charset = utf-8"/>
    <title></title>
    <style type = "text/css">
            .auto-style8 {                    height: 23px;                }
```

```
        </style>
        </head>
<body>
<form id = "form1" runat = "server">
<h3 align = "center">校园文化调查问卷</h3>
<table border = "1" rules = "all" bgcolor = "Silver" style = "width:100%;">
<tr>
<td width = "200" align = "center" >姓名</td>
<td class = "auto - style1">
    <asp:TextBox ID = "TxtName" runat = "server"></asp:TextBox>
    <asp: RequiredFieldValidator  ID = " RequiredFieldValidator1 "  runat  = " server "
ControlToValidate = "TxtName" ErrorMessage = "姓名不能为空"></asp:RequiredFieldValidator>
    </td>
</tr>
<tr>
<td width = "200" align = "center" >出生日期</td>
<td>
    <asp:Calendar ID = "Calendar1" runat = "server"></asp:Calendar>
</td>
</tr>
<tr>
<td width = "200" align = "center" class = "auto - style8" >性别</td>
<td class = "auto - style8" >
    <asp: RadioButton ID = "Sex1" runat = "server" GroupName = "sex" Text = "男" /><asp:
RadioButton ID = "Sex2" runat = "server" GroupName = "sex" Text = "女" /></td>
</tr>
<tr>
<td width = "200" align = "center" >专业名称</td>
<td>
    <asp:DropDownList ID = "DdlMajor" runat = "server">
    <asp:ListItem>计算机科学与技术</asp:ListItem>
    <asp:ListItem>软件工程</asp:ListItem>
    <asp:ListItem>计算机网络</asp:ListItem>
    <asp:ListItem>电子商务</asp:ListItem>
    <asp:ListItem>信息系统与信息管理</asp:ListItem>
    </asp:DropDownList>
</td>
</tr>
<tr>
<td width = "200" align = "center" >课余爱好</td>
<td>
    <asp:ListBox ID = "LstHobby" runat = "server">
    <asp:ListItem>旅游</asp:ListItem>
    <asp:ListItem>看电影</asp:ListItem>
    <asp:ListItem>唱歌</asp:ListItem>
    <asp:ListItem>踢球</asp:ListItem>
    <asp:ListItem>跳舞</asp:ListItem>
```

```
            <asp:ListItem>其他</asp:ListItem>
        </asp:ListBox>
</td>
</tr>
<tr>
<td width = "200" align = "center">最喜欢的当代作家</td>
<td>
        <asp:RadioButtonList ID = "RbtnWriter" runat = "server" RepeatDirection = "Horizontal">
        <asp:ListItem>莫言</asp:ListItem>
        <asp:ListItem>贾平凹</asp:ListItem>
        <asp:ListItem>路遥</asp:ListItem>
        <asp:ListItem>王朔</asp:ListItem>
        <asp:ListItem>金庸</asp:ListItem>
        <asp:ListItem>其他</asp:ListItem>
        </asp:RadioButtonList>
</td>
</tr>
<tr>
<td width = "200" align = "center">音乐爱好</td>
<td>
        <asp:CheckBoxList ID = "ChkMusic" runat = "server" RepeatDirection = "Horizontal">
        <asp:ListItem>流行音乐</asp:ListItem>
        <asp:ListItem>古典音乐</asp:ListItem>
        <asp:ListItem>民族音乐</asp:ListItem>
        <asp:ListItem>戏曲音乐</asp:ListItem>
        <asp:ListItem>原生态</asp:ListItem>
        <asp:ListItem>其他</asp:ListItem>
        </asp:CheckBoxList>
</td>
</tr>
<tr>
<td width = "200" align = "center">请输入你最喜欢的一句话</td>
<td>
         <asp:TextBox ID = "TxtMaxim" runat = "server" Columns = "50" Rows = "3" TextMode = "MultiLine"></asp:TextBox>
</td>
</tr>
<tr>
<td> </td>
<td>
        <asp:Button ID = "Button1" runat = "server" OnClick = "Button1_Click" Text = "提交" />
</td>
</tr>
<tr>
<td> </td>
<td>
        <asp:Label ID = "LblShow" runat = "server" Text = "请输入全部信息"></asp:Label>
</td>
</tr>
```

```
</table>
</form>
</body>
</html>
```

（3）编写"提交"按钮的 Click 事件,代码如下：

```
protected void Button1_Click(object sender, EventArgs e)
{
    string strInput = "您的输入是：";
    strInput += "<br>姓名：" + TxtName.Text;
    strInput += "<br>出生于：" + Calendar1.SelectedDate.ToShortDateString();
    if(Sex1.Checked)
        strInput += "<br>性别：" + Sex1.Text;
    else
        strInput += "<br>性别：" + Sex2.Text;
    strInput += "<br>专业：" + DdlMajor.SelectedItem.Text;
    strInput += "<br>课余爱好：" + LstHobby.SelectedItem.Text;
    strInput += "<br>最喜欢的当代作家：" + RbtnWriter.SelectedItem.Text;
    strInput += "<br>音乐爱好：";
    int I;
    for (I = 0; I < ChkMusic.Items.Count - 1; I++)
    {
        if (ChkMusic.Items[I].Selected == true)
        {   strInput += ChkMusic.Items[I].Text + ",";      }
    }
    strInput += "<br>你最喜欢的一句话：" + TxtMaxim.Text;
    LblShow.Text = strInput;
}
```

（4）在 Web.config 文件中找到如下代码：

```
<appSettings>
  <add key = "aspnet:UseTaskFriendlySynchronizationContext" value = "true" />
  <add key = "ValidationSettings:UnobtrusiveValidationMode" value = "WebForms" />
</appSettings>
```

删除"<add key="ValidationSettings：UnobtrusiveValidationMode" value="WebForms"/>"语句即可。

如果没有上面两条语句,则需要在 Web.config 文件中添加如下代码：

```
<configuration>
  <appSettings>
  <add key = "ValidationSettings:UnobtrusiveValidationMode" value = "None"></add>
  </appSettings>
</configuration>
```

（5）按 Ctrl+F5 组合键运行程序,结果如图 4-36 所示。

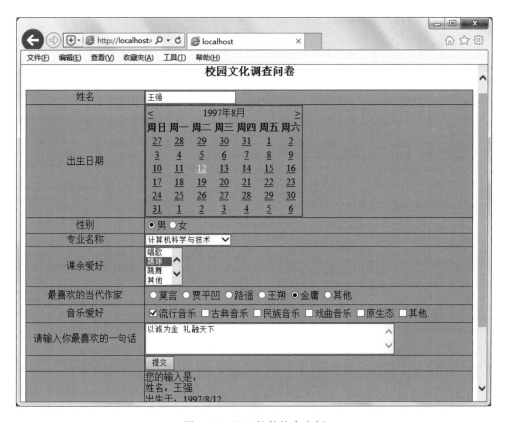

图 4-36 Web 控件综合实例

 本章小结

本章以可视化程序设计中的控件为基础,介绍用于开发网页的服务器控件以及用服务器控件设计网页界面的方法。通过本章内容的学习,掌握常用 ASP.NET 服务器控件和高级控件的属性、方法和事件,以及 Web 网页中常用到的验证控件和用户控件的使用方法。

习题

一、单选题

1. TextBox 控件中,用于显示标准密码框的属性是(   )。
   A. TextMode   B. Password   C. Type   D. Mode
2. 如果需要实现,当改变页面上的 RadioButtonList 控件的选项时能使页面重新装载的功能,需要设置该控件的(   )属性值为 True。
   A. Enabled   B. IsPostBack   C. AutoPostBack   D. Visible
3. 在 DropDownList 控件中的每个可选项都是由一个(   )元素来定义的。
   A. Attributes   B. ToolTip   C. Name   D. ListItem

4. 如果需要确保用户输入大于 0 的值，应该使用验证控件(　　　)。

    A. RequiredFieldValidator   B. CompareValidator

    C. RangeValidator   D. RegularExpressionValidator

5. 在以下验证控件中，不需要指定 ControlToValidation 属性的验证控件是(　　　)。

    A. CompareValidator   B. RangeValidator

    C. ValidatorSummary   D. CustomValidator

二、填空题

1. RadioButtonList 控件呈现为一组互相 _____ 的单选按钮。在任一时刻，只有_____个单选按钮被选中。

2. 用户控件文件的扩展名是_____。

3. 判断页面的_____属性值可确定整个页面的验证是否通过。

4. 添加_____属性可将 HTML 元素转化为 HTML 服务器控件。

5. 设置_____属性可决定 Web 服务器控件是否可用。

三、简答题

1. LinkButton 控件与 HypeLink 控件在使用上有何异同点？

2. RadioButton 控件与 RadioButtonList 控件在使用上有何异同点？

3. 如何获取在 CheckBoxList 控件中被选取的数据？

四、操作题

1. 开发一个计数器，输入两个数后能完成加、减、乘、除四则运算。

2. 开发一个简单的在线考试程序，包括单选题、多选题和填空题，单击"交卷"按钮后，可以根据标准答案评分。

第 **5** 章

ASP.NET内置对象

5.1 对象概述

由于 HTTP 协议是一种无状态协议,因此每次将页面发送到服务器,都会创建网页类的一个新实例。在传统的 Web 编程中,这意味着在每一次网页的往返过程中,该页面上的控件中的所有信息都会丢失。例如,在搜索页面输入搜索内容,提交搜索页面以后,该信息在没有做处理的情况下,从浏览器或客户端设备到服务器的往返过程中会丢失,而导致用户搜索不到任何内容。

ASP.NET 提供了很多方法来管理页面状态以及在页面之间传递信息,以实现在页面往返过程中,自动保留页面及所有控件的属性和其他特定值。其中,内置对象就是用来完成这样的工作,这些内置对象可以帮助人们按页保留数据和在整个应用程序范围内保留数据。

本章中主要介绍 ASP.NET 提供的 7 种内置对象:Page 对象、Response 对象、Request 对象、Application 对象、Session 对象、Server 对象、Cookies 对象。它们分别用来管理服务器端状态和客户端状态,各自功能如表 5-1 所示。

表 5-1 常用内置对象及其主要功能

名　　称	主 要 功 能
Page	页面对象,用于整个页面操作
Request	从客户端获取信息
Response	向客户端输出信息
Cookies	用于保存 Cookie 信息
Session	存储特定用户信息
Application	存储同一个应用程序中的所有用户之间的共享信息
Server	创建 com 组件和进行有关设置

通过基于服务器端的状态管理,可以完成如下功能:存储需要在服务器往返过程之中及页请求之间的维护信息;保存每个活动的 Web 应用程序会话的值,不同的用户同时使用同一应用程序,每个用户会话都将有一个不同的会话状态;通过配置文件属性来存储特定于用户的数据,用户的会话过期时,配置文件数据也不会丢失。

而客户端状态管理可以实现以下几个方面:第一,它能使用得页面和页面中的控件在从服务器到客户端、再从客户端返回的过程中保持状态；第二，可以在客户端存储一些临时或永久数据，这些数据是有关特定客户端、会话或应用程序的信息，当浏览器请求某页时，客户端会将这些信息连同请求信息一起发送。

5.2　Page 对象

5.2.1　Page 对象简介

在前面的介绍中，大家知道一个 ASP.NET 应用程序至少包含一个扩展名为 .aspx 的文件，被称为内容文件，它主要包括了页面的可视化内容，也就是 HTML、文本及服务器控件。此文件对应的页面类派生自 System.Web.UI.Page 类。文件中一般的 HTML 代码会被原封不动地从服务器端传送到浏览器，而后台逻辑代码一般会单独地包含在代码隐藏文件中。

当浏览器请求 Web 服务器中 .aspx 文件时，服务器将处理该页面。如果是 Web 应用启动后第一次访问此页面，那么 ASP.NET 运行时将编译此页面，形成的页面实例为 Page 对象。

Page 对象包含了 ASP.NET 页面的方法和属性，同时 Page 对象也充当页面中所有服务器控件的命名容器。

Page 对象的属性有很多，常用的属性如表 5-2 所示。

表 5-2　Page 对象常用的属性

名　称	主　要　功　能
IsPostBack	页面表单是否提交，true 表示提交，false 表示未提交（该属性判断页面是否是响应客户端回发而再次加载的，首次加载为 false）
IsValid	页面的所有表单是否全部通过验证，true 表示通过，false 表示未通过

IsPostBack 属性是非常有用而且常用的。在 Web 应用程序中，有很多情况下需要从一个页面跳转到另一个页面，当一个页面被打开，了解此页面是直接被打开还是通过传输或者跨页发送方式被打开是非常重要的。通过读取 IsPostBack 属性的值可以判断此页面是否为首次请求页面，或者说是否是往返页面。那么在各种情况下 IsPostBack 的值是什么结果呢？当页面被首次请求时，IsPostBack 的值为 fasle，当页面通过超链接或其他方法跳转到此页时，IsPostBack 的值为 false，而当在页面中操作控件而引发 postBack 的事件而导致页面刷新时，IsPostBack 的值为 true，即页面在第一次被打开的时候，IsPostBack 的值是 false。

Page 对象的常用事件是 Load 事件，在页面的每一次加载时都被激活。Load 事件一般用来作为页面初始化的方法，是一个比较常用的事件。

【例 5-1】　编写一个简单的注册页面，如果是第一次被打开，姓名文本框中内容为空，性别选择"男"，下拉列表框中的班级选择"二班"；当用户填写信息提交后，控件中保留的是用户填写的信息。

页面的设计代码如下：

```
< form id = "form1" runat = "server">
< div >
< h1    align = "center">简单的注册页面</h1 >
< asp:Label ID = "Label1" runat = "server" Text = "姓名: "></asp:Label >
< asp:TextBox ID = "TextBox1" runat = "server"></asp:TextBox >
< asp:Label ID = "Label2" runat = "server" Text = "性别: "></asp:Label >
< asp:RadioButton ID = "RadioButton1" runat = "server"   Text = "男" GroupName = "Gender" />
< asp:RadioButton ID = "RadioButton2" runat = "server"   Text = "女" GroupName = "Gender"/>
< asp:Label ID = "Label3" runat = "server" Text = "选择班级: "></asp:Label >
< asp:DropDownList ID = "DropDownList1" runat = "server">
< asp:ListItem >一班</asp:ListItem >
< asp:ListItem >二班</asp:ListItem >
< asp:ListItem >三班</asp:ListItem >
</asp:DropDownList >
< asp:Button ID = "Button1" runat = "server" Text = "提交" onclick = "Button1_Click" />
< asp:Label ID = "Label4" runat = "server" Text = "显示结果: "></asp:Label >
< asp:TextBox ID = "TextBox2" runat = "server" Height = "23px"Width = "312px"></asp:TextBox >
</div >
</form >
```

代码如下：

```
protected void Page_Load(object sender, EventArgs e)
{
        if (!IsPostBack)   //如果是第一次打开此网页,而不是通过刷新或者按钮提交再次访问
        {
            TextBox1.Text = "";
            RadioButton1.Checked = true;
            DropDownList1.Items[1].Selected = true;
            TextBox2.Text = "";
        }
}
protected void Button1_Click(object sender, EventArgs e)
{
        string result;
        result =  TextBox1. Text + "," + ( RadioButton1. Checked? RadioButton1. Text:"") +
(RadioButton2.Checked?RadioButton2.Text:"") + "," + DropDownList1.SelectedItem.Text;
        TextBox2.Text = result;
}
```

运行时页面如图 5-1 所示。

注意：经过编译的类中包括所有控件的声明和此页面的组成代码,如属性、事件处理程序和其他方法,该类被编译成一个程序集。框架运行时通过运行程序集,可将输出呈现给客户端。这个编译好的程序集会被服务器的内存缓存,所以接下来的页面请求无须编译,从而使请求得到快速响应。编译类的名称与文件名同名。

图 5-1　例 5-1 页面

5.2.2　Page 对象生命周期

当用户在浏览器中输入 URL,用户得到的结果是显示一个网页,该网页中包含文字、图像、各种控件等,而从程序角度讲,当用户做了输入并激发了提交事件,服务器端发生了什么呢? 当用户请求一个服务器页面时,页面会被加载到服务器内存中,经处理后发送到用户端,然后从内存中卸载。

用户的每个请求都由 Web 服务器执行一系列的步骤,包括初始化、实例化控件、还原和维护状态、运行事件处理程序代码及进行呈现等,这些步骤从开始到结束构成了页面生命周期。 了解生命周期非常必要,只有这样才能在生命周期的合适阶段编写适当的代码,以达到程序预期的效果。

一般来说,一个 ASP.NET 页面要经历以下几个阶段。

1. 浏览器提出请求

当浏览器提出请求,页面的生命周期即将开始;服务器接到请求,将确定是否需要分析和编译页面,或者是否可以在不运行页面的情况下发送此页面的缓存版本。

2. 页面初始化

此时,ASP.NET 开始创建页面,在页面上加载所有控件。在成功创建页面的控件树后,将对应用程序触发 Page 的 Init 事件。换句话说,当 Init 事件发生时,.aspx 源文件中静态声明的所有控件都已实例化并采用各自的默认值。编程人员可以根据需要使用该事件来读取或初始化控件属性。

3. 用户代码初始化

Page 的 Load 事件在这个阶段被触发,不管页面是第一次被请求还是作为回发的一部分被请求,Load 事件总是被触发。在这里,非常重要的一点就是如何判断页面是第一次被请求还是回发的加载,在 5.2.1 节已经介绍了 IsPostBack 属性是用来判断这一点的,在5.2.2 节,将有示例继续阐述这个问题。

4．验证

接下来页面上的验证控件的 Validate 方法将被调用，此方法将设置自动验证程序控件和页面的 IsValid 属性。

5．事件处理

此时页面已经完成加载过程并且通过验证，接下来要处理代码中的所有事件。如果控件对应的动作没有引发提交，它们对应的事件将会在页面下次返回时处理；如果控件对应的动作引发了提交，这些事件将立即发生。

6．呈现

在此阶段，页面及其控件输出呈现为 HTML。在形成 HTML 前，Page. PreRender 事件将被调用，如果想对页面做最后的修改，可以放在此事件中。

7．卸载

卸载是页面生命周期的最后阶段。在这个阶段，可以完成最终的清除工作，并释放对任何耗费资源的引用，如数据库连接。页面呈现后，Page. UnLoad 事件被激发，页面资源从服务器内存中卸载。

5.2.3　利用 Page 对象进行页面初始化

Page. Load 事件是在页面每一次加载时都会激发的事件，页面上的控件也会激发一些事件，下面的例题演示了 Page. Load 事件的执行顺序。

【例 5-2】　Page_Load 与其他控件事件的执行顺序。编写一个页面，如图 5-2 所示。

文本框设置了 TextChanged 事件，DropDownList设置了 SelectedChanged 事件，单击"提交"按钮时，文本框将显示出事件的执行顺序。

页面代码如下：

图 5-2　例 5-2 页面设计

```
< body >
< form id = "form1" runat = "server">
< div >
< h1 align = "left">事件执行顺序</h1>
    拥有 TexttChangd 事件的 TextBox < asp:TextBox ID = "TextBox1" runat = "server"
            ontextchanged = "TextBox1_TextChanged"></asp:TextBox>
    拥有 SelectChangd 事件的 DropDownList < asp: DropDownList ID = "DropDownList1" runat =
"server"
            onselectedindexchanged = "DropDownList1_SelectedIndexChanged">
```

```
<asp:ListItem>1</asp:ListItem>
<asp:ListItem>2</asp:ListItem>
<asp:ListItem>3</asp:ListItem>
</asp:DropDownList>
        拥有 Click 事件的 Button<asp:Button ID="Button1" runat="server" Text="提交(刷新)
            onclick="Button1_Click" />
<br />
<br />
        结果输出：<asp:TextBox ID="TextBox2" runat="server" TextMode="MultiLine"
            Height="87px" Width="243px"></asp:TextBox>
</div>
</form>
</body>
```

后台代码如下：

```
int i = 0;
protected void Page_Load(object sender, EventArgs e)
{
    TextBox2.Text = (++i).ToString() + "PageLoad" + "\n";
}
protected void DropDownList1_SelectedIndexChanged(object sender, EventArgs e)
{
    TextBox2.Text += (++i).ToString() + "SelectedIndexChanged" + "\n";
}
protected void TextBox1_TextChanged(object sender, EventArgs e)
{
    TextBox2.Text += (++i).ToString() + "TextChanged" + "\n";
}
protected void Button1_Click(object sender, EventArgs e)
{
    TextBox2.Text += (++i).ToString() + "Click" + "\n";
}
```

执行上述程序的运行结果如图 5-3 所示。

图 5-3　例 5-2 运行结果

从图 5-3 中可以看出,页面中的事件,Page_Load 事件首先被执行,引发提交的按钮事件最后被执行,而其他级别的没有引发回传的 TextChanged、SelectChaged 事件,按页面中的排列位置,从上到下、从左至右的顺序执行。

页面的控件的初始化可以在设计阶段,也可以在加载阶段。下面的例题演示了如何在 Page.Load 事件中初始化控件。

【例5-3】 在 Page_Load 事件中初始化控件。

首先需要为 div 增加 id 属性和 runat 属性,将其更改为服务器端控件,以便在代码中能够操作它:

```
<div id = "div1" runat = "server"></div>
```

更改为服务器端的容器控件后,对应地,就会有一个属性为 Controls,指的是容器控件中所有控件的集合。Controls 属性有一个方法为 Add,此方法中以控件名称为参数,将控件加入容器中,代码如下:

```
protected void Page_Load(object sender, EventArgs e)
{
        DropDownList dr = new DropDownList();
        dr.Items.Add("黑龙江省");
        dr.Items.Add("吉林省");
        dr.Items.Add("辽宁省");
        dr.Items.Add("山东省");
        dr.Items.Add("河南省");
        div1.Controls.Add(dr);
        CheckBox ck1 = new CheckBox();
        ck1.Text = "哈尔滨市";
        div1.Controls.Add(ck1);
        CheckBox ck2 = new CheckBox();
        ck2.Text = "长春市";
        div1.Controls.Add(ck2);
        CheckBox ck3 = new CheckBox();
        ck3.Text = "沈阳市";
        div1.Controls.Add(ck3);
}
```

执行上述程序的运行结果如图 5-4 所示。

图 5-4　例 5-3 的运行结果

这个例题演示了如何在 Page_Load 事件中实例化控件,并将这个控件加载到页面上,也介绍了如何将前台控件变成服务器端控件。需要注意的是,容器控件具有一个 Controls 属性,它是一个集合,内容是这个容器中所有的控件。有了 Controls 属性,根据需要,可以使用 foreach 语句通过 Controls 这个集合对控件进行遍历访问。

5.3　Response 对象

5.3.1　Response 对象简介

Response 对象是 System. Web. HttpResponse 类的实例,System. Web. HttpResponse 封装了来自 ASP. NET 操作的 HTTP 响应信息,可用于将 HTTP 响应信息发送到客户端 的浏览器上或者 Cookie 中,同时它也提供了一系列用于创建输出页面的方法,如 Response. Write 方法。

Response 对象常用属性如表 5-3 所示。

表 5-3　Response 对象常用属性

名　　称	主 要 功 能
Buffer	设定 HTTP 输出是否要做缓冲处理,取值 True 或 False,默认为 True
Cookies	传回目前请求的 HttpCookieCollection 对象集合
ContentType	输出文件的类型

Response 对象的常用方法如表 5-4 所示。

表 5-4　Response 对象常用方法

名　　称	主 要 功 能	语　　法
BinaryWrite	将一个二进制的字符串写入 HTTP 输出串流	BinaryWrite(ByVal buffer As Byte)
Clear	将缓冲区的内容清除	Clear()
Close	关闭客户端的联机	Close()
End	将目前缓冲区中所有的内容送到客户端然后关闭联机	End()
Flush	将缓冲区中所有的数据送到客户端	Flush()
Redirect	将页面重新导向另一个地址	Redirect(ByVal url As String)
Write	将数据输出到客户端	Write(ByVal String As String)
WriteFile	将一个文件直接输出至客户端	WriteFile(ByVal filename As String)

5.3.2　Write 方法和 WriteFile 方法

Response. Write 方法可以用来输出信息到客户端的浏览器上,如下面的代码:

```
Response.Write("现在是: " + DateTime.Now);
```

输出内容是当前日期和时间。而 WriteFile 方法则可以将文本文件中的内容输出到客户端的浏览器上,在使用时,需要将文件的绝对路径或相对路径编写清楚,如果所要输出的文件和执行的程序在同一个目录,只要直接传入文件名称即可。

注意:在编写路径的时候,Windows 路径分隔符"\"有着转义字符的含义,因此需要写成"\\",如路径为 D:\picture\pic1,在代码中书写方法为:

```
Response.WriteFile("D:\\picture\\pic1.jpg");
```

还有一种写法为：

```
Response.WriteFile(@"D:\picture\pic1.jpg");
```

其中，@表示后面的字符串中不含有转义字符，所以可以用正常路径书写方式来书写。

另外，关于相对路径与绝对路径，是在编程工作中经常遇到的问题。在代码中遇到读取文件的时候，为了便于程序的移植，一般采用相对路径的写法。而且往往是将要读取的文件与程序放在同一目录下。相对路径中，如果文件直接放在程序所在文件夹中，这种情况比较简单，直接编写文件名：

```
Response.WriteFile(" pic1");
```

如果文件存放在与程序文件同一目录下的另一文件夹 picture 中，可以这样编写代码：

```
Response.WriteFile(".\\picture\\ pic1");
```

或：

```
Response.WriteFile("picture\\ pic1");
```

如果文件存放在程序文件的上级目录中的文件夹 picture 中，可以这样编写代码：

```
Response.WriteFile("..\\picture\\ pic1");
```

因为在 Windows 中，"."与".."分别代表当前文件夹与上级文件夹。如果是当前文件夹，"."可以省略。

另外，在使用 WriteFile 或 Write 方法输出中文的时候，经常会发生乱码现象。这是因为服务器端对中文的编码有时与浏览器不同，所以产生乱码。在输出中文时，为了防止这一现象发生，编程者应该对 Response.Charset 属性进行设置。此属性的功能是获取或设置输出流的 HTTP 字符集。也就是说，通过如下语句：

```
Response.Charset = "UTF - 8";
```

来告诉浏览器用何种编码方式显示要输出的字符。

【例 5-4】 用 WriteFile 方法将文本文件的内容写入 Web 页面。页面 1 中放置一个超级链接，链接到页面 2 中，在页面 2 中读出文件内容，显示在页面 2 上。

页面 1 中代码如下：

```
< div >
< asp:HyperLink NavigateUrl = "file. aspx" ID = "HyperLink1" runat = "server">查看文件内容
</asp:HyperLink >
</div >
```

页面2,即 file.aspx 中逻辑代码如下：

```
protected void Page_Load(object sender, EventArgs e)
{
        Response.Charset = "UTF - 8";
        Response.WriteFile("共青团.txt");
}
```

从代码中可以看出,文本文件"共青团"与代码文件存放在同一文件夹下。

【例 5-5】 在页面上输出九九乘法表。

程序代码如下：

```
protected void Page_Load(object sender, EventArgs e)
{
        string str;
        int i, j;
        str = "< table border = 0 >";
        for (i = 1; i <= 9; i++)
        {
            str += "< tr >";
            for (j = 1; j <= i; j++)
                str += "< td >" + i + " * " + j + " = " + i * j + "</td >";
            str += "</tr >";
        }
        str += "</table >";
        Response.Write(str);
}
```

执行上述程序的运行结果如图 5-5 所示。

图 5-5　例 5-5 运行结果

在例 5-5 中,可以看出,Response. Write 方法的输出字符可以含在 HTML 语言中。为了使输出格式更清晰,使用了在表格中输出九九乘法表的方法。如果输出边框(str = "<table border=1>";),运行效果如图 5-6 所示。

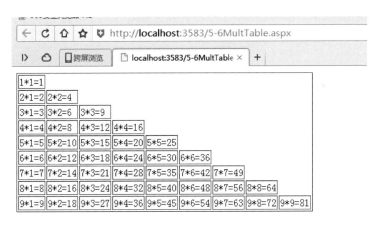

图 5-6 例 5-5 表格有边框的运行效果

5.3.3 Redirect 方法

Redirect 方法提供了一种页面跳转方式,可以使用它将页面重新定向到新的 URL。

在代码中用 Response.Redirect 方法将页面重新定位到新的页面时,不管此页面是指向原网站中的某一页还是其他网站中的某一页,服务器接收到此请求,首先要重新编译此页代码,再发回给浏览器一个重定向指令,浏览器按新的 URL 发出请求,原服务器或新的服务器响应请求,编译新页面,发回浏览器。因此,浏览器中的地址栏中标识的是新的 URL。

用法如下:

```
Response.Redirect("http://www.hrbfu.edu.cn");    //指向其他网站中的某一页
Response.Redirect("index.aspx");                 //指向本网站中的某一页
hl = http://www.baidu.com;                       //把网站地址存储在变量中
Response.Redirect(hl);                           //指向变量中存储的网站
```

5.3.4 BufferOutput 属性

BufferOutput 属性用于获取或设置一个值,该值指示是否缓冲输出,并在处理完整个页面之后再将缓冲内容发送。该属性默认值是 true,因此通常的页面中的输出内容都是在页面处理完成之后才发送给客户端由浏览器呈现出来。对于 BufferOutput 属性,要注意的问题如下:BufferOutput 属性为 true 时,如果页面要处理的内容很多,可能很长时间用户才能看到页面上的内容;BufferOutput 的值为 false 时,缓冲区的内容会立即发送给客户端显示,但是由于没有使用缓冲输出,这种方法又会带来性能问题。

如何选择缓冲,又不让信息延缓太久输出,需要借助 Flush 方法和 Clear 方法,在 5.3.6 节介绍。

5.3.5 End 方法

Response 的 End 方法的功能是将当前所有缓冲的输出发送到客户端,同时停止该页面的执行,并触发 EndRequest 事件。因此,写在 End 方法后的语句都不会被执行。思考一下，在什么情况下，需要使用 End 方法呢？其中的一种情况是：当页面遇到非法输入或者访问权限受限时，可以使用 End 方法来终止网页的继续运行。

5.3.6   Flush 方法和 Clear 方法

Flush 方法的功能是主动将缓冲区的信息输出，Clear 方法的功能是将缓冲区信息清除。

在前面讲到，当 BufferOutput 属性设置为 true 时，输出内容为缓冲输出，如果页面内容多，很长时间才能看到页面上的内容，当网页内容不缓冲输出，又会带来性能问题。下面的例题使用 Flush 方法和 Clear 方法相结合来解决这个问题。

【例 5-6】   Flush 方法和 Clear 方法示例。

```
using System.Text;
protected void Page_Load(object sender, EventArgs e)
{
        if (!IsPostBack)
        {
          ShowInfo("中", 100);
          Response.Flush();
          Response.Clear();
          System.Threading.Thread.Sleep(1000);
          ShowInfo("国", 5);
          Response.Flush();
           Response.Clear();
          System.Threading.Thread.Sleep(1000);
        }
}
private void ShowInfo(string it, int count)
{
        StringBuilder sb = new StringBuilder();
        for (int i = 0; i < count; i++)
        {
          sb.Append(it);
        }
        sb.Append("< br/>");
        Response.Write(sb.ToString());
}
```

例题中，"ShowInfo("中", 100);"语句之后，使用"Response.Flush();"语句主动将内容输出，而没有等待程序将所有信息处理完成之后再将内容输出。如果使用语句：

```
protected void Page_Load(object sender, EventArgs e)
{
    if (!IsPostBack)
    {
      Response.BufferOutput = false;
      ShowInfo("中", 100);
```

```
        System.Threading.Thread.Sleep(1000);
        ShowInfo("国", 5);
        System.Threading.Thread.Sleep(1000);
    }
}
```

将程序输出方式更改非缓冲输出,字符会即时在网页中输出,但是会带来效率问题。

5.4 Request 对象

5.4.1 Request 对象简介

Request 对象是 System.Web.HttpRequest 类的实例,System.Web.HttpRequest 类可以使 ASP.NET 能够读取客户端在 Web 请求期间发送的 HTTP 值。当浏览器访问 Web 应用时,在客户端和 Web 服务器之间就产生了一个对话,客户端必须告诉服务器,其请求的是哪一个页面、要处理哪些信息、之前保存的客户的 Cookie 信息等。Request 对象能够使 ASP.NET 读取 Web 请求期间发送的所有信息。它的常用属性如表 5-5 所示。

表 5-5 Request 对象常用属性

名　　称	主 要 功 能
QueryString	从查询字符串中读取用户提交的数据
Form	取得客户端在 Web 表单中所输入的数据
Cookies	取得客户端浏览器的 Cookies 数据
ServerVariables	取得服务器端环境变量信息
Browser	取得客户端浏览器的特性,如类型、版本号等

5.4.2 获取用户提交的信息

ASP.NET 中,客户提交信息的方式有 get 和 post 两种,这两种方式是来自于 ASP。在网络环境下,客户端向服务器端提交信息方式基本是采用这两种。服务器端需要这些信息的目的在于根据这些信息执行相关操作,从而实现页面之间、客户端和服务器端之间的传值。

1. 使用 get 传送方式

如果在 HTML 的表单中,<form action ="aa.aspx" method ="GET">就是表明数据传送是用 get 方式,IE 浏览器中默认的提交方式是 get。当网页使用 get 方式传送数据时,需要将参数放到 URL 里面,也就是说在进行网页跳转时,如果需要使用 get 方式进行参数传递,那就需要构造一个包含有参数的 URL,如当在百度首页进行关键字的搜索时,跳转到第二页的时候,新的 URL 中除了网页地址之外,还会包含更多的参数信息,形式如下:

```
http://wesite.com/Webform.aspx?PName1 = PValue1&Pname2 = PValue2...
```

其中，从"?"开始的后半段"? PName1＝PValue1&Pname2＝PValue2..."，代表了参数从此开始，用"＝"分隔参数的名称与值，如果有多个参数，以"&"符号分隔。当服务器接收到这样的信息时，会对此进行解析，当下一页进行数据请求时，将数据传递给下一页。此时需要使用 Reqest 的 QueryingString 属性来获取参数值，QueryingString 是一个集合，使用方法如下。

```
Request.QueryingString["PName"]
```

此处的"PName"与前一页传送时的参数名称相对应。

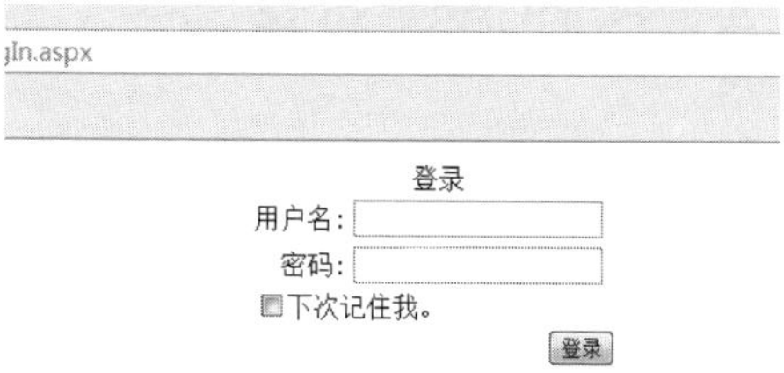

【**例 5-7**】 新建一个网站，登录页面如图 5-7 所示，输入用户名和密码后，单击"登录"按钮跳转到第二页，第二页中输出欢迎信息。

登录页面的代码如下：

图 5-7 例 5-7 的登录页面

```
<div align = "center">
<asp:Login   ID = "Login1" runat = "server" OnAuthenticate = "Login1_Authenticate"></asp:Login>
</div>
```

后台代码如下：

```
protected void Login1_Authenticate(object sender, AuthenticateEventArgs e)
{
    if (Login1.UserName != "")
    {
        Response.Redirect("5 - 8?UserName = " + Login1.UserName.ToString());
    }
}
```

跳转页面的代码如下：

```
protected void Page_Load(object sender, EventArgs e)
{
    Label1.Text = Request.QueryingString["UserName"];
    int Time = DateTime.Now.Hour.CompareTo(13);
    string str;
    if(Time > 0)
    {
        str = "下午好!";
    }
    else if (Time < 0)
    {
        str = "上午好!";
    }
    else
```

```
        {
            str = "中午好!";
        }
        Label3.Text = str;
    }
```

这个例题中,使用了登录控件,登录控件将登录中使用的控件集合在一起,响应 Authenticate 事件。由于没有学习如何连接数据库,在登录页面中没有对用户名和密码进行检验,只要用户输入用户名和密码,单击"登录"按钮,便能够引起跳转。

```
Response.Redirect("NavigatePage.aspx?UserName=" + Login1.UserName.ToString());
```

将用户名传递到跳转页面。跳转到第二个页面中时,使用语句:

```
Label1.Text = Request["UserName"];
```

来接收前一页面提交的用户名。

要注意以下几点。第一,当使用了 get 方式传送数据时,一些信息很直接地显示在 URL 中,如一个登录页面,当通过 get 方法提交数据时,用户名和密码将出现在 URL 上。如果登录页面可以被浏览器缓存或其他人可以访问客户的这台机器。那么,别人即可以从浏览器的历史记录中,读取到此客户的账号和密码。所以,在某些情况下,get 方法会带来严重的安全性问题。第二,由于服务器端要解析 URL,因此 ASP.NET 对在 URL 中传送字节的大小有所限制,包括地址在内的字符串长度最长在 2~4KB 之间(具体数值与浏览器有关)。第三,通过 QueryingSting 方式获取的信息类型只能是一个字符串。如果参数中有汉字或者特殊字符,需要对 URL 进行编码,这样用户就有了通过伪造参数来欺骗服务器端的机会。

总结如下:get 传送方式优点在于简单、方便,执行效率比 post 方式高;缺点在于传送数据长度限制、有安全性隐患。

2. 使用 post 传送方式

这种方式一般是使用 Request 对象的 Form 属性完成对数据读取的。需要注意的是,此时要传送的表单不能运行在服务器端,因此需要把 runat=server 去掉,在<form>标记中添加 action 属性,将标记中的 method 属性设置为 post:

```
<form action = "aa.aspx" method = "post">
```

同时,控件要使用 HTML 控件;获取值的页面用"Request.Form["ControlName"]"语句来得到传送的值。由于这种方式只识别控件的 name 属性,因此对控件需要添加 name 属性。

当网页使用这种方法传送数据时,method 方法将提交的数据隐藏到 HTTP 报文中,这里传递的参数用户看不到,而在 HTTP 协议上没有大小限制,当然有一些浏览器也会对数据量大小进行限制,大约在 2MB,因此当传送的数据量大,一般选择 post 方式。

【例 5-8】 将例 5-7 改用 post 方式进行传值。

LogIn 页面代码如下：

```
<form id = "form1" action = "5 - 8Post.aspx" method = "post">
<div align = "center">
    用户名：< input id = "Text1" name = "username" type = "text" />< br />
    密 码：< input id = "Password1" type = "password" />< br />
< input id = "Submit1" type = "submit" value = "登录" />
</div>
</form>
```

从以上代码中可以看出，程序中为 form1 增加了 action 属性，action 属性指明发生提交事件时跳转的页面；也增加了 method 方法，指明参数提交方法。同时，去掉了 runat 属性。这其中使用的是 HTML 控件，而且为准备传递数据的 Text1 增加了 name 属性。

目标页面的逻辑代码如下：

```
protected void Page_Load(object sender, EventArgs e)
{
        Label1.Text = Request["username"];
//以下部分与例 5 - 7 相同
}
```

运行结果如图 5-8 和图 5-9 所示。

图 5-8　例 5-8 的登录页面运行结果

图 5-9　例 5-8 页面跳转后运行结果

以上两种数据传送方式区别在于以下几点。

（1）post 传输数据时，不需要在 URL 中显示出来，而 get 方法要在 URL 中显示。

（2）post 传输的数据量大，可以达到 2MB，而 get 方法由于受到 URL 长度的限制，只能为几 KB。

（3）post 顾名思义就是为了将数据传送到服务器端，get 就是为了从服务器端取得数据。post 的信息作为 HTTP 请求的内容，而 get 是在 HTTP 头部传输的。

5.4.3　获取客户端浏览器信息

利用 Request 对象的 ServerVariables 数据集合可以方便地取得服务器端或客户端的环境变量信息，如客户端的 IP 地址等。

常用环境变量如表 5-6 所示。

表 5-6 ServerVariables 集合常用环境变量

环境变量名称	说　　明
REQUEST_METHOD	客户端或代理服务器的请求方法（POST/GET）
SCRIPT_NAME	当前程序名称
SERVER_PORT	服务器接收请求的端口号
LOCAL_ADDR	服务器端的 IP 地址
REMOTE_ADDR	客户端或代理服务器的 IP 地址
REMOTE_HOST	客户端或代理服务器的主机名

使用方法如下：

```
Request.ServerVariables["环境变量名称"]
```

【例 5-9】 获取客户端 IP 地址。

```
protected void Page_Load(object sender, EventArgs e)
{
    Response.Write("您的 IP 地址是: " + Request.ServerVariables["REMOTE_ADDR"]);
}
```

注意：如果计算机的操作系统是 Windows 7，语句获取的是 IPv6 地址，如果在本机的实验环境下，很可能得到这样的结果"::1"，代表本机，相当于 127.0.0.1。也可以使用"Request. UserHostAddress. ToString()"语句来获得客户端 IP。

5.5 Cookie 对象

5.5.1 Cookie 对象简介

HTTP 协议是无状态协议，无状态是指协议对于事务处理没有记忆能力。缺少状态意味着如果后续处理需要前面的信息，则它必须重传，HTTP 协议这种特性有优点也有缺点，优点在于解放了服务器，每一次请求"点到为止"不会造成不必要连接占用；缺点在于每次请求会传输大量重复的内容信息。

客户端与服务器进行动态交互的 Web 应用程序出现之后，HTTP 无状态的特性严重阻碍了这些应用程序的实现，毕竟交互是需要承前启后的，简单的购物车程序也要知道用户到底在之前选择了什么商品。于是，两种用于保持 HTTP 连接状态的技术就应运而生了，一个是 Cookie，而另一个则是 Session。

Cookie 对象实质上是由浏览器存储在客户端硬盘上的一小段文本，它为保存用户相关信息提供了一种有效的方法。它由 Web 服务器嵌入用户浏览器中，以标识用户相关信息。用户请求站点中的页面时，应用程序发送给该用户的不仅仅是一个页面，还有一个包含日期和时间的 Cookies，用户的浏览器在浏览页面的同时还获得了该 Cookies，并将它存储在本地硬盘上的 Cookies 文件夹。如果该用户再次请求站点中的页面,当该用户输入 URL 时,浏览器便会在本地硬盘上查找与此 URL 关联的 Cookie。如果存在,浏览器便将该 Cookie 与页面请求一起发送到站点。然后,应用程序便可以确定该用户上次访问站点、日期和时间或者其他信息。

需要注意的是,Cookie 与网站关联,而不是与特定的页面关联。因此,无论用户请求站点中的哪一个页面,浏览器和服务器都要交换 Cookie 信息。用户访问不同站点时,各个站点都可能会向用户的浏览器发送一个 Cookie,浏览器会分别存储所有 Cookie。由于是要在用户端的硬盘上存储信息,为了安全考虑,浏览器上有设置可以屏蔽 Cookie 的选项,同时对于 Cookie,也有大小限制,最多只能是 4KB。

IE 浏览器将 Cookies 文件以＜user＞@＜domain＞. txt 的名称保存,其中 user 是用户的账户名。例如,用户名为 richard,访问的网站是 www. baidu. com,对应的 Cookies 文件名应该为 richard@baidu. txt。

5.5.2　读写 Cookie

Cookies 是通过 Response 对象发送到浏览器的,它是一个集合,发送给浏览器的所有 Cookie 都必须添加到此集合中,在创建 Cookie 时,需要指定它的 Key 和 Value。所以,每个 Cookie 必须有一个唯一的名称,以便以后从浏览器读取时可以识别它。同时,也正是由于 Cookie 由名称识别,当有重名的 Cookie 时,前一个 Cookie 将被覆盖。

1. 创建和修改单值 Cookie

首先可以通过创建 HttpCookie 类的实例来创建 Cookie。

下面的语句演示了如何创建一个 Cookie 对象,并设置 Key 和 Value:

```
HttpCookie myCookie = new HttpCookie("animal");
myCookie.Value = "猫 1";
```

在创建 Cookie 时,还可以为 Cookie 设置有效日期和时间,当用户访问网站时,浏览器将删除过期 Cookie。如果没有设置有效期,仍会创建 Cookie,但不会将存储在用户的硬盘上,在会话结束时,即用户关闭浏览器时,Cookie 便会被丢弃。下面的代码演示了利用 Expire 属性如何将刚才创建的 Cookie 的有效期设置为 3 天:

```
myCookie.Expires = DateTime.Now.AddDays(3);
```

对于永不过期的 Cookie,可以将其有效期设置为 50 年或者 MaxValue。

```
myCookie.Expire = DateTime.MaxValue;
```

将这些属性设置完成后,将 myCookie 对象添加到 Response 中的 Cookies 集合中。

```
Response.Cookies.Add(myCookie);
```

在前面已经讲过,Cookies 是 Response 对象的一个集合,因此也可以通过访问 Response 的 Cookie 属性来创建 Cookie。

创建对象、设置有效期,可以使用下面的语句:

```
Response.Cookies["animal"].Value = "猫";
Response.Cookies["animal"].Expires = DateTime.Now.AddDays(3);
```

以上两个语句完成了一个 Cookie 的创建。

也可以在创建之后用访问 Response 的 Cookies 集合的方式来修改 Cookie 的属性。例如:

```
Response.Cookies["animal"].Expires = DateTime.MaxValue;
```

从本质上说,Cookie 是不能修改的,在修改的同时,就是创建了一个新的同名 Cookie,把原来的 Cookie 替换了,因此也可以用 Add 添加一个新 Cookie 的形式去覆盖原来的 Cookie,达到修改的目的。

如果想主动去删除一个 Cookie 时,可以使用下面的语句:

```
Response.Cookies["animal"].Expires = DateTime.MinValue;
```

2. 读取单值 Cookie

浏览器向服务器发出请求时,会随着请求一起发送该服务器的 Cookie,因此可以使用 HttpRequest 来读取 Cookie。

在尝试获取 Cookie 的值之前,应确保 Cookie 的存在;如果 Cookie 不存在,将会收到 NullReferenceException 异常。下面一段语句是用来读取 animal 的 Cookie 值:

```
string  myString;
if( Request.Cookies["animal"] != null)
{
    myString = Request.Cookies["animal"].Value;
}
```

在页面中显示 Cookie 的内容前,应该先调用 HtmlEncode 方法对 Cookie 的内容进行编码,这样可以确保恶意用户没有向 Cookie 中添加可执行脚本。

```
string  myString;
if( Request.Cookies["animal"] != null)
{
    myString = Request.Cookies["animal"].Value;
    Response.Write(Server.HtmlEncode(myString));
}
```

【例 5-10】 设计一个登录界面,当用户选中"记住密码"复选框时,在用户下一次登录时,当用户输入完用户名,如果存在此用户密码自动填写。

说明：由于没有学习连接数据部分的知识，此题中，假设用户名是 admin，密码是 admin123。

设计页面如图 5-10 所示。

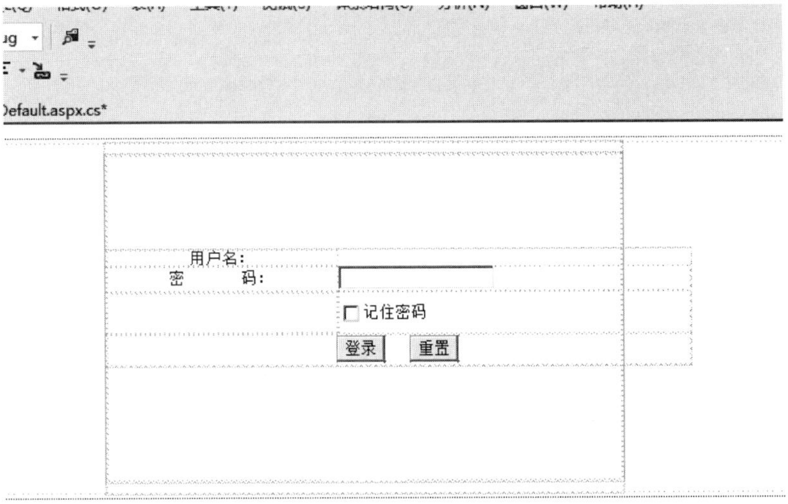

图 5-10　例 5-10 的登录设计页面

下面是"重置"按钮的单击事件代码：

```
protected void btnReset_Click(object sender, EventArgs e)
{
        txtname. Text = "";
        txtpwd. Text = "";
}
```

当用户填写用户名与密码后，单击"登录"按钮后，代码如下：

```
protected void btnLogIn_Click(object sender, EventArgs e)
{
    if (txtname. Text. Trim(). Equals("admin") && txtpwd. Text. Trim(). Equals("admin123"))
    {
        if (chkRem. Checked)
        {
            if (Request. Cookies["username"] == null)
            {
                Response. Cookies["username"]. Expires = DateTime. Now. AddDays(30);
                Response. Cookies["userpwd"]. Expires = DateTime. Now. AddDays(30);
                Response. Cookies["username"]. Value = txtname. Text. Trim();
                Response. Cookies["userpwd"]. Value = txtpwd. Text. Trim();
            }
        }
        Response. Redirect("admin. aspx?username = " + txtname. Text);
    }
    else
```

```
    {
        ClientScript.RegisterStartupScript(this.GetType(),"","alert('用户名或密码错误!');",
true);
    }
}
```

以上的代码中,当用户输入正确的用户名与密码时,程序先去检验用户是否选中"记住密码"复选框,如果选中,程序再检查此用户在这台计算机上的 Cookie 中是否有记录,没有记录的情况下,将在本机的 Cookie 中记录用户信息。

如果有记录,将在用户向用户名称中填写信息时响应 TextChanged 事件。代码如下:

```
protected void txtname_TextChanged(object sender, EventArgs e)
{
    if (Request.Cookies["username"] != null)
    {
        if (Request.Cookies["username"].Value.Equals(txtname.Text.Trim()))
        {
            txtpwd.Attributes["value"] = Request.Cookies["userpwd"].Value;
        }
    }
}
```

登录成功,跳转到第二页面时,页面通过 get 方式传值,代码如下:

```
protected void Page_Load(object sender, EventArgs e)
{
        Response.Write(Request.QueryString["username"]+",您好!");
}
```

【例 5-11】 利用 Cookie 记录用户第几次访问网站

```
protected void Page_Load(object sender, EventArgs e)
{
    int vNumber;
    if (Request.Cookies["vNumber"] == null)
        vNumber = 1;
    else
        vNumber = int.Parse(Request.Cookies["vNumber"].Value) + 1 ;
    Response.Cookies["vNumber"].Value = vNumber.ToString();
    Response.Cookies["vNumber"].Expires = DateTime.Now.AddYears(1);
    Label1.Text = "您是第" + vNumber+ "次访问本站" ;
    }
```

3. 创建和修改多值 Cookie

除了可以在 Cookie 中存储一个值之外,也可以在一个 Cookie 中存储多个名称/值对,这些名称/值对称为子键。多值 Cookie 结构如下:

```
[主键(key)1]
        [子键(key)1]: [子键值]
        [子键(key)2]: [子键值]
        [子键(key)3]: [子键值]
...
[主键(key)2]
        [子键(key)1]: [子键值]
        [子键(key)2]: [子键值]
        [子键(key)3]: [子键值]
...
```

下面的一段代码展示了如何添加多值 Cookie：

```
HttpCookie ck = new HttpCookie("multi_cookie");        //主键名是 muti_cookie
ck.Values.Add("name","小王");                          //子键名为 name
ck.Values.Add("age","18");                             //子键名为 age
ck.Values.Add("sex","男");                             //子键名为 sex
ck.Expiers = Datetime.MaxValue;
Response.Cookies.Add(ck);
```

或者访问 Response 的 Cookies 集合来创建或者修改多值 Cookie：

```
Response.Cookies["multi_cookie"]["name"] = "小王";
Response.Cookies["multi_cookie"]["age"] = "18";
Response.Cookies["multi_cookie"]["sex"] = "男";
Response.Cookies["multi_cookie"].Expires = Datetime.MaxValue;
```

创建了多值 Cookie 之后，还可以对它进行修改。下面的语句演示了如何添加一个子键：

```
ck.Values.Add("major","计算机应用技术");
```

如果通对 Cookie 对象去修改多值 Cookie 的子键时，就必须用 Set 方法，而不是像单值 Cookie 那样使用 Add 方法：

```
ck.Values.Set("major","金融学");
```

当想删除某一个子键时，使用 Remove 方法，用键做参数表明是哪一个子键：

```
ck.Values.Remove("key");
```

例如，将 ck 对象中主键是 multi_cookie、子键是 major 的项删除，语句如下：

```
ck.Values.Remove("major");
```

如果删除所有子键，则使用 Claear 方法：

```
ck.Values.Clear();
```

4. 读取多值 Cookie

与单值 Cookie 相似,也是通过访问 Request 对象的 Cookie 集合来读取它的值。
Request.Cookies["主键名"]["子键名"],例如下面的一段代码读取了上面定义的
multi_cookie 的 age:

```
string   strAge;
if( Request.Cookies["multi_cookie"] != null)
{
    myString = Request.Cookies["multi_cookie"]["Age"];
}
```

同样的,在输出到页面之前,还要使用 HtmlEncode 对其内容进行编码。

【例 5-12】 在线投票程序,利用多值 Cookie 实现一个 IP 每天只能投票一次。
程序的设计页面如图 5-11 所示。

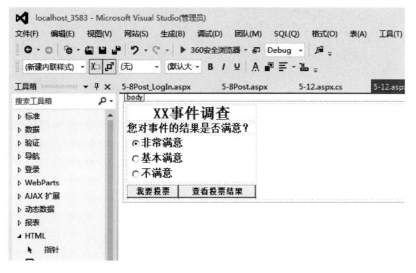

图 5-11 例 5-12 的投票设计页面

投票按钮的单击事件代码如下:

```
protected void btnVote_Click(object sender, EventArgs e)
{
    string UserIP = Request.UserHostAddress.ToString();
    int VoteID = Convert.ToInt32(rdbtnVote.SelectedIndex.ToString()) + 1;
    HttpCookie oldCookie = Request.Cookies["userIP"];
    if (oldCookie == null)
    {
        //如果实现投票程序,在此处增加代码处理投票
        Response.Write("<script>alert('投票成功,谢谢您的参与!')</script>");
```

```
        HttpCookie newCookie = new HttpCookie("userIP");
        newCookie.Expires = DateTime.Now.AddDayss(1);
        newCookie.Values.Add("IPaddress", UserIP);
        Response.AppendCookie(newCookie);
        return;
    }
    else
    {
        string userIP = oldCookie.Values["IPaddress"];
        if (UserIP.Trim() == userIP.Trim())
        {
    Response.Write("<script>alert('您今天已经投过票了,谢谢您的参与!');</script>");
            return;
        }
        else
        {
            HttpCookie newCookie = new HttpCookie("userIP");
            newCookie.Values.Add("IPaddress", UserIP);
            newCookie.Expires = DateTime.Now.AddMonths(1);
            Response.AppendCookie(newCookie);
            //如果实现投票程序,在此处增加代码处理投票
            Response.Write("<script>alert('投票成功,谢谢!')</script>");
            return;
        }
    }
}
```

此例题中,只是实现了如何利用多值 Cookies 检测每个 IP 一天之内只能投票一次的功能,并没有实现投票功能,投票功能需要数据库操作,感兴趣的同学,可以在学习完数据库知识后将代码补充完整。

5.6 Session 对象

5.6.1 Session 对象简介

当用户连接到一个 ASP.NET 网站时,就创建了一个会话。该会话为无状态的 Web 赋予了状态,使网站能识别来自同一启动会话的浏览器的后继页面请求,这可以保持页面状态,直到客户端主动结束会话或者发生连接超时(默认超时时间是 20 分钟)。

当一个 Web 应用程序运行时,存在多个会话,每个与服务器连接的用户都是一个会话。ASP.NET 利用 Session 对象,在会话持续期间保留变量的值。默认情况下,会话状态作为 ASP.NET 进程的一部分存储在服务器内存中。也可以通过配置,将个别会话存储在 ASP.NET 进程以外,或者在单独的状态服务器上,或者在数据库内,在这种情况下,即使 ASP.NET 进程崩溃或者重启,会话还能继续进行。

ASP.NET 为每一个 Session 设置单独记录和追踪会话状态的 ID,称为 SessionID。

SessionID 由 120 位长的 URL-legal ASCII 字符组成,每个 SessionID 全局唯一,随机分配。

Session 的存储内容没有类型限制,当会话结束时,Session 自动释放。

ASP.NET 提供两个可帮助管理用户会话的事件:Session_OnStart 事件和 Session_OnEnd 事件。这两个事件在名为 Global.asax 的文件中,关于此文件,5.7.3 节将有专门论述。当开始一个新会话时,会响应 Session_OnStart 事件,当会话被放弃或过期时,会响应 Session_OnEnd 事件,这样形成了会话的一个生命周期。需要注意的是,只有当会话状态存储在服务器内存中,即默认状态时,才会响应 Session_OnEnd 方法。

5.6.2 利用 Session 对象存储信息

在 ASP.NET 页面中,Session 作为当前页对象 Page 的一个属性,以集合的方式存在。这个集合是一个关键值字典,会话变量集合按关键值或整数下标作为索引。当创建一个 Session 时,只需要按照关键值来创建即可,不需要显式地将新 Session 添加到集合中。例如下面的语句所示,创建了一个关键值为"animal"的 Session,值为"猫"。

```
Session["animal"] = "猫";
```

或者通过 Add 方法直接创建并添加:

```
Session.Add("animal", "猫");
```

读取 Session 时,要先判断 Session 是否为空,否则可能会出现"未将对象引用设置到对象的实例"的异常。

```
if ( Session ["animal"] != null )
{ … }
```

还需要注意的是由于 Session 对象可能是任何类型,要对读取的结果做好相应的准备。

```
String   str  =  Session["strSession"];        //读取 Session 中存放的字符串
int   i = Session[ "intSession" ];             //读取 Session 中存放的数值
TextBox   txt = (TextBox)Session["txtSession"]; //读取 Session 中存放的 TextBox
```

修改一个 Session 的值与创建 Session 的语句是一样的:

```
Session[ "animal" ] = "狗";
```

在需要时,可以主动删除某一个 Session 的内容,使用 Remove 方法。下面的语句为人们演示了如何删除关键值为"animal"的 Session:

```
Session.Remove( " animal " );
```

【例 5-13】 创建 3 个页面,分别为登录页面(图 5-12)、跳转后设置各种类型 Session 的页面(图 5-13)、读取 Session 的页面。登录页面中只有一个文本框和按钮,用户输入用户名，单击"登录"按钮后，页面跳转到设置 Session 的页面，同时利用 Session 传递了用户名，如图 5-14 所示。

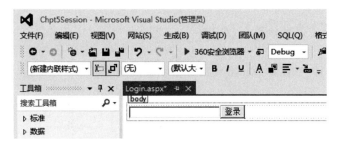

图 5-12　例 5-13 登录页面

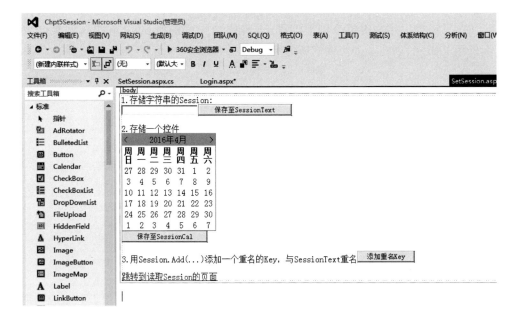

图 5-13　例 5-13 中设置 Session 页面

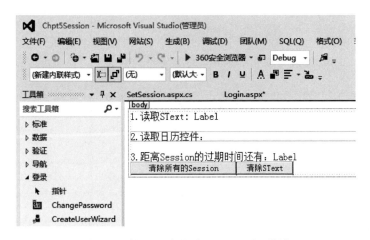

图 5-14　例 5-13 中查看 Session 页面设计

登录页面中"登录"按钮的单击事件代码如下：

```
protected void Button1_Click(object sender, EventArgs e)
{
    Session["uid"] = TextBox1.Text;
    Server.Transfer("~/SetSession.aspx");
}
```

设置 Session 页面中，页面加载事件代码如下：

```
protected void Page_Load(object sender, EventArgs e)
{
    if (Session["uid"] == null)
    {
        Response.Redirect("Login.aspx");
    }
    else
    {
        Response.Write("欢迎你," + Session["uid"]);
    }
}
```

保存文本 Session 的按钮单击事件代码如下：

```
protected void Button1_Click(object sender, EventArgs e)
{
    Session["SText"] = TextBox1.Text;
}
```

保存控件 Session 的按钮单击事件代码如下：

```
protected void Button2_Click(object sender, EventArgs e)
{
    Session["SCal"] = Calendar1;
}
```

更改 Session 的按钮单击事件代码如下：

```
protected void Button3_Click(object sender, EventArgs e)
{
    Session.Add("SText","新增加的 SessionText");
}
```

在查看 Session 页面中，页面加载事件代码如下：

```
protected void Page_Load(object sender, EventArgs e)
{
    Label1.Text = (Session["SText"] == null) ? "空字符串" : Session["SText"].ToString();
    if (Session["SCal"] != null)
```

```
    {
        Calendar cal = (Calendar)Session["SCal"];
        Panel1.Controls.Add(cal);
    }
    Label2.Text = (Session["SText"] == null) ? "空字符串" : Session.Timeout.ToString();
}
```

在查看 Session 页面中,清除所有 Session 按钮单击事件代码如下:

```
protected void Button1_Click(object sender, EventArgs e)
{
    Session.Abandon();
    Response.Redirect(Request.Url.LocalPath.ToString());
}
```

在查看 Session 页面中,清除指定 Session 按钮单击事件代码如下:

```
protected void Button2_Click(object sender, EventArgs e)
{
    Session.Remove("SText");
    Response.Redirect(Request.Url.LocalPath.ToString());
}
```

例题中展示了如何利用 Session 存储各种类型的数据,同时也展示了如何读取或清除各种类型 Session 的方法。

5.6.3　TimeOut 属性

TimeOut 属性用来标识当服务器与客户端失去连接多久来销毁当前 Session,默认值是 20 分钟。可以通过修改 Web.config 文件的配置项来调整 TimeOut 的值。下面的语句将超时时间设置为 30 分钟:

```
< sessionState  timeOut = "30"></sessionState >
```

也可以在代码中需要的位置用语句来实现:

```
Session.TimeOut = 30;
```

5.6.4　Abandon 方法

在一些情况下,需要立刻让 Session 失效,如用户退出系统后,希望 Session 中保存的所有数据全部失效,释放空间。此时可以使用 Session.Abandon()方法,撤销当前 Session 对象并结束当前用户会话。但是使用这个方法时要注意,因为一旦调用 HttpSessionState.Abandon 方法,当前会话不再有效,同时会启动新的会话。Abandon 使 SessionStateModule.End 事件被引发。发送下一次请求后将引发新的 SessionStateModule.Start 事件。如果要用 Session. Abandon( ),最好放在一个独立的页面。

清除当前会话内容还有 Session. Clear( )与 Sessio. RemovAll( )两个方法,与 Session. Abandon( )不同的是,前两种方法只是清空当前会话中的内容,不释放会话,也不结束会话,不会引发 Session_OnEnd 事件。

例如,某登录页面编写了如下代码:

```
Session.Abandon();
Session["user"] = "admin";
```

当页面跳转完成,在新页面尝试读取关键值 user 的 Session 时,会发现是空的,并没有这样的 Session,就是因为当前会话不再有效。

5.7　Application 对象

5.7.1　Application 对象简介

Application 对象是 HttpApplicationState 类的一个实例,Application 状态是整个应用程序全局的,在整个应用程序生存周期中一直有效,除非有显式的删除或更改。Application 对象在服务器内存中存储数量较少又独立于用户请求的数据。使得 Application 对象存储数据,没有大小和类型限制。缺点是缺乏自我管理机制,数据不会自动释放。

通常在 Application_Start 的时候去初始化一些数据,在以后的访问中可以迅速访问和检索。

5.7.2　利用 Application 对象存储信息

(1) 创建一个 Application 使用如下语句:

```
Application["KeyName"] = ObjectValue;
```

或者使用如下方法:

```
Application.Add( " KeyName", ObjectValue );
```

(2) 获取一个 Application 的内容时,与读取 Session 一样,要弄清楚此 Application 中存储的内容的类型。

下面的语句演示了如何获取不同类型的 Application 内容:

```
String  str  = Application [ "strApp" ].ToString();
int  i = (int) [ "strApp" ];                        //读取 Application 中存放的数值
TextBox  txt = (TextBox)Session[ "txtApplication" ];   //读取 Application 中存放的 TextBox
```

(3) 修改一个 Application 的值与创建的语句相同,但是由于 Application 是全局的,任何用户都可以访问,所以在修改值的时候,要进行加锁和解锁操作:

```
Application.Lock();
Application[ " KeyName " ] = ObjectValue;
Application.UnLock();
```

（4）清除某个 Application 时，用 Application.Remove 方法，同时也需要对清除操作加锁和解锁操作：

```
Application.Lock();
Application.Remove("KeyName");
Application.UnLock();
```

也可以用 Application.Clear 方法或 Application.RemoveAll 方法清除所用 Application：

```
Application.Lock();
Application.Clear();              //或 Application.RemoveAll();
Application.UnLock();
```

5.7.3　Global.asax 文件

Global.asax 文件存储在应用程序虚拟根目录中，包含 Web 应用程序的全局代码。这些代码包括应用程序的事件处理程序以及会话事件、方法和静态变量。有时该文件也被称为应用程序文件。每个应用程序在其根目录下只能有一个 Global.asax 文件。然而，这个文件是可选的。如果没有 Global.asax 文件，应用程序将对所有事件应用由 HttpApplication 类提供的默认行为。当应用程序运行的时候，Global.asax 的内容被编译到一个继承自 HttpApplication 类的类中。因此，HttpApplication 类中所有的方法、类和对象对于应用程序都是可用的。

Global.asax 文件中包括 Application_Start、Application_End、Application_Error、Session_Start、Session_End 事件的处理程序。当应用程序收到第一个用户请求时，引发 Application_Start 事件。

CLR 监控着 Global.asax 的变化。如果它察觉到这个文件发生了改变，那么将自动启动一个新的应用程序复本，同时创建一个新的应用程序域。原应用程序域当前正在处理的请求被允许结束，而任何新的请求都交由新应用程序域来处理。当原应用程序域的最后一个请求处理完成时，这个应用程序域即被清除。这有效地保证了应用程序可以重新启动，而不被任何用户察觉。为防止应用程序用户下载应用程序而看到源代码，ASP.NET 默认配置为阻止用户查看 Global.asax 的内容。如果有人在浏览器输入以下 URL：

```
http://localhost/progaspnet/Global.asax
```

这将会收到一个 403（禁止访问）错误信息或者类似的信息，如：

```
This type of page is not served。
```

为项目添加一个 Global.asax 文件的方法是：在网站的根目录，单击"添加新项"，然后再单击"全局应用程序类"即可。

【例 5-14】 利用 Application 技术统计在线人数。

页面设计如图 5-15 所示。

图 5-15 例 5-14 页面设计

首先在网站添加 Global.asax 文件,其中代码如下。

在应用程序启动时运行的代码:

```
void Application_Start(object sender, EventArgs e)
{
    Application["counter"] = 0;
}
```

在新会话启动时运行的代码:

```
void Session_Start(object sender, EventArgs e)
{
    Application.Lock();
    Application["counter"] = (int)Application["counter"] + 1;
    Application.UnLock();
}
```

在会话结束时运行的代码:

```
void Session_End(object sender, EventArgs e)
{
    Application.Lock();
    Application["counter"] = (int)Application["counter"] - 1;
    Application.UnLock();
}
```

注意:只有在 Web.config 文件中的 sessionstate 模式设置为 InProc 时,才会引发 Session_End 事件。如果会话模式设置为 StateServer 或 SQLServer,则不会引发该事件。

统计页面的 Page_Load 事件代码如下:

```
protected void Page_Load(object sender, EventArgs e)
{
    if(!IsPostBack )
        Label2.Text = Application["counter"].ToString ();
}
```

5.8 Server 对象

5.8.1 Server 对象简介

Server 对象的作用是访问有关服务器的属性和方法以及进行 HTML 编码,它是 System. Web. HttpServerUtility 类的实例。Server 对象的常用属性如表 5-7 所示。

表 5-7 Server 对象的常用属性

名　　称	主 要 功 能
ScriptTimeout	规定脚本文件的最长执行时间,超过时间就停止执行脚本,其默认值为 90 秒

Server 对象的常用方法如表 5-8 所示。

表 5-8 Server 对象的常用方法

名　　称	主 要 功 能
Creatobject	用于创建已注册到服务器的 Activex 组件,应用程序或脚本对象
HTMLEncode	将字符串转换成 HTML 格式输出
URLEncode	将字符串转换成 URL 的编码输出
MapPath	将路径转化为物理路径
Execute	停止执行当前网页,转到新的网页执行,执行完毕后返回网页,继续执行 Execute 方法返回后面的语句
Transfer	停止执行当前网页,转到新的网页执行,和 Execute 不同的是,执行完毕不返回原网页,而是停止执行过程

5.8.2 ScriptTimeout 属性

ScriptTimeout 属性指定脚本在结束(退出执行或返回一个错误都是结束)前最大可运行多长时间。到达指定时间后,自动停止脚本的执行,并从内存中删除包含可能进入死循环的错误页面或者是那些长时间等待其他资源的页面。这样会防止服务器因存在错误的页面而过载。根据实际情况,对于运行时间较长的页面需要增大这个值。注意,当处理服务器组件时,超时限制将不再生效。

语法如下:

```
Server.ScriptTimeout = NumSeconds
```

其中,NumSeconds 单位为秒,默认值是 90。

下面的语句演示了将 Server. ScriptTimeout 的值设置为 100 秒的方法:

```
<% Server.ScriptTimeout = 100 %>
```

5.8.3 HTMLEncode 方法

HTMLEncode 方法的功能是对一段指定的字符串应用 HTML 编码。
语法如下：

```
Server.HTMLEncode(string)
```

string 参数是要进行编码的字符串。

大家知道，HTML 可以显示大部分文本，但是当字符中包含 HTML 标记中所使用的字符时（通常是"<"">"""&"等），由于浏览器试图进行解释 HTML 标记，显示就会遇到问题。例如，想输出"在 HTML 中，
的作用是换行。"，程序可能这样编写：

```
<HTML>
<BODY>
<FONT SIZE = 4>在 HTML 中，<br>的作用是换行。</FONT>
</BODY>
</HTML>
```

运行时，在浏览器上显示的结果是：

```
在 HTML 中，
的作用是换行。
```

这与想要的结果不一样，此时需要使用 Server.HTMLEncode 方法来保证符号
不被浏览器解释而正确输出。

```
<% = Server.HtmlEncode("在 HTML 中，<br>的作用是换行。")%>
```

此时，浏览器显示的结果是：

```
在 HTML 中，<br>的作用是换行。
```

5.8.4 UrlEncode 方法

UrlEncode 方法对 URL 进行编码，以便在 HTTP 流中正确传输它们。下面的内容先来介绍什么是 URL 编码，以及为什么要对 URL 进行编码。

首先根据前面学习的内容可知，URL 中可以跨页面传送数据，URL 参数字符串中使用 key=value 键值对这样的形式来传参，键值对之间以 & 符号分隔，如果 value 字符串中包含了=或者 &，那么势必会造成接收 URL 的服务器解析错误，因此必须将引起歧义的 & 和=符号进行转义，也就是对其进行编码。

又如，URL 的编码格式采用的是 ASCII 码，而不是 Unicode，这也就是说不能在 URL 中包含任何非 ASCII 字符，如中文。否则如果客户端浏览器和服务端浏览器支持的字符集不同的情况下，中文可能会造成问题。

URL 编码的原则就是使用安全的字符(没有特殊用途或者特殊意义的可打印字符)去表示那些不安全的字符。语法如下:

```
Server.UrlEncode(string)
```

利用 QueryString 跨页面传递信息时,如果信息带有空格或特殊字符,那么必须进行 URL 编码操作,否则接收的数据会发生错误。

5.8.5 MapPath 方法

在发布网站时,往往把所有文件放置在一个文件夹中。当要从一个页面跳转到另一个页面,一般情况下使用相对路径,除了简单之外,当重新规划磁盘或者将网站文件更改位置时,代码不需要进行修改。MapPath 方法的功能就是将指定的相对或虚拟路径映射到服务器上相应的物理目录上。语法如下:

```
string Server.MapPath( Path )
```

其中,参数 Path 是一个字符串,代表路径,指定要映射物理目录的相对或虚拟路径。方法的返回值是一个字符串,表示与 Path 相对应的物理文件路径。如果 Path 为空,MapPath 方法将返回包含当前应用程序的目录的完整物理路径。需要注意的是:MapPath 方法很可能包含有关承载环境的敏感信息,不应向用户显示返回值。

```
./: 当前目录
../: 上层目录
/: 网站主目录
```

假如网站文件所在目录是 D:\wwwroot\hrbfu。

Server.MapPath(""):返回当前页面所在的文件夹的路径,如 D:\wwwroot\hrbfu\test。

Server.MapPath("/"):返回站点的根目录,如 D:\wwwroot\hrbfu\。

Server.MapPath("./"):返回当前页面所在的物理文件路径,如 D:\wwwroot\hrbfu\Test。

Server.MapPath("../"):返回当前页面所在的上一级的物理文件夹路径,如 D:\wwwroot\hrbfu。

Server.MapPath("~/"):返回应用程序的虚拟目录(路径),如 D:\wwwroot\hrbfu\。

Server.MapPath("~"):返回应用程序的虚拟目录(路径),如 D:\wwwroot\hrbfu\。

5.8.6 Execute 方法和 Transfer 方法

Execute 与 Transfer 方法都是用来进行页面跳转的。语法如下:

```
Server.Execute(URL)
Server.Transfer(URL)
```

这两种方法都可将.aspx或者.htm页面的URL作为字符串参数,回发给服务器。两个方法的区别如下。

Server.Execute():跳转发生后,URL保持不变,新的页面执行完成后重新回到原始页面Server.Execute()的代码位置继续执行,新的页面可以使用原始页面中的数据。

Server.Transfer():将URL回发给服务器后,终止运行当前页面。跳转发生后,重定向发生在服务器端,而原始页面的URL还保持在客户端的浏览器中(即URL保持不变,新的页面可以使用原始页面提交的数据)。浏览器的历史记录也不会显示这次跳转,所以单击浏览器的"退回"按钮一般不会退到原来的页面。

需要注意的是,这两种方法都是只能跳转到本站的页面,不能跳转到其他的网站的页面。

5.9　内置对象的综合应用

在本节中,将展示一个用内置对象知识实现一个聊天室的实例。在本例中,首先用户从登录页面输入用户名,如图5-16所示。登录成功后,进入聊天室页面,如图5-17所示。

图 5-16　聊天室登录页面

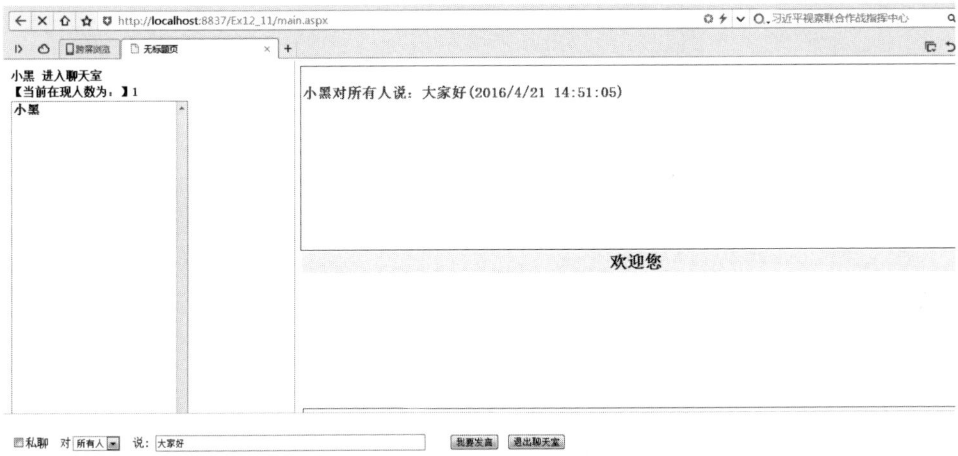

图 5-17　聊天室页面

聊天室页面是由三部分,即3个页面组成,主页面中通过frameset框架布局,将这3个页面组合在一起。

在网站中,有5个页面,分别为Default.aspx、Main.aspx、left.asp、right.aspx、bottom.aspx。同时,由于聊天功能是由Application实现的,因此需要增加一个Global.asax文件。网站由Default页面开始,Default后面代码如下:

```
protected void Page_Load(object sender, EventArgs e)
{
    int value = 0;
    value = Convert.ToInt32(Request["value"]);
    if (!IsPostBack)
    {
        if (value == 1)
            Label2.Visible = true;
        else
            Label2.Visible = false;
    }
}


protected void Button1_Click1(object sender, EventArgs e)
{
    //首先检测是否已经人满
    Application.Lock();
    int intUserNum;                        //在线人数
    string strUserName;                    //登录用户
    string tname;                          //临时用户名
    string users;                          //已在线的用户名
    string [] user;                        //用户在线数组
    intUserNum = int.Parse(Application["userNum"].ToString());
    if (intUserNum >= 20)
        {
            Response.Write("<script>alert('人数已满,请稍后再登录!')</script>");
            Response.Redirect("Default.aspx");
        }
    else
        {
                //比较是否有相同的变量
                strUserName = (TextBox1.Text).Trim();
                users = Application["user"].ToString ();
                user = users.Split(',');
                for (int i = 0; i <= (intUserNum − 1); i++)
                {
                    tname = user[i].Trim();
                    if (strUserName == tname)
                    {
                        int value = 1;
                        Response.Redirect("Default.aspx?value=" + value);
                    }
                }
                //如果通过验证,则准备登录聊天室
                if (intUserNum == 0)
                    Application["user"] = strUserName.ToString();
                else
```

```
                        Application["user"] = Application["user"] + "," + strUserName.
ToString();
                intUserNum += 1;
                object obj = Convert.ToInt32(intUserNum);
                Application["userNum"] = obj;
                Session["user"] = strUserName.ToString ();
                Application.UnLock();
                Response.Redirect("main.aspx");
        }
}
```

Main.aspx 主页面代码如下：

```
< frameset rows = "80％,20％"　frameborder = "yes" border = "1" framespacing = "1" id = "main">
< frameset cols = "30％,70％" framespacing = "1" frameborder = "yes" border = "1" id = "body">
< frame src = "left.aspx" name = "left" scrolling = "NO" noresize id = "left">
< frame src = "right.aspx" name = "right" scrolling = "NO" noresize id = "right">
</frameset>
< frame src = "bottom.aspx" name = "bottom" scrolling = "NO" noresize id = "bottom">
</frameset>
< body >
< form id = "form1" runat = "server">
</form >
</body >
```

页面中的 Page_Load 代码如下：

```
public int counter;
protected ArrayList ItemList = new ArrayList();
protected string Item;
protected void Page_Load(object sender, EventArgs e)
{
    if (!IsPostBack)
    {
        Application.Lock();
        string users;                //已在线的用户名
        string[] user;               //用户在线数组
        Label2.Text  = Application["userNum"].ToString ();
        if (Session["user"] != null)
        {
            Label1.Text = Session["user"].ToString();
        }
        else
        {
            Response.Redirect("Default.aspx");
        }
        int num = int.Parse(Application["userNum"].ToString ());
```

```
        users = Application["user"].ToString();
        user = users.Split(',');
        for (int i = (num - 1); i >= 0; i--)
        {
            ItemList.Add(user[i].ToString());
        }
        ListBox1.DataSource = ItemList;
        ListBox1.DataBind();
        Application.UnLock();
    }
}
```

left. aspx 页面是聊天室的左侧部分的窗口,主要由一个列表框组成,页面设计如图 5-18 所示。

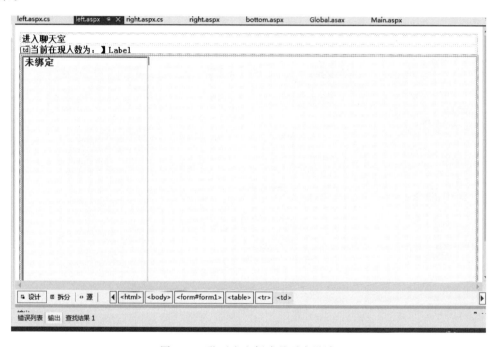

图 5-18   聊天室左侧成员列表设计

前台页面代码如下:

```
< form id = "form1" runat = "server">
< table   border = "0" width = "100 % ">
< tr >
< td valign = "top" style = "font - weight: bolder; text - transform: uppercase;   >< span >欢迎
</ span >< asp:Label ID = "Label1" runat = "server" Text = "Label"></ asp:Label >
< span style = "font - weight: bolder; font - size: medium;text - align: left">进入聊天室</ span >
</ td >
</ tr >
< tr >
```

```
<td valign = "top" style = "font - weight: bolder; font - size: medium;  text - align: left">
    【<span>当前在现人数为：</span>】<asp:Label ID = "Label2" runat = "server" Text = "Label">
</asp:Label>
</td>
</tr>
<tr>
<td valign = "top" style = "font - weight: bolder; font - size: medium;  text - align: left;
height: 458px;">
<asp:ListBox ID = "ListBox1" runat = "server" Width = "248px"  Font - Bold = "True" Font - Size
= "Large"  Height = "454px"></asp:ListBox></td>
</tr>
</table>
</form>
```

后台逻辑代码：

```
protected void Page_Load(object sender, EventArgs e)
{
    if (!IsPostBack)
    {
        Application.Lock();
        string users;
        string[] user;
        Label2.Text  = Application["userNum"].ToString ();
        if (Session["user"] != null)
        {
            Label1.Text = Session["user"].ToString();
        }
        else
        {
            Response.Redirect("Default.aspx");
        }
        int num = int.Parse(Application["userNum"].ToString ());
        users = Application["user"].ToString();
        user = users.Split(',');
        for (int i = (num - 1); i >= 0; i -- )
        {
            ItemList.Add(user[i].ToString());
        }
        ListBox1.DataSource = ItemList;
        ListBox1.DataBind();
        Application.UnLock();
    }
}
```

聊天室右侧上方的窗口使用文本框来显示用户发言，页面设计如图 5-19 所示。

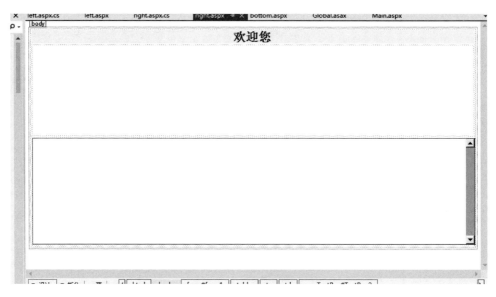

图 5-19　聊天室右侧页面设计

前台页面代码如下：

```
< form id = "form1" runat = "server">
< table width = "100 % " border = "0">
< tr height = "20">
< td valign = "top" align = "center" style = " font - weight: bolder; font - size: x - large;
vertical - align: middle; text - transform: uppercase;  background - color: ♯ ffffcc; text -
align: center" bgcolor = " ♯ ffff66" bordercolor = " ♯ ff00ff">
欢迎您</td >
</tr >
< tr >
< td  valign = "top" style = "height: 178px">
</td >
</tr >
< tr >< asp: TextBox ID = "TextBox1" runat = "server" TextMode = "MultiLine" Width = "100 % "
AutoPostBack = "True" BorderColor = "Fuchsia" BorderStyle = "Outset" BorderWidth = "1px" Font -
Bold = "True" ForeColor = "Red" Height = "247px" Rows = "40" Font - Size = "X - Large"></asp:
TextBox >
< td  valign = "top" style = "height: 210px">
< asp: TextBox ID = " TextBox2" runat = " server" TextMode = " MultiLine" Width = " 100 % "
AutoPostBack = "True"  BorderColor = "Fuchsia" BorderStyle = "Outset" BorderWidth = "1px" Font -
Bold = "True" Font - Names = "隶书" ForeColor = "Red" Height = "202px" ReadOnly = "True" Rows =
"40"Font - Size = "X - Large"></asp:TextBox ></td >
</tr >
</table >
</form >
protected void Page_Load(object sender, EventArgs e)
{
    Application.Lock();
    string OwnerName = Session["user"].ToString();
```

```
    if (!IsPostBack)
    {
        //私聊,发送,接收
        string Owner = Application["Owner"].ToString();
        string[] Ownsers = Owner.Split(',');
        string receive = Application["receive"].ToString();
        string[] receives = receive.Split(',');
        string chat = Application["chat"].ToString();
        string [] chats = chat.Split(',');
        string chattime = Application["chattime"].ToString();
        string[] chattimes = chattime.Split(',');
        for (int i = (Ownsers.Length - 1); i >= 0 ; i-- )
        {
            if (OwnerName.Trim() == Ownsers[i].Trim())
            {
                //发送
                TextBox2.Text = TextBox2.Text + "\n" + "您悄悄地对" + receives[i].
ToString() + "说: " + chats[i].ToString() + "(" + chattimes[i].ToString() +")";
            }
            else
            {
                if (OwnerName.Trim() == receives[i].Trim())
                {
                    //接收
                    TextBox2.Text = TextBox2.Text + "\n"  + Ownsers[i].ToString() + "悄
悄地对您说: " + chats[i].ToString() + "(" + chattimes[i].ToString() + ")";
                }
            }
        }
        //公聊
        int intcurrent = int.Parse(Application["current"].ToString());
        string strchat = Application["chats"].ToString();
        string[] strchats = strchat.Split(',');
        for (int i = (strchats.Length - 1); i >= 0; i-- )
        {
            if (intcurrent == 0)
            {
                TextBox1.Text = strchats[i].ToString();
            }
            else
            {
             TextBox1.Text = TextBox1.Text + "\n" + strchats[i].ToString();
            }
        }
    }
    Application.UnLock();
}
```

页面下方的窗口如图 5-20 所示。

图 5-20　聊天室下方窗口设计

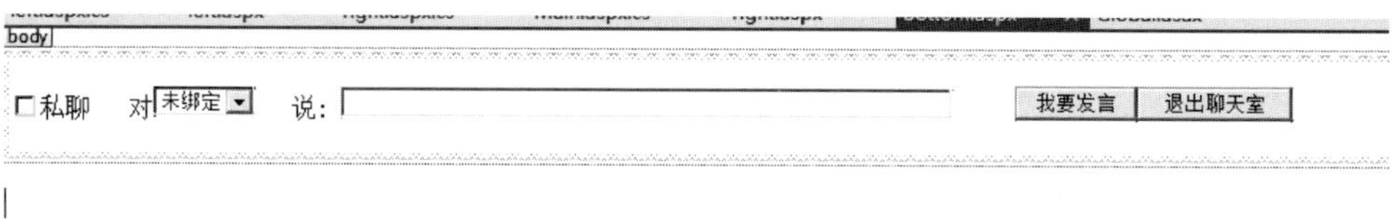

该页面是由复选框、下拉列表框和文本框、按钮组成的,设计代码如下:

```
< form id = "form1" runat = "server">
< table width = "963" height = "65" border = "0">
< tr >
< td width = "953" style = "height: 61px; font - size: medium;    text - align: left;">
< asp: CheckBox  ID = " CheckBox1"  runat = " server"  Text = " 私 聊"  AutoPostBack = " True"
OnCheckedChanged = "CheckBox1_CheckedChanged" />   对< asp:DropDownList
          ID = "DropDownList1" runat = "server">
</asp:DropDownList >   说:
< asp:TextBox ID = "TextBox2" runat = "server" Width = "381px"></asp:TextBox >
  
< asp:Button ID = "Button1" runat = "server" Text = "我要发言" OnClick = "Button1_Click" />
< asp:Button ID = "Button2" runat = "server" Text = "退出聊天室" OnClick = "Button2_Click"/>
</td>
</tr>
</table >
</form >
```

后台逻辑代码如下:

```
protected void Page_Load(object sender, EventArgs e)
{
    if (!IsPostBack)
    {
        DDLBind();
        DropDownList1.Items.Insert(0,"所有人");
    }
}
public void DDLBind()
{
    Application.Lock ();
    string users;                    //已在线的用户名
    string[] user;                   //用户在线数组
     if (Session["user"] == null)
     {
         Response.Redirect("Default.aspx");
     }
    int num = int.Parse(Application["userNum"].ToString ());
    users = Application["user"].ToString();
    user = users.Split(',');
    for (int i = (num - 1); i >= 0; i -- )
    {
```

```
                    ItemList.Add(user[i].ToString());
            }
            ItemList.Remove(Session["user"]);
            DropDownList1.DataSource = ItemList;
            DropDownList1.DataBind();
        }
protected void  Button1_Click(object sender, EventArgs e)
{
        Application.Lock();
        string strTxt = TextBox2.Text.ToString();
        int intChatNum = int.Parse(Application["chatnum"].ToString ());
        if (CheckBox1.Checked)
        {
            //处理私聊内容
            if (intChatNum == 0 || intChatNum > 40)
            {
                intChatNum = 0;
                Application["chat"] = strTxt.ToString();
                Application["Owner"] = Session["user"];
                Application["chattime"] = DateTime.Now;
                Application["receive"] = DropDownList1.SelectedValue.ToString();
            }
            else
            {
                Application["chat"] = Application["chat"] + "," + strTxt.ToString();
                Application["Owner"] = Application["Owner"] + "," + Session["user"];
                Application["chattime"] = Application["chattime"] + "," + DateTime.Now;
                Application["receive"] = Application["receive"] + "," + DropDownList1.
SelectedValue.ToString();
            }
            intChatNum += 1;
            object obj = intChatNum;
            Application["chatnum"] = obj;
        }
        else
        {
            //处理公共聊天内容
            int intcurrent = int.Parse(Application["current"].ToString());
            if (intcurrent == 0 || intcurrent > 40)
            {
                intcurrent = 0;
                Application [ " chats"] = Session [ " user"]. ToString ( )  +  " 对"  +
DropDownList1.SelectedValue.ToString() + "说: " + strTxt.ToString() + "(" + DateTime.Now.
ToString() + ")" ;
            }
            else
            {
                Application["chats"] = Application["chats"].ToString() + "," + Session
["user"].ToString() + "对" + DropDownList1.SelectedValue.ToString() + "说: " + strTxt.
ToString() + "(" + DateTime.Now.ToString() + ")";
```

```
            }
            intcurrent += 1;
            object obj = intcurrent;
            Application["current"] = obj;
        }
        Application.UnLock();
        //刷新聊天页面
        Response.Write("<script language = javascript>");
        Response.Write("this.parent.right.location.reload()");
        Response.Write("</script>");
    }
protected void Button2_Click(object sender, EventArgs e)
{
    Application.Lock();
    int intUserNum = int.Parse(Application["userNum"].ToString());
    if (intUserNum == 0)
        Application["user"] = "";
    else
    {
        string users;                  //已在线的用户名
        string [] user;                //用户在线数组
        string OwnerName = Session["user"].ToString();
        users = Application["user"].ToString();
        Application["user"] = "";
        user = users.Split(',');
        for (int i = 0; i < (user.Length  - 1); i++)
          {
              if(user[i].Trim ()!= OwnerName.Trim ())
              {
                  Application["user"] = Application["user"] + "," + user[i].ToString();
              }
              else
                  intUserNum -= 1;
          }
    }
    object obj = intUserNum;
    Application["userNum"] = obj;
    Application.UnLock();
    Response.Write("<script language = javascript>");
    Response.Write("window.parent.location = 'Default.aspx';");
    Response.Write("</script>");
}
protected void CheckBox1_CheckedChanged(object sender, EventArgs e)
{
    if (CheckBox1.Checked)
        DDLBind();
    else
    {
        DDLBind();
        DropDownList1.Items.Insert(0, "所有人");
```

```
        }
    }
Global.asax 文件内容如下：
void Application_Start(object sender, EventArgs e)
{
    //在应用程序启动时运行的代码
    //建立用户列表
    string user = "";                          //用户列表
    Application["user"] = user;
    Application["userNum"] = 0;
    string chats = "";                         //聊天记录
    Application["chats"] = chats;
    Application["current"] = 0;
    string receive = "";                       //接收列表
    Application["receive"] = receive;
    string Owner = "";                         //发送列表
    Application["Owner"] = Owner;
    string chat = "";                          //私聊内容列表
    Application["chat"] = chat;
    Application["chatnum"] = 0;
    string chattime = "";                      //私聊信息发送时间
Application["chattime"] = chattime;
}
```

本章小结

本章共介绍了 ASP.NET 技术中的 Page、Response、Request、Cookie、Session、Application 六大内置对象。内置对象技术在网站建设上有着十分重要的作用，它们使用户更容易收集通过浏览器请求发送的信息、响应浏览器及存储用户信息，以实现其他特定的状态管理和页面信息的传递。

习题

一、单选题

1. Session 与 Cookie 状态之间最大的区别在于(   )。
   A. 存储的位置不同
   B. 类型不同
   C. 生命周期不同
   D. 容量不同

2. 判断页面表单是否提交的 Page 对象的方法是(   )。
   A. IsValid   B. Databind   C. IsPostBack   D. Write

3. 在 ASP.NET 中，下列关于 Session 对象的说法正确的是(   )。
   A. 用户每次打开一个 Web 页面，将会创建一个 Session 对象
   B. 用户关闭客户端 Web 页面后，Session 对象将立即消失

C. 应用程序退出后,Session 对象的值才能消失

D. 每个用户的 Session 对象不能被其他用户访问

4. 在 Server 对象中,为网页地址进行编码的方法是(　　)。

　　A. UrlEncode　　　　B. HtmlEncode　　　C. UrlPathEncode　D. Encode

5. 在 ASP.NET 中,利用(　　)对象可以将用户的个人信息存放在客户端。

　　A. Session　　　　　B. Application　　　C. Server　　　　　D. Cookies

6. 在 Response 对象中,(　　)方法用于删除缓冲区中的所有 HTML 输出。

　　A. Flush　　　　　　B. Clear　　　　　　C. End　　　　　　D. Remove

7. 如果需要在超链接中传送特殊字符,那就必须使用 Server 对象的(　　)方法。

　　A. UrlEncode　　　　B. UrlDecode　　　　C. HtmlEncode　　　D. HtmlDecode

8. 在 ASP.NET 的内置对象中,必须要有 Lock 和 Unlock 方法以确保多个用户无法同时改变某一变量的对象是(　　)。

　　A. Cache　　　　　　B. Session　　　　　C. Request　　　　　D. Application

9. .NET 类库,很多能装载磁盘文件的类都是凭物理文件夹路径来装载文件的,因此在 Web 页面的程序代码中常常使用(　　)把虚拟路径映到物理路径。

　　A. Server 对象的 MapPath 方法　　　　B. Server 对象的 Transfer 方法

　　C. Request 对象的 FilePath 属性　　　　D. Request 对象的 URL 属性

10. 默认情况下 Session 的有效时间是(　　)。

　　A. 30 秒　　　　　　B. 10 分钟　　　　　C. 20 分钟　　　　　D. 30 分钟

二、填空题

1. _____对象就是服务器给客户端的一个编号。当一台 Web 服务器运行时,可能有若干个用户正在浏览这台服务器上的网站。当每个用户首次与这台 Web 服务器建立连接时,就与这个服务器建立了一个该对象的实例,同时服务器会自动为其分配一个 ID,用以标识这个用户的唯一身份。

2. 使用传送方式_____可以传送保密、信息量大的应用,ASP.NET 提交 Web 表单信息就是采用该种方式。

3. 废除 Session 的语句是_____。

4. 当客户端请求一个页面或者传递一个窗体时,_____对象能够获得客户端提供的全部信息。

5. 下面是一个转移到新网页的指令:

```
Response.Redirect("_____")
```

6. 下面是使用 Application 对象时防止竞争的代码。

```
Application._____;              //锁定 Application 对象
Application["counter"] = (int)Application["counter"] + 1;
Application._____;              //解除对 Application 对象的锁定
```

7. Server 对象有一个属性_____,可以用来设定脚本文件的最长执行时间。

8. 利用 Session 变量或 Cookie 变量可以跟踪访问者,其中_____更为安全。

三、操作题

1. 在网站中创建两个网页:网页 1 功能建立一个名为 mycookie 的 Cookie,键分别为 username、usersex、userage,值分别为 john、men、25,生命期为 1 天;网页 2 功能读出此 Cookie 的值并显示。

2. 设计并实现一个简易的购物车。

要求如下。

(1) 页面浏览效果如图 5-21 所示。

图 5-21　页面浏览效果

(2) 选择相应宠物,单击"放入购物车"按钮,将宠物信息存储在 Session 中。

(3) 在图 5-21 中,单击"查看购物车"按钮,可看到已选购的宠物,如图 5-22 所示。

(4) 在图 5-22 中,单击"清空购物车"按钮,将清除购物车中的宠物信息,并显示"没有选购任何宠物!"的提示信息,如图 5-23 所示。

图 5-22　查看购物车页面

图 5-23　清空购物车页面

第6章 数据库基础知识

信息资源已成为当今各个领域的重要财富和资源,建立一个满足各级信息处理要求的信息系统已成为一个企业或组织生存和发展的重要条件,因此作为信息系统核心和基础的数据库技术得到了越来越广泛的应用。

6.1 数据库概述

6.1.1 数据库的基本概念

数据、数据库、数据库管理系统和数据库系统是与数据库技术密切相关的 4 个基本概念。

1. 数据

数据是数据库中存储的基本对象。数据在大多数人的头脑中的第一反应就是数字,其实这是对数据的一种传统和狭义的理解。在现代计算机系统中,数据的概念是广义的,即描述事物的符号记录称为数据。数据是描述客观事物的符号记录,可以是数字、文字、图形、图像、声音、语言等,经过数字化后存入计算机。事物可以是可触及的对象(一个人、一棵树、一个零件等),也可以是抽象事件(一次球赛、一次演出等),还可以是事物之间的联系(一张借书卡、订货单等)。

2. 数据库

数据库(Database,DB)是存放数据的“仓库”,是长期存储在计算机内的、有组织的、可共享的数据集合。在数据库中集中存放了一个有组织的、完整的、有价值的数据资源,如人事管理、图书管理、学生管理等。它可以供各种用户共享,有最小冗余度、较高的数据独立性和易扩展性。概括地讲,数据库数据具有永久性、有组织和可共享 3 个基本特点。

3. 数据库管理系统

数据库管理系统(DataBase Management System,DBMS)是一种操纵和管理数据库的大型软件,用于建立、使用和维护数据库。它对数据库进行统一的管理和控制,以保证数据库的安全性和完整性。用户通过 DBMS 访问数据库中的数据,数据库管理员也通过 DBMS

进行数据库的维护工作。它提供多种功能,可使多个应用程序和用户用不同的方法在同时或不同时刻去建立、修改和询问数据库。它使用户能方便地定义和操纵数据,维护数据的安全性和完整性,以及进行多用户下的并发控制和恢复数据库。

DBMS 提供数据定义语言 DDL(Data Definition Language)和数据操作语言 DML (Data Manipulation Language),供用户建立、修改数据库的结构和实现对数据的追加、删除、更新、查询等操作。

4．数据库系统

数据库系统(Database System,DBS)是指在计算机系统中引入数据库后的系统构成,一般由数据、数据库管理系统(及其开发工具)、应用系统、数据库管理员和用户构成。应当指出的是,数据库的建立、使用和维护等工作只靠一个 DBMS 是远远不够的,还需要有专门的人员来完成,这些人被称为数据库系统管理员。

5．数据库系统管理员

数据库系统管理员(Database Administrator,DBA)是负责数据库的建立、使用和维护的专门人员。用户使用数据库是有目的的,数据库管理系统是帮助用户达到这一目的的工具和手段。

6.1.2　数据管理技术的产生和发展

数据库技术是应数据管理任务的需要而产生的。数据库管理则是指对数据进行分类、组织、编码、存储、检索和维护,它是数据处理的核心问题。数据的处理是指对各种数据进行收集、存储、加工和传播的一系列活动的总和。

从数据管理的角度看,数据库技术到目前共经历了人工管理阶段、文件系统阶段和数据库系统 3 个阶段。

1．人工管理阶段

20 世纪 50 年代中期以前,计算机主要用于科学计算。当时的硬件状况是外存只有纸带、卡片、磁带,没有磁盘等直接存取的存储设备;软件状况是没有操作系统,没有管理数据的专门软件;数据处理方式是批处理。人工管理数据具有以下特点。

(1)数据不保存。当时计算机主要用于科学计算,在数据保存上并不做特别要求,只是在计算某一个课题时将数据输入,用完就退出,对数据不作保存,有时对系统软件也是这样。

(2)数据不独立。程序和数据是一个不可分割的整体,数据和程序同时提供给计算机运算使用。程序员不仅要知道数据的逻辑结构,也要规定数据的物理结构,程序员对存储结构、存取方法及输入输出的格式有绝对的控制权,要修改数据必须修改程序。

(3)数据不共享。数据是面向应用的,一组数据对应一个程序。不同应用的数据之间是相互独立、彼此无关的,即使两个不同应用涉及相同的数据,也必须各自定义,无法相互利用,相互参照。数据不但高度冗余,而且不能共享。

(4)由应用程序管理数据。数据没有专门的软件进行管理,需要应用程序自己进行管理,应用程序中要规定数据的逻辑结构和设计物理结构(包括存储结构、存取方法、输入/输出方式等),因此程序员负担很重。

2. 文件系统阶段

20世纪50年代后期到60年代中期,数据管理发展到文件系统阶段。外存储器有了磁盘等直接存取的存储设备。在软件方面,操作系统中已有了专门的数据管理软件,称为文件系统。从处理方式上讲,不仅有了文件批处理,而且能够联机实时处理,联机实时处理是指在需要的时候随时从存储设备中查询、修改或更新,因为操作系统的文件管理功能提供了这种可能。此时的计算机不仅用于科学计算,还大量用于管理。这一时期的特点如下。

(1) 数据长期保留。数据可以长期保留在外存上反复处理,即可以经常有查询、修改和删除等操作,所以计算机大量用于数据处理。

(2) 数据的独立性。由于有了操作系统,利用文件系统进行专门的数据管理,使得程序员可以集中精力在算法设计上,而不必过多地考虑细节。文件的逻辑结构和物理存储结构由系统进行转换,程序与数据有了一定的独立性。

(3) 可以实时处理。由于有了直接存取设备,也有了索引文件、链接存取文件、直接存取文件等,因此既可以采用顺序批处理,也可以采用实时处理方式。数据的存取以记录为基本单位。

上述各点都比第一阶段有了很大的改进,但这种方法仍有很多缺点,主要表现在以下两个方面。

(1) 数据共享性差,冗余度大。当不同的应用程序所需的数据有部分相同时,仍需建立各自的独立数据文件,而不能共享相同的数据。因此,数据冗余大,空间浪费严重。并且相同的数据重复存放,各自管理,当相同部分的数据需要修改时比较麻烦,稍有不慎,就造成数据的不一致。

(2) 数据和程序缺乏足够的独立性。文件中的数据是面向特定应用的,文件之间是孤立的,不能反映现实世界事物之间的内在联系。

3. 数据库系统阶段

从20世纪60年代后期开始,数据管理进入数据库系统阶段。数据库的特点是数据不再只针对某一特定应用,而是面向全组织,具有整体的结构性,共享性高,冗余度小,具有一定的程序与数据间的独立性,并且对数据进行了统一的控制。此时的计算机有了大容量磁盘,计算能力也非常强。硬件价格下降,编制软件和维护软件的费用相对在增加。联机实时处理的要求更多,并开始提出和考虑并行处理。在这一阶段,数据管理具有以下几个方面的优点。

(1) 数据结构化。数据结构化是数据库主要特征之一,这是数据库与文件系统的根本区别。至于这种结构化是如何实现的,则与数据库系统采用的数据模型有关。

(2) 数据共享性高,冗余度小,易扩充。由于数据库是从整体的观点来看待和描述数据的,因此数据不再是面向某一应用,而是面向整个系统。这样就减小了数据的冗余,节约了存储空间,缩短了存取时间,避免数据之间的不相容和不一致。

(3) 数据独立性高。数据库提供数据的存储结构与逻辑结构之间的映像或转换功能,使得当数据的物理存储结构改变时,数据的逻辑结构可以不变,从而程序也不用改变。这就是数据与程序的物理独立性。也就是说,程序面向逻辑数据结构,不去考虑物理的数据存放形式。数据库可以保证数据的物理改变不引起逻辑结构的改变。

数据库还提供了数据的总体逻辑结构与某类应用所涉及的局部逻辑结构之间的映像或转换功能。当总体的逻辑结构改变时,局部逻辑结构可以通过这种映像的转换保持不变,从而程序也不用改变。这就是数据与程序的逻辑独立性。

(4) 统一的数据管理和控制功能,包括数据的安全性控制、数据的完整性控制及并发控制、数据库恢复。

6.1.3　数据模型

1．数据模型的组成要素

数据模型是现实世界在数据库中的抽象,也是数据库系统的核心和基础。数据模型通常包括以下 3 个要素。

(1) 数据结构。数据结构主要用于描述数据的静态特征,包括数据的结构和数据间的联系。

(2) 数据操作。数据操作是指在数据库中能够进行的查询、修改、删除现有数据或增加新数据的各种数据访问方式,并且包括数据访问相关的规则。

(3) 数据完整性约束。数据完整性约束由一组完整性规则组成。

2．常用的数据模型

数据库理论领域中最常见的数据模型主要有层次模型、网状模型和关系模型 3 种。

(1) 层次模型(Hierarchical Model)。层次模型使用树形结构表示数据及数据之间的联系。

(2) 网状模型(Network Model)。网状模型使用网状结构表示数据及数据之间的联系。

(3) 关系模型(Relational Model)。关系模型是一种理论最成熟、应用最广泛的数据模型。在关系模型中,数据存放在一种称为二维表的逻辑单元中,整个数据库又是由若干个相互关联的二维表组成。

3．关系型数据库的基本术语

关系模型中的数据逻辑结构就是一张二维表,由行和列组成。采用关系模型的数据库就是关系型数据库,关系型数据库中常用的术语如下。

(1) 表。一个关系是一张二维表,由横行纵列组成,它分为表的框架和表中的数据。

(2) 字段。表中纵的一列称为一个字段,即关系中的属性,同一字段的数值具有相同的属性。

(3) 记录。表中横的一行称为一个记录,即关系中的元组,一条记录中包括一个对象的所有属性。

(4) 值。纵横交叉的地方称为值,如某条记录中的某个字段的值。

(5) 主键。表的字段中可以唯一确定记录的字段。

以图 6-1 为例，观察表、字段、记录、值的关系。

teacher

Tid	Tname	Tsex	Tdep	Tpwd	Ttel	Taddr	Tjob
0101	李娜	女	01	1	13945662009	哈尔滨市道外	副教授
0102	刘力群	男	01	1	13745593002	哈尔滨市香坊	讲师
0201	刘海	男	02	1	13745593002	哈尔滨市香坊	讲师
0202	高胜利	女	02	1	13456078889	哈尔滨市南岗	副教授
0203	张燕	女	02	1	13456078889	哈尔滨市道外	助教
0501	刘爽	女	05	1	13965442109	哈尔滨市松北	讲师

图 6-1　teacher 表数据

这是一个关系型数据库的表，表名为 teacher，表中有 Tid、Tname、Tsex、Tdep、Tpwd、Ttel、Taddr、Tjob 这 8 个字段，表中选中的是一条记录，该记录的 Tname(姓名)字段的值是“刘力群”，表的主键为 Tid(教师号)字段。

6.1.4　常用的数据库管理系统

目前的数据库管理系统，如 Oracle、Sybase、Informix、MS SQL、DB2、Microsoft SQL Server、MySQL、Microsoft Access、Visual FoxPro 等，各有自己特有的功能，在数据库市场上占有一席之地。

1. Oracle

Oracle 系统是由以 RDBMS 为核心的一批软件产品组成，可在多种硬件平台上运行，如微机、工作站、小型机、中型机和大型机等，并且支持多种操作系统，用户的 Oracle 应用可以方便地从一种计算机配置移至另一种计算机配置上。Oracle 的分布式结构可将数据和应用驻留在多台计算机上，并且相互间的通信是透明的。Oracle 支持大数据库、多用户的高性能的事务处理，数据库的大小甚至可以上千兆。支持大量用户同时在同一数据上执行各种数据应用，并使数据争用最小，保证数据一致性。Oracle 数据库系统维护具有很高的性能，甚至每天可 24h 连续工作，正常的系统操作(非计算机系统故障)不会中断数据库的使用。

2. MySQL 数据库

MySQL 是目前最为流行的开放源码的数据库，是完全网络化的跨平台的关系型数据库系统，它是由 MySQL AB 公司开发、发布并支持的。任何人都能从 Internet 下载 MySQL 软件，而无须支付任何费用，并且“开放源码”意味着任何人都可以使用和修改该软件，如果愿意，用户也可以研究源码并进行恰当的修改，以满足自己的需求，不过需要注意的是，这种“自由”是有范围的。

3. Microsoft SQL Server

Microsoft SQL Server 是一种典型的关系型数据库管理系统，可以在许多操作系统上运行，它使用 Transact-SQL 语言完成数据操作。由于 Microsoft SQL Server 是开放式的系统，其他系统可以与它进行完好的交互操作。目前最新版本的产品为 Microsoft SQL

Server 2014,使用跨 OLTP、数据仓库、商业智能和分析的高性能 in-memory 技术来构建任务关键型应用程序,可利用一组通用的工具在本地和云中部署和管理数据库。

4. Microsoft Access

Access 数据库管理系统是 Microsoft Office 系统软件中的一个重要组成部分,它是一个关系型桌面数据库管理系统,可以用来建立中、小型的数据库应用系统,应用非常广泛。

使用 Microsoft Access 无须编写任何代码,只需通过直观的可视化操作就可以完成大部分数据管理任务。在 Microsoft Access 数据库中,包括许多组成数据库的基本要素。这些要素是存储信息的表、显示人机交互界面的窗体、有效检索数据的查询、信息输出载体的报表、提高应用效率的宏、功能强大的模块工具等。它不仅可以通过 ODBC 与其他数据库相连,实现数据交换和共享,还可以与 Word、Excel 等办公软件进行数据交换和共享,并且通过对象链接与嵌入技术在数据库中嵌入和链接声音、图像等多媒体数据。由于 Access 数据库操作简单、使用方便等特点,许多小型的 Web 应用程序也采用 Access 数据库。

ASP.NET 中一般使用 Access 和 SQL Server 数据库。Access 配置简单、移植方便,但效率较低,适合小型网站;SQL Server 运行稳定、效率高、速度快,但配置起来烦琐,移植也较复杂,适合大型网站使用。

本书以 Access 为例,主要因为 Access 数据库配置容易,使用简单,可以把更多的精力放在网站程序的开发上;对于一般的个人网站或小型网站,Access 数据库也能够满足需要;网站开发完成后,从 Access 数据库向 SQL Server 数据库的转化也比较简单,只要利用 SQL Server 的导入功能将 Access 数据库转化为 SQL Server 数据库即可,ASP.NET 动态网页开发技术使用标准的 SQL 语言,操作两种数据库的语句基本一致,只需改写连接数据库的语句即可。事实上,许多大型网站都是先用 Access 数据库开发,然后再转化为 SQL Server 数据库。

6.2　创建 Access 数据库

一个功能完备的实用网站项目必须有数据库的支持,建立数据库前要根据需求分析和功能设计进行规划,尽量使数据库设计合理,既要包含必要的信息,又要节省数据的存储空间。如果在开发过程中觉得数据库不合适,中途修改,那将给网站开发带来很多麻烦。

6.2.1　启动 Access 并创建数据库

启动 Access 2010 软件,进入 Access 2010 主界面如图 6-2 所示。

默认状态下呈现的是"文件"菜单的"新建"功能,可用模板是"空数据库",此时可以在右下角改变数据库的存放路径和修改数据库文件名,如图 6-3 所示。

单击"创建"按钮,建立一个新数据库,数据库名称为 BookStore.accdb,紧接着进入创建表主界面,如图 6-4 所示。

图 6-2　Access 2010 主界面

图 6-3　创建 Access 2010 数据库

图 6-4　创建表主界面

6.2.2　创建数据表并输入数据

在如图 6-4 所示的创建表主界面中,选中"表 1"并右击,在弹出的快捷菜单中选择"设计视图"命令,在弹出的"另存为"对话框中输入"表名称"book,如图 6-5 所示。

图 6-5　新建表界面

单击"确定"按钮,book 表就创建完毕,并进入设计视图。在设计视图中依次输入各字段的字段名称、数据类型及字段属性,如图 6-6 所示。

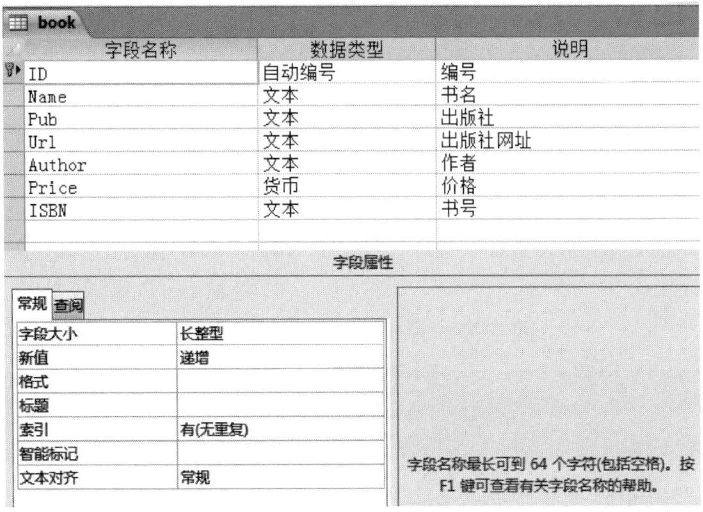

图 6-6　创建表结构

一般应在每个表中指定一个字段为该表的主键,如本例中的 ID 字段,主键应唯一代表一条记录,即所有的记录中该字段没有重复值或不能为空,然后单击"保存"按钮。

保存表结构后,单击"视图"按钮,在下拉菜单中选择"数据表视图"命令,将数据依次输入数据表中,如图 6-7 所示。输入完毕后关闭窗口,将数据保存在数据库文件中。

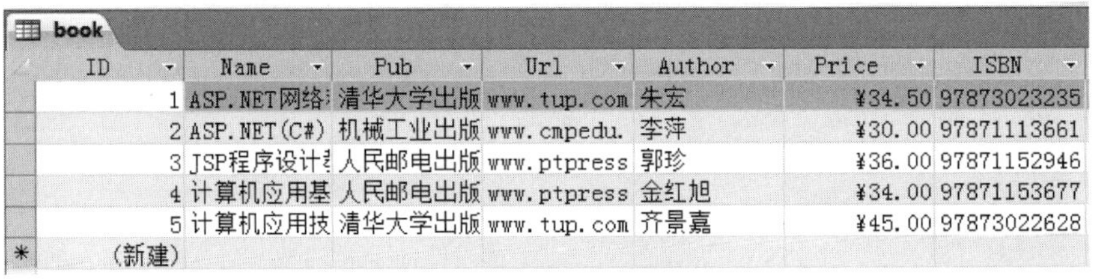

图 6-7　数据表视图

6.2.3　数据表的查询操作

为了更方便地更改、分析和处理数据,数据库管理系统提供了查询操作。当在数据库中需要显示部分字段或部分记录时就要用到查询,它可以看作是一张虚拟的表,用户可以像在表里操作一样,输入数据或浏览数据。查询不仅可以用来显示数据,还可以用来插入、删除、更新记录。

查询包括简单查询、组合查询、计算查询和条件查询。

1. 新建简单查询

单击"创建"选项卡,窗口上部会出现表格、查询、窗体、报表、宏与代码等面板,在"查询"中单击"查询设计"按钮,弹出"显示表"对话框,选中要建立查询的表,单击"添加"按钮,如

图 6-8 所示,然后单击"关闭"按钮,进入查询设计界面。

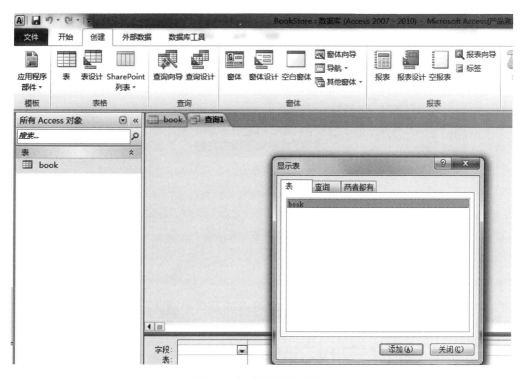

图 6-8 新建简单查询界面

将 book 表中的字段拖入下面的字段位置,如图 6-9 所示。

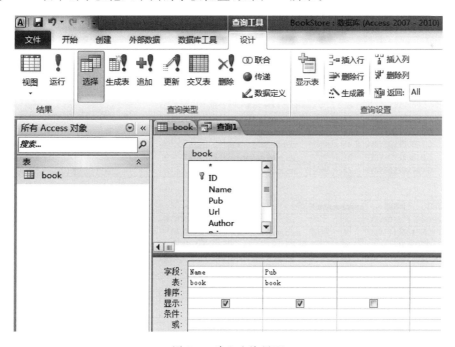

图 6-9 建立查询界面

单击"运行"按钮,就会出现查询的运行结果,如图 6-10 所示。

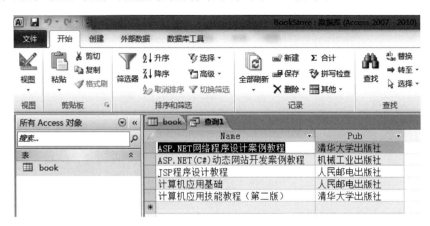

图 6-10　查询运行结果

单击新建的"查询 1"左上角的"视图",会出现一种新的视图"SQL 视图",单击它会出现查询 1 的 SQL 视图,如图 6-11 所示。

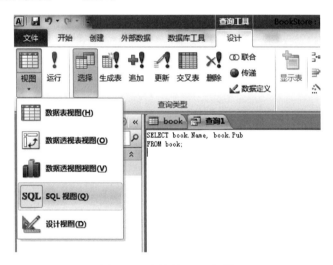

图 6-11　查询的 SQL 视图

查询是数据库的一个重要组成部分,它的内容是一段 SQL 语句。"查询 1"内容如下:

```
SELECT book.Name, book.Pub FROM book;
```

图 6-10 中的运行结果不是查询的内容,而是查询运行的结果,是一张临时表。

2. 利用 SQL 语句建立查询

将"查询 1"中的 SQL 语句修改为如下语句。

```
SELECT book.Name, book.Price FROM book where book.Price > 35;
```

单击"运行"按钮,结果如图 6-12 所示。

图 6-12　SQL 查询运行结果

这种方法不但可以用来学习 SQL 语句，也可以用来调试数据库程序。如果程序中的 SQL 语句出错，可以在调试时复制出错语句，或者使用 Response.Write 语句把出错的 SQL 语句输出到页面上，再复制出来，粘贴到图 6-11 中展示的查询视图中，然后单击“运行”按钮查看结果，并调试找出错误。

3．利用 SQL 语句建立多表组合查询

涉及多表的组合查询，利用 SQL 语句来建立比较方便。首先，利用前面介绍的方法建立一个新的查询，只是在“显示表”对话框中不选择任何表，而是直接单击“关闭”按钮，然后找到新建查询的 SQL 视图，会看到该查询的内容如下：

```
SELECT;
```

此时将该语句替换成其他组合查询的 SQL 语句，例如：

```
SELECT teacher.Tname, teacher.Tjob, department.Dname FROM teacher, department where teacher.Tdep = department.Did and teacher.Tdep = "01" and teacher.Tjob = "副教授";
```

单击“运行”按钮就可以得到自己想要的查询结果了。

6.3　SQL 语言

结构化查询语言（Structured Query Language，SQL）是操作数据库的标准语言，是一种数据库查询和程序设计语言，用于存取数据以及查询、更新和管理关系数据库系统。

结构化查询语言是高级的非过程化编程语言，允许用户在高层数据结构上工作。它不要求用户指定对数据的存放方法，也不需要用户了解具体的数据存放方式，所以具有完全不同底层结构的不同数据库系统，可以使用相同的结构化查询语言作为数据输入与管理的接口。结构化查询语句可以嵌套，这使它具有极大的灵活性和强大的功能。

该语言最早是 IBM 公司 San Jose，California 研究实验室于 1974 年为关系数据库管理系统 System R 研制出的一套规范语言 SEQUEL，1980 年改名为 SQL，1987 年成为国际标准。如今，无论是像 Oracle、Sybase、DB2、Informix、SQL Server 这些大型的数据库管理系统，还是像 Visual Foxpro、PowerBuilder 这些 PC 上常用的数据库开发系统，都支持 SQL 语言作为查询语言。

6.3.1　SQL 语言常用命令

SQL 语言由命令、子句、运算符和统计函数组成，是一门比较复杂的语言，需要参照专

门的书籍学习。在 ASP. NET 动态网页开发技术中,无论要操作哪种数据库,都要使用
SQL 语言。下面只介绍常用的语句,包括数据库中数据定义的操作和表中数据的查询、添
加、删除、更新等操作。

1. 数据定义命令

CREATE:建立新的数据表、字段和索引表。
DROP:从数据库删除数据表或索引。
ALTER:增加或修正字段属性。

2. 数据操作命令

SELECT:找出满足条件的记录。
INSERT:增加记录或合并两个数据表。
UPDATE:更正满足条件的记录。
DELETE:删除满足条件的记录。

6.3.2　SELECT 语句

在 SQL 语句中,SELECT 语句用于返回指定条件在一个数据库中查询的结果,返回的
结果被看做记录的集合。SELECT 语句格式如下:

```
SELECT [TOP(数值)] [ALL | DISTINCT] column_list
[INTO new_table_name]
FROM table_list
[WHERE search_condition]
[GROUP BY group_by_list]
[HAVING search_condition]
[ORDER BY order_list [ASC | DESC]]
```

SELECT 语句的功能是从 FROM 列出的数据源表中,找出满足 WHERE 检索条件的
记录,按 SELECT 子句的字段列表输出查询结果表,在查询结果表中可进行分组与排序。
说明:在 SELECT 语句中 SELECT 子句与 FROM 子句是不可少的,其余的是可选的。
其中各子句说明如下。

(1) SELECT:此关键字用于从数据库中检索数据。

(2) ALL|DISTINCT:ALL 指定在结果集中可以包含重复行,ALL 是默认设置;关键
字 DISTINCT 指定 SELECT 语句的检索结果不包含重复的行。

(3) column_list:描述进入结果集的列,多个列之间用逗号隔开。

(4) INTO new_table_name:指定查询到的结果集存放到一个新表中,new_table_
name 为指定新表的名称。

(5) FROM table_list:用于指定产生检索结果集的源表的列表。

(6) WHERE search_condition:用于指定检索的条件,它定义了源表中的行数据进入
结果集所要满足的条件,只有满足条件的行才能出现在结果集中。WHERE 子句中可以使

用的搜索条件如下。

　　① 比较：＝、＞、＜、＞＝、＜＝、＜＞。

　　② 范围：BETWEEN…AND…（在某个范围内）、NOT BETWEEN…AND…（不在某个范围内）。

　　③ 列表：IN（在某个列表中）、NOT IN（不在某个列表中）。

　　④ 字符串匹配：LIKE（和指定字符串匹配）、NOT LIKE（和指定字符串不匹配）。

　　⑤ 空值判断：IS NULL（为空）、IS NOT NULL（不为空）。

　　⑥ 组合条件：AND（与）、OR（或）。

　　⑦ 取反：NOT。

　　(7) GROUP BY group_by_list：GROUP BY 子句根据 group_by_list 列中的值将结果集分成组。

　　(8) HAVING search_condition：HAVING 子句是应用于结果集的附加筛选。HAVING 子句通常与 GROUP BY 子句一起使用，尽管 HAVING 子句前面不必有 GROUP BY 子句。

　　(9) ORDER BY order_list [ASC | DESC]：ORDER BY 子句定义结果集中的行排列的顺序，order_list 指定依据哪些列来进行排序。ASC 升序排序，DESC 降序排序，默认是升序排序。

　　(10) TOP 和 DISTINCT 关键字，使用 TOP 关键字可以返回表中前 n 行数据，使用 DISTINCT 关键字可以消除重复行。

　　有时，经常要对数值型的字段进行统计运算，SELECT 语句中提供了如下的统计函数。

　　(1) AVG：求指定条件的平均值。

　　(2) COUNT：求指定条件的数量。

　　(3) SUM：求指定条件的和。

　　(4) MAX：求指定条件的最大值。

　　(5) MIN：求指定条件的最小值。

　　打开之前建立的示例数据库 BookStore.accdb 中的 book 表，增加一个数字类型的字段 SaleNum 代表销售总量，再建立另外一张图书销售表 sale，输入 2016 年 1 月份的销售情况，并把每种图书的销售数量累加后填写到 book 表的 SaleNum 字段，最终表内容如图 6-13 和图 6-14 所示，使用 book 和 sale 两张数据表来举例说明 SELECT 语句的用法。

ID	Name	Pub	Url	Author	Price	ISBN	SaleNum
1	ASP.NET网络	清华大学出版	www.tup.com	朱宏	¥34.50	9787302323525	385
2	ASP.NET(C#)	机械工业出版	www.cmpedu.	李萍	¥30.00	9787111366157	245
3	JSP程序设计	人民邮电出版	www.ptpress.	郭珍	¥36.00	9787115294692	245
4	计算机应用基	人民邮电出版	www.ptpress.	金红旭	¥34.00	9787115367709	340
5	计算机应用技	清华大学出版	www.tup.com	齐景嘉	¥45.00	9787302262893	390

图 6-13　book 表的数据

【例 6-1】 列出 book 表中的图书名称、价格和出版社信息。

```
SELECT book.Name,book.Price,book.Pub FROM book;
```

ID	ISBN	Num	SaleDate	Client
1	9787302323525	60	2016/1/8	绥化市学子书屋
2	9787115294692	50	2016/1/10	牡丹江市新华书店
3	9787115367709	70	2016/1/10	哈尔滨市学府书店
4	9787302323525	50	2016/1/19	哈尔滨市新华书店
5	9787302262893	60	2016/1/20	牡丹江市新华书店
6	9787302262893	50	2016/1/20	绥化市学子书屋
7	9787302323525	45	2016/1/23	哈尔滨市新华书店
8	9787111366157	55	2016/1/23	哈尔滨市新华书店
9	9787115367709	60	2016/1/23	哈尔滨市新华书店
10	9787302262893	70	2016/1/23	哈尔滨市新华书店
11	9787302323525	30	2016/1/25	绥化市学子书屋
12	9787111366157	40	2016/1/25	绥化市学子书屋
13	9787115367709	50	2016/1/25	绥化市学子书屋
14	9787302262893	60	2016/1/25	绥化市学子书屋
15	9787115294692	45	2016/1/25	绥化市学子书屋
16	9787115294692	150	2016/1/28	哈尔滨市学府书店
17	9787302323525	200	2016/1/28	哈尔滨市学府书店
18	9787111366157	150	2016/1/28	哈尔滨市学府书店
19	9787115367709	160	2016/1/28	哈尔滨市学府书店
20	9787302262893	150	2016/1/28	哈尔滨市学府书店

图 6-14　sale 表的数据

运行结果如图 6-15 所示。

【例 6-2】 列出 book 表中的所有字段。

```
SELECT * FROM book;
```

【例 6-3】 列出 sale 表中的客户。

```
SELECT distinct sale.Client FROM sale;
```

运行结果如图 6-16 所示。

Name	Price	Pub
ASP.NET网络程序设计案例教程	¥34.50	清华大学出版社
ASP.NET(C#)动态网站开发案例教程	¥30.00	机械工业出版社
JSP程序设计教程	¥36.00	人民邮电出版社
计算机应用基础	¥34.00	人民邮电出版社
计算机应用技能教程（第二版）	¥45.00	清华大学出版社

图 6-15　例 6-1 运行结果

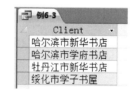

图 6-16　例 6-3 运行结果

【例 6-4】 查询清华大学出版社出版图书的书名、作者和价格。

```
SELECT book.Name, book.Author, book.Price FROM book WHERE book.Pub = "清华大学出版社";
```

运行结果如图 6-17 所示。

【例 6-5】 查询价格在 34 元以上的图书的书名、出版社和价格。

```
SELECT Name, Pub, Price FROM book WHERE Price > 34;
```

查询价格在 34～37 元之间的图书的书名、出版社和价格。

```
SELECT Name, Pub, Price FROM book WHERE Price between 34 and 37;
```

运行结果如图 6-18 所示。

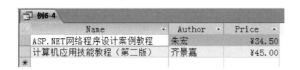

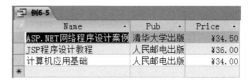

例6-4

Name	Author	Price
ASP.NET网络程序设计案例教程	朱宏	¥34.50
计算机应用技能教程（第二版）	齐景嘉	¥45.00

图 6-17　例 6-4 运行结果

例6-5

Name	Pub	Price
ASP.NET网络程序设计案例	清华大学出版	¥34.50
JSP程序设计教程	人民邮电出版	¥36.00
计算机应用基础	人民邮电出版	¥34.00

图 6-18　例 6-5 运行结果

【例 6-6】　谓词 IN 可以用来查找属性值属于指定集合的元组，如查询出版社不是清华大学出版社的图书的书名、作者和出版社。

```
SELECT Name,Author,Pub FROM book WHERE Pub NOT IN("清华大学出版社");
```

运行结果如图 6-19 所示。

例6-6

Name	Author	Pub
ASP.NET(C#)动态网站开发案例教程	李萍	机械工业出版社
JSP程序设计教程	郭珍	人民邮电出版社
计算机应用基础	金红旭	人民邮电出版社

图 6-19　例 6-6 运行结果

【例 6-7】　查询销售总量位于前两位的图书的书名、作者、出版社和销售总量。

```
SELECT top 2 Name,Author,Pub,SaleNum FROM book ORDER BY SaleNum DESC;
```

运行结果如图 6-20 所示。

例6-7

Name	Author	Pub	SaleNum
计算机应用技能教程（第二版）	齐景嘉	清华大学出版社	390
ASP.NET网络程序设计案例教程	朱宏	清华大学出版社	385

图 6-20　例 6-7 运行结果

【例 6-8】　按出版社的销售总量平均值输出查询结果，并生成一个新的字段“平均销售量”。

```
SELECT Pub,avg(SaleNum) AS 平均销售量 FROM book GROUP BY Pub;
```

运行结果如图 6-21 所示。

【例 6-9】　查询图书销售总量，并按总量降序排序。

```
SELECT book.ISBN,sum(sale.Num) AS 销售总量
FROM book,sale
WHERE book.ISBN = sale.ISBN
GROUP BY book.ISBN
ORDER BY sum(sale.Num) DESC;
```

注意：当查询需要用到两个表时，FROM 子句中的两个表间用"，"分开，并且要指明两个表的链接条件，如 WHERE book.ISBN＝sale.ISBN，这样将两个表连接成一个表进行查询。运行结果如图 6-22 所示。

图 6-21　例 6-8 运行结果　　　　图 6-22　例 6-9 运行结果

【例 6-10】　求每天的销售笔数。

```
SELECT SaleDate, count(Num) AS 销售笔数
FROM sale
GROUP BY SaleDate;
```

运行结果如图 6-23 所示。

【例 6-11】　查询销售 3 笔以上图书的 ISBN 号。

```
SELECT ISBN, count(Num) AS 销售笔数
FROM sale
GROUP BY ISBN
HAVING count(Num)> 3;
```

注意：WHERE 子句与 HAVING 短语的区别是作用对象不同，如下所示。

（1）WHERE 子句：作用于基本表或视图，从中选择满足条件的元组。

（2）HAVING 短语：作用于组，从中选择满足条件的组。

运行结果如图 6-24 所示。

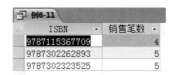

图 6-23　例 6-10 运行结果　　　　图 6-24　例 6-11 运行结果

6.3.3 INSERT 语句

在 SQL 语句中，使用 INSERT 语句向表或视图中插入数据。INSERT 语句格式如下：

```
INSERT [INTO] table_name | view_name [(column_list)]
VALUES (value_list) | select_statement
```

其中各子句的说明如下。

（1）table_name | view_name：要插入数据的表名及视图名。

（2）column_list：要插入数据的字段名。

（3）value_list：与 column_list 相对应的字段的值。

（4）select_statement：通过查询向表插入数据的条件语句。

当向表中所有列都插入新数据时，可以省略列名表，但是必须保证 VALUES 后的各数据项位置同表定义时的顺序一致。

【例 6-12】 向 book 表中插入一条新记录。

```
INSERT INTO book(Name,Pub,Url,Author,Price,ISBN,SaleNum) VALUES('ASP.NET 程序设计实用教程','清华大学出版社','www.tup.com.cn','张玉芬',37.5,'9787302343256',0)
```

注意：当向表中插入一条包括所有字段值的记录时，可以省略字段名，语句如下：

```
INSERT INTO book VALUES (8,'C♯.NET 程序设计实用教程', '清华大学出版社', 'www.tup.com.cn', '李康乐', 36.5, '9787302356634', 0);
```

以上两个 INSERT 语句运行完毕后，打开 book 表，会看到追加的记录，如图 6-25 所示。

ID	Name	Pub	Url	Author	Price	ISBN	SaleNum
1	ASP.NET网络	清华大学出版	www.tup.com	朱宏	¥34.50	9787302323525	385
2	ASP.NET(C#)	机械工业出版	www.cmpedu.	李萍	¥30.00	9787111366157	245
3	JSP程序设计	人民邮电出版	www.ptpress	郭珍	¥36.00	9787115294692	245
4	计算机应用基	人民邮电出版	www.ptpress	金红旭	¥34.00	9787115367709	340
5	计算机应用技	清华大学出版	www.tup.com	齐景嘉	¥45.00	9787302262893	390
6	ASP.NET程序	清华大学出版	www.tup.com	张玉芬	¥37.50	9787302343256	0
8	C#.NET程序设	清华大学出版	www.tup.com	李康乐	¥36.50	9787302356634	0
*	(新建)						

图 6-25 追加记录后 book 表内容

6.3.4 UPDATE 语句

在 SQL 语句中，UPDATE 语句可以用来修改表中的数据行，当存在更新数据的条件时，既可以一次修改一行数据，也可以一次修改多行数据，当不设置更新条件的时候，一次修改所有数据行。UPDATE 语句格式如下：

```
UPDATE table_name | view_name
SET column_list = expression
[WHERE search_condition]
```

其中各子句的说明如下。

(1) table_name | view_name：要更新数据的表名或视图名。

(2) column_list：要更新数据的字段列表。

(3) expression：设置更新后新的数据值。

(4) WHERE search_condition：更新数据所应满足的条件，不设置将更新所有记录。

【例 6-13】 将 ISBN 号是"9787302343256"的图书价格改为 39 元。

```
UPDATE book SET Price = 39 WHERE ISBN = "9787302343256"
```

【例 6-14】 将所有图书的价格增加 2 元。

```
UPDATE book SET Price = Price + 2
```

【例 6-15】 将 2016 年 1 月 25 日人民邮电出版社所有图书的销售数量置"0"，这里使用带有子查询的修改语句。

```
UPDATE sale SET Num = 0
WHERE SaleDate = ♯2016/1/25♯ and (SELECT Pub FROM book WHERE book.ISBN = sale.ISBN) = "人民邮
电出版社";
```

6.3.5 DELETE 语句

当数据库中的数据已经过时，或者不再需要了，就需要删除这些数据，SQL 语句中的 DELETE 语句可以删除数据库表中无用的记录。DELETE 语句格式如下：

```
DELETE [FROM] table_name
WHERE search_condition
```

其中各子句的说明如下。

(1) table_name：要删除数据的表名。

(2) WHERE search_condition：被删除数据所应满足的条件，不设置将删除所有记录，一定要小心使用。

【例 6-16】 删除 sale 表中 ISBN 号为"9787115294692"的图书销售记录。

```
DELETE FROM sale WHERE ISBN = "9787115294692"
```

【例 6-17】 删除人民邮电出版社所有图书的销售记录，这里使用带有子查询的删除语句。

```
DELETE FROM sale
WHERE (SELECT Pub FROM book WHERE book.ISBN = sale.ISBN) = "人民邮电出版社";
```

本章小结

　　本章介绍了数据库的基础知识,包括数据库的基本概念、数据库管理技术的产生和发展,数据模型和常用的数据库管理系统,以及创建和使用 Access 数据库的方法和 SQL 语言中常用语句的使用。通过本章内容的学习,了解数据库的基础知识,掌握 SQL 基本语句的使用并且会建立查询,掌握 Access 数据库的建立和使用方法。

习题

一、简答题

1. 简述如下概念:数据、数据库、数据库管理系统、数据库系统和数据库系统管理员。
2. 简述数据管理技术的发展阶段。
3. 简述数据模型的 3 个要素。
4. 简述常用的数据模型都有哪些。
5. 简述关系型数据库的基本术语,包括表、字段、记录、主键、值。
6. 执行 Delete from book 命令后,将删除多少条记录。
7. 执行 Update book set Price＝40 命令后,多少条记录被更新?

二、操作题

1. 新建数据库,并建立一张学生表,字段自拟,建立查询,逐条验证各条例句。
2. 数据库结构化查询设计。
某公司员工表 S 如表 6-1 所示。

表 6-1　某公司员工表 S

编号	姓名	性别	年龄	工资	类别
1	小白	男	23	1800	正式
2	小红	女	20	1600	正式
3	小黑	男	21	1500	试用
4	小黄	女	25	1800	正式
5	小蓝	女	22	1400	试用

用 SQL 语言按下面要求完成对员工表 S 的操作。
(1) 查询表中所有女性员工的工资。
(2) "Select ＊ from S where 类别＝"试用" and 年龄＜22"写出这条语句查询的结果。
(3) 删除小白的所有信息。
(4) 算出公司人数。
(5) 把所有员工的类别都更新为"正式"。

第7章 ASP.NET数据库编程

数据库编程是 Web 开发中非常重要的部分,数据库文件保存在网站的服务器中,称为 Web 数据库,一般常用的数据库系统都可以作为 Web 数据库,利用 ADO.NET 可以连接数据库,执行 SQL 语句或调用存储过程对数据库的数据进行查询、统计、插入、修改、删除等操作。本章将详细介绍 ASP.NET 数据库编程的方法,包括使用数据源控件可视化配置的方式和完全自由编写访问数据库代码的 ADO.NET 方式。

7.1 数据源控件

ASP.NET 中包含一些数据源控件(DataSource Control),这些控件用于实现从不同数据源中获取数据,它可以设置连接信息、查询信息、参数和行为,并向数据界面控件提供数据,达到用可视化方式设计网站程序的目的,最大限度地减少程序员的工作量,提高编程效率。

这些数据源控件允许使用不同类型的数据源,如数据库、XML 文件或中间层业务对象。这些控件被放置在 Visual Studio 2012 工具箱的"数据"选项卡中,以 ****DataSource 形式命名。在数据源控件中隐含了大量常用的数据库操作基层代码,使数据源控件配合数据绑定控件(如 GridView、DataList 等),可以方便地实现对数据库的常规操作,如检索数据、修改数据、删除数据等,而且不需要编写任何代码,在程序运行时,数据源控件是不会被显示到屏幕上的,但它却能在后台完成许多重要的工作。表 7-1 描述了内置的数据源控件。

表 7-1 数据源控件比较

数据源控件	说　　明
SqlDataSource	用于访问 Access、SQL Server、SQL Server Express、Oracle、ODBC 数据源和 OLEDB 数据源。与 SQL Server 一起使用时支持高级缓存功能,在中等以上规模的 ASP.NET 网站中建议使用该数据库。当数据作为 DataSet 对象返回时,此控件还支持排序、筛选和分页
ObjectDataSource	用于访问多层 Web 应用程序体系结构中的中间层业务对象数据。当应用系统较复杂,需要使用三层分式架构时,可以将中间层的逻辑功能封装到这个控件中,以便在应用程序中共享。支持高级排序和分页方案
XmlDataSource	用于访问具有"层次化数据"特性的 XML 数据源,特别适用于分层的 ASP.NET 服务器控件,如 TreeView 或 Menu 控件
SiteMapDataSource	用于访问 XML 格式的网站地图文件 Web.sitemap,结合 ASP.NET 站点导航控件使用
LinqDataSource	支持通过标记文本在 ASP.NET 网页中使用语言集成查询(LINQ),便于从数据对象中检索和修改数据
EntityDataSource	用于访问基于实体数据模型的数据

7.2 数据绑定控件

数据源控件只负责管理与实际数据存储源的连接,并不能呈现任何用户界面,要将数据显示出来,需要数据绑定控件。数据绑定控件包括 GridView、DetailsView、Repeater、DataList、DropDownList 等。这类控件主要提供数据显示、编辑、删除等相关用户界面。

GridView 控件配合数据源控件 SqlDataSource,以网格显示的形式,实现对数据库的浏览、编辑、删除等操作。下面介绍如何使用 GridView 控件配合数据源控件不用书写任何代码操作数据库。

1. 建立网站

首先在硬盘上建立一个网站目录,如 D:\ch07,打开 Visual Studio 2012 集成开发环境,选择"文件"→"新建"→"网站"选项,打开"新建网站"对话框,在左侧栏"已安装"→"模板"处选择 Visual C♯,在中间栏选择"ASP.NET 空网站",Web 位置选择"文件系统",通过"浏览"按钮找到刚刚建立好的网站目录 D:\ch07,单击"确定"按钮,一个网站建立完毕,默认该网站目录下只含有一个网站配置文件 Web.config,后面本章建立的所有网页文件都存放在该网站下。

2. 建立网站文件夹 App_Data

为了存放数据库,在网站 D:\ch07 下建立用于存放数据库的文件夹 App_Data,操作步骤如下。

在"解决方案资源管理器"中右击网站 ch07,在弹出的对话框中选择"添加"→"添加 ASP.NET 文件夹"→App_Data 选项,如图 7-1 所示,在该网站就添加了 App_Data 目录。把第 6 章建立好的数据库文件 BookStore.accdb 复制到该目录下,在"解决方案资源管理器"中选中网站"ch07"单击"刷新"按钮,就可以看到新复制过来的数据库文件了,如图 7-2 所示。

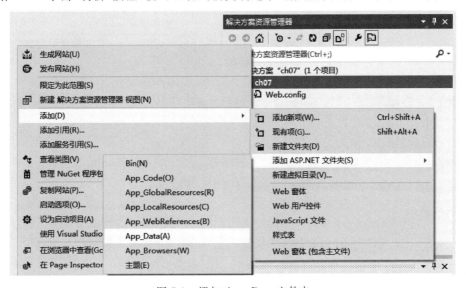

图 7-1 添加 App_Data 文件夹

图 7-2　网站刷新

【例 7-1】　利用 GridView 控件显示数据表内容。

程序运行结果如图 7-3 所示,显示数据表 book 中所有记录。

ID	Name	Pub	Url	Author	Price	ISBN	SaleNum
1	ASP.NET网络程序设计案例教程	清华大学出版社	www.tup.com.cn	朱宏	34.5	9787302323525	385
2	ASP.NET(C#)动态网站开发案例教程	机械工业出版社	www.cmpedu.com	李萍	30	9787111366157	245
3	JSP程序设计教程	人民邮电出版社	www.ptpress.com.cn	郭珍	36	9787115294692	245
4	计算机应用基础	人民邮电出版社	www.ptpress.com.cn	金红旭	34	9787115367709	340
5	计算机应用技能教程（第二版）	清华大学出版社	www.tup.com.cn	齐景嘉	45	9787302262893	390
6	ASP.NET程序设计实用教程	清华大学出版社	www.tup.com.cn	张玉芬	37.5	9787302343256	0
8	C#.NET程序设计实用教程	清华大学出版社	www.tup.com.cn	李康乐	36.5	9787302356634	0

图 7-3　例 7-1 运行结果

下面来介绍例 7-1 的制作过程。

7.2.1　添加数据源控件

数据源控件 SqlDataSource 用于连接 Access、SQL Server、SQL Server Express、Oracle、ODBC 数据源和 OLEDB 数据源,向数据界面控件提供数据,实现数据库应用程序的可视化设计。

1. 属性

(1) ConnectionString:数据库连接字符串。

(2) ProviderName:命名空间(System.Data.SqlClient)。

(3) FilterExpression:设置 Select 命令的数据过滤字符串,仅对 DataSet 数据集对象起作用。

(4) SelectQuery:选择查询。

(5) InsertQuery:插入查询。

(6) DeleteQuery:删除查询。

(7) UpdateQuery:更新查询。

2. 事件

(1) Selected:完成选择操作后触发 Selected 事件。

(2) Selecting:完成选择操作前触发 Selecting 事件。

(3) Inserted:完成插入操作后触发 Inserted 事件。

（4）Inserting：完成插入操作前触发 Inserting 事件。

（5）Deleted：完成删除后触发 Deleted 事件。

（6）Deleting：完成删除前触发 Deleting 事件。

（7）Updated：完成更新操作后触发 Updated 事件。

（8）Updating：完成更新操作前触发 Updating 事件。

（9）Filtering：在筛选前触发 Filtering 事件。

（10）DataBinding：在数据绑定前触发 DataBinding 事件。

3．配置数据源的步骤

（1）新建 Web 窗体 7-1.aspx，双击工具箱中"数据"选项卡中的 SqlDataSource 控件图标，将 SqlDataSource 数据源控件添加到 Web 窗体上，数据源控件在程序运行时即客户端浏览页面时是不可见的，所以可以把它放置在页面的任何位置。选择"SqlDataSource 任务"菜单中的"配置数据源"选项，在弹出的"配置数据源"对话框中，单击"新建连接"按钮，打开"添加连接"对话框，数据源保持默认选项"Microsoft Access 数据库文件（OLE DB）"，可以通过"更改"按钮设置其他数据源，如 Microsoft SQL Server、Oracle 数据库等。单击"浏览"按钮打开"选择数据库文件"对话框，选定文件 D:\ch07\App_Data\BookStore.accdb，如图 7-4 所示。

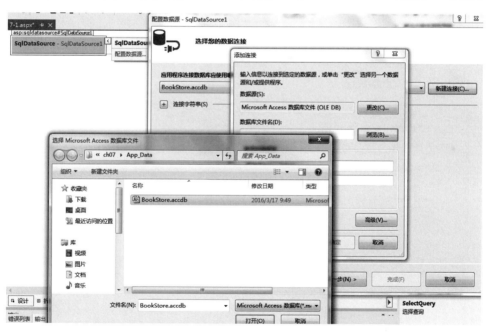

图 7-4　"配置数据源"界面 1——新建连接

（2）单击"打开"按钮，回到"添加连接"对话框，单击"测试连接"按钮，弹出"测试连接成功"提示框，如图 7-5 所示。

（3）关闭"测试连接成功"提示框返回到"添加连接"对话框，单击"确定"按钮，返回到"配置数据源"对话框，展开"连接字符串"，可看到自动生成的数据库连接字符串，如图 7-6 所示。

（4）单击"下一步"按钮，使用默认设置，即将连接字符串写到应用程序配置文件中，并且把该连接命名为 ConnectionString，如图 7-7 所示。

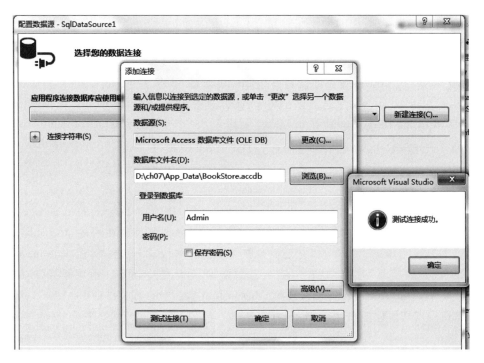

图 7-5 "配置数据源"界面 2——测试连接

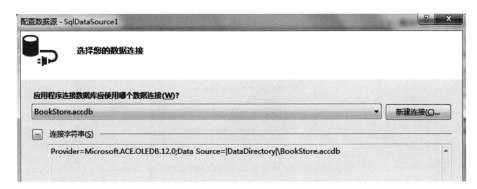

图 7-6 "配置数据源"界面 3——连接字符串

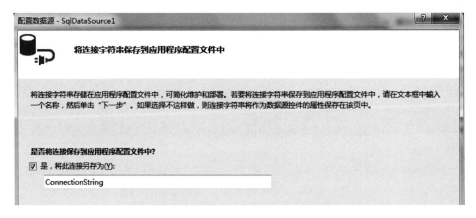

图 7-7 "配置数据源"界面 4——连接字符串保存到配置文件

（5）单击"下一步"按钮，进入配置 SELECT 语句对话框，如图 7-8 所示。

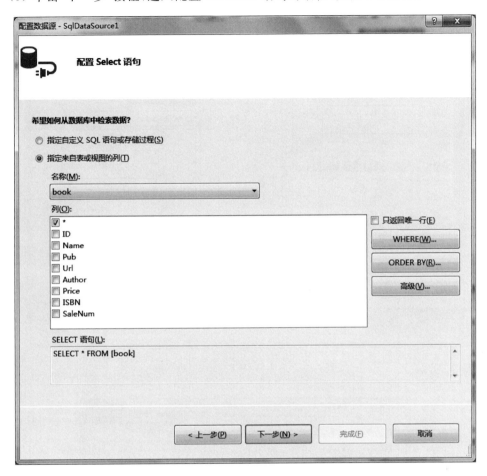

图 7-8 "配置数据源"界面 5——配置 Select 语句

首先，可以指定数据来自自定义语句、存储过程，还是表或视图。这里选择数据库中的表 book，"列"选项列表中列举出 book 表中的所有字段。选择"*"，则表示选中全部字段；当选择其他字段时，"*"选项自动取消。在"列"选项列表中可以选择多个字段，同时会在SELECT 语句处生成 SELECT 语句。

在该对话框中，可以选中"只返回唯一行"复选框，相当于在 select 语句中加入 distinct返回不重复的记录；可以单击 WHERE 按钮打开"添加 WHERE 子句"对话框设置查询条件，如图 7-9 所示，通过设置，可以获得 SQL 表达式的 WHERE 子句；可以单击 ORDERBY 按钮打开"添加 ORDER BY 子句"的对话框，如图 7-10 所示；单击"高级"按钮打开"高级 SQL 生成选项"对话框，用户可选择是否自动生成用于添加、更新和删除记录的 SQL 语句，也可选择是否"使用开放式并发"，如图 7-11 所示。

（6）单击"下一步"按钮，进入"测试查询"对话框，单击"测试查询"按钮，查看查询的结果（此结果为默认选择，没有做上面的添加 WHERE 子句、添加 ORDER BY 子句和设置高级 SQL 生成选项），如图 7-12 所示。

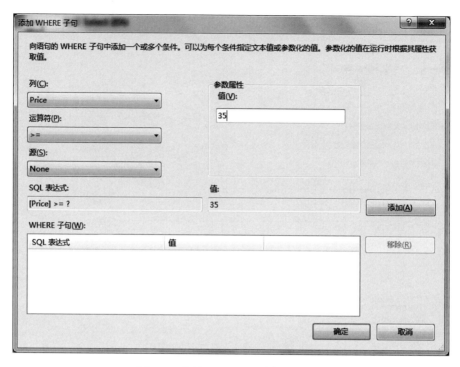

图 7-9 "添加 WHERE 子句"对话框

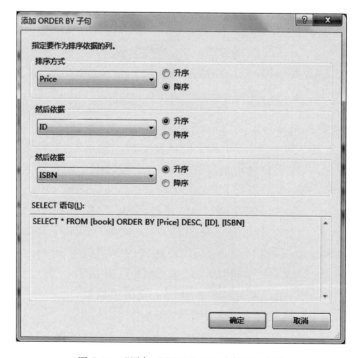

图 7-10 "添加 ORDER BY 子句"对话框

图 7-11 "高级 SQL 生成选项"对话框

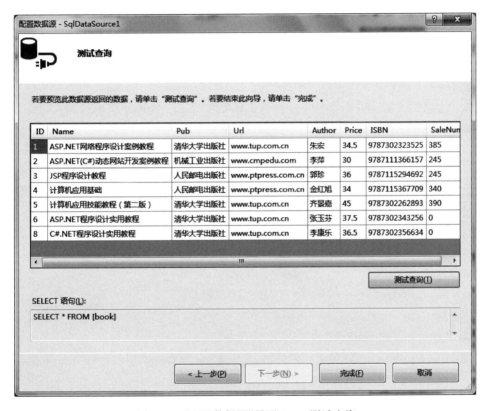

图 7-12 "配置数据源"界面 6——测试查询

（7）单击"完成"按钮，切换到 7-1.aspx 的"源"视图，数据源控件的代码自动生成如下。

```
<asp:SqlDataSource ID = "SqlDataSource1" runat = "server"
ConnectionString = "<% $ ConnectionStrings:ConnectionString %>"
ProviderName = "<% $ ConnectionStrings:ConnectionString.ProviderName %>"
SelectCommand = "SELECT * FROM [book]">
</asp:SqlDataSource>
```

在"解决方案资源管理器"中,双击打开 Web. config 文件,可以看到已经自动保存的数据库连接字符串信息。

```
<connectionStrings>
    <add name = "ConnectionString" connectionString = "Provider = Microsoft. ACE. OLEDB. 12.0;
    Data Source = |DataDirectory|\BookStore. accdb" providerName = "System. Data. OleDb" >
</connectionStrings>
```

7.2.2　添加 GridView 控件

GridView 数据绑定控件是 Web 网站编程中使用最多的控件之一,它以表格形式显示数据记录各字段内容,可对表中记录进行分页、排序、选择、修改、删除等操作,并且可自定义绑定、命令、超链接、复选、图片、按钮、模板字段,进行页面跳转、按钮事件、自定义模板等操作,从而大大减轻编程量。

1. GridView 控件的属性

(1) AllowPaging:true,允许分页;false,禁止分页。

(2) AllowSorting:true,允许排序;false,禁止排序。

(3) AutoGenerateDeleteButton:true,生成删除按钮;false,不生成删除按钮。

(4) AutoGenerateEditButton:true,生成编辑按钮;false,不生成编辑按钮。

(5) AutoGenerateSelectButton:true,生成选择按钮;false,不生成选择按钮。

(6) AutoGenerateColumns:true,允许在运行时自动生成关联数据表字段。

(7) DataSourceID:设置数据源控件。

(8) DataKeyNames:设置数据源中的关键字段。

(9) Caption:表格标题。

(10) GridLines:网格线的设置,None,未设置;Horizontal,水平线;Vertical,垂直线;Both,垂直与水平线。

(11) ShowFooter:true,显示脚注;false,不显示脚注。

(12) ToolTip:工具提示。

(13) PageSize:每页记录数。

(14) PagerSettings:设置分页相关信息,其中 Mode 设置要使用的分页样式,取值如下。

Mode=NextPrevious:上一页与下一页按钮。

Mode=Numeric:带数字编号的链接按钮。

Mode=NextPreviousFirstLast:第一页、上一页、下一页、最后一页按钮

Mode=NumericFirstLast:带编号按钮、第一页、最后一页按钮。

(15) Position:设置分页显示位置,取值如下。

Position=Bottom:显示在下方。

Position=Top:显示在上方。

Position=TopAndBottom:同时显示在上、下方。

(16) Field:字段编辑器。

2．GridView 控件的事件

（1）PageIndexChanged：当页面索引更改后，激活该事件。

（2）PageIndexChanging：当页面索引正在更改时，激活该事件。

（3）RowCommand：单击按钮字段时，激活该事件。

（4）RowCancelingEdit：生成 Cancel 事件时，激活该事件。

（5）RowDeleted：对数据源执行删除操作后，触发该事件。

（6）RowDeleting：对数据源执行删除操作前，触发该事件。

（7）RowEditing：对记录编辑时，触发该事件。

（8）RowUpdated：执行 Update 命令后，激活该事件。

（9）RowUpdating：执行 Update 命令前，激活该事件。

（10）SelectedIndexChanged：选择某行后，触发该事件。

（11）SelectedIndexChanging：选择某行前，触发该事件。

（12）Sorted：排序后触发该事件。

（13）Sorting：排序前触发该事件。

3．GridView 控件的字段类型

（1）BoundField：数据绑定字段，默认情况下 GridView 控件在页面上以表格的形式显示数据表的内容，一般都是用数据绑定字段来实现的。

（2）ButtonField：按钮字段，能在页面的表格中添加一列带有下画线的列。

（3）CommandField：命令字段，如编辑、删除、选择按钮。

（4）CheckBoxField：CheckBox 字段，以文本框的形式显示在页面中。

（5）ImageField：图像字段。

（6）HyperLinkField：超链接字段。HyperLinkField 是将数据源字段显示为超链接形式，并且可以另外指定 URL 字段，以作为导向实际的 URL 网址。

（7）TemplateField：模板字段。

4．设置 GridView 控件的步骤

（1）双击工具栏"数据"选项卡中的 GridView 图标，或拖动其添加到页面中。

（2）在"GridView 任务"菜单中单击"选择数据源"下拉列表框，选择前面创建的数据源控件 SqlDataSource1，将数据源绑定到 GridView 控件。

选择数据源后，"GridView 任务"菜单中的内容多了若干项。如果希望 GridView 控件在页面呈现的内容中具有"分页""排序""选定内容"的功能，可选择相应的复选框。"GridView 任务"菜单如图 7-13 所示。

（3）在"GridView 任务"菜单中，选择"自动套用格式"选项，弹出"自动套用格式"对话框，在"选择架构"中选择适当的格式，这里选择"彩色型"，这种预先设计好的格式就会自动美化 GridView 控件的外观，如图 7-14 所示。

（4）在"解决方案资源管理器"中，选中 7-1.aspx，启动调试，浏览器中呈现出 GridView 控件的数据表内容，样式已被应用了，如图 7-15 所示。

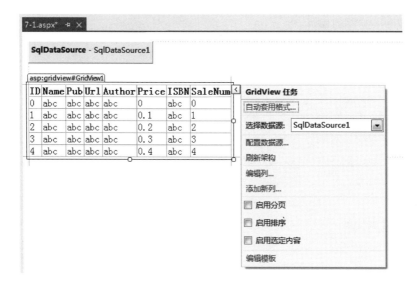

图 7-13   "GridView 任务"菜单

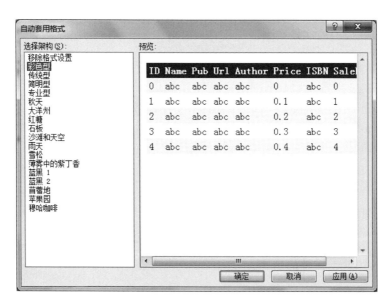

图 7-14   "自动套用格式"对话框

ID	Name	Pub	Url	Author	Price	ISBN	SaleNum
1	ASP.NET网络程序设计案例教程	清华大学出版社	www.tup.com.cn	朱宏	34.5	9787302323525	385
2	ASP.NET(C#)动态网站开发案例教程	机械工业出版社	www.cmpedu.com	李萍	30	9787111366157	245
3	JSP程序设计教程	人民邮电出版社	www.ptpress.com.cn	郭珍	36	9787115294692	245
4	计算机应用基础	人民邮电出版社	www.ptpress.com.cn	金红旭	34	9787115367709	340
5	计算机应用技能教程（第二版）	清华大学出版社	www.tup.com.cn	齐景嘉	45	9787302262893	390
6	ASP.NET程序设计实用教程	清华大学出版社	www.tup.com.cn	张玉芬	37.5	9787302343256	0
8	C#.NET程序设计实用教程	清华大学出版社	www.tup.com.cn	李康乐	36.5	9787302356634	0

图 7-15   GridView 控件显示的数据表内容

程序 7-1.aspx 的代码清单如下。

```
< body >
    < form id = "form1" runat = "server">
    < div >
        < asp:SqlDataSource ID = "SqlDataSource1" runat = "server"
        ConnectionString = "<% $ ConnectionStrings:ConnectionString %>"
        ProviderName = "<% $ ConnectionStrings:ConnectionString.ProviderName %>"
        SelectCommand = "SELECT * FROM [book]">
        </asp:SqlDataSource >
         < asp: GridView ID = " GridView1" runat = " server" AutoGenerateColumns = " False"
CellPadding = "4" DataKeyNames = "ID" DataSourceID = "SqlDataSource1" ForeColor = "#333333"
GridLines = "None">
            < AlternatingRowStyle BackColor = "White" />
            < Columns >
                < asp:BoundField DataField = "ID" HeaderText = "ID" InsertVisible = "False"
ReadOnly = "True" SortExpression = "ID" />
                 < asp:BoundField DataField = "Name" HeaderText = "Name" SortExpression =
"Name" />
                < asp:BoundField DataField = "Pub" HeaderText = "Pub" SortExpression = "Pub" />
                < asp:BoundField DataField = "Url" HeaderText = "Url" SortExpression = "Url" />
                < asp:BoundField DataField = "Author" HeaderText = "Author" SortExpression =
"Author" />
                 < asp:BoundField DataField = "Price" HeaderText = "Price" SortExpression =
"Price" />
                 < asp:BoundField DataField = "ISBN" HeaderText = "ISBN" SortExpression =
"ISBN" />
                 < asp:BoundField DataField = "SaleNum" HeaderText = "SaleNum" SortExpression =
"SaleNum" />
            </Columns >
            < FooterStyle BackColor = "#990000" Font - Bold = "True" ForeColor = "White" />
            < HeaderStyle BackColor = "#990000" Font - Bold = "True" ForeColor = "White" />
             < PagerStyle BackColor = "#FFCC66" ForeColor = "#333333" HorizontalAlign =
"Center" />
            < RowStyle BackColor = "#FFFBD6" ForeColor = "#333333" />
            < SelectedRowStyle BackColor = "#FFCC66" Font - Bold = "True" ForeColor = "Navy" />
            < SortedAscendingCellStyle BackColor = "#FDF5AC" />
            < SortedAscendingHeaderStyle BackColor = "#4D0000" />
            < SortedDescendingCellStyle BackColor = "#FCF6C0" />
            < SortedDescendingHeaderStyle BackColor = "#820000" />
        </asp:GridView >
    </div >
    </form >
</body >
```

这些代码完全是可视化设计后自动生成的,程序员没有编写任何一行代码,但学会阅读代码也是非常重要的,对了解 ASP.NET 十分有益。

7.2.3 GridView 分页、排序、列标题设置

1. 分页

在例 7-1. aspx 页面设计中,在"GridView 任务"中选中"启用分页"选项,设置 GridView 控件的 PageSize 属性为 4。当把 GridView 控件的 PageSize 的属性设置为 4 时,会自动将表中的内容按 4 条/页进行显示,并在控件底部生成页面的链接,单击相应的链接就会跳转到相应的页面。如单击"2"的链接时,就自动跳转到第 2 页,从第 5 条记录开始显示,如图 7-16 所示。

ID	Name	Pub	Url	Author	Price	ISBN	SaleNum
1	ASP.NET网络程序设计案例教程	清华大学出版社	www.tup.com.cn	朱宏	34.5	9787302323525	385
2	ASP.NET(C#)动态网站开发案例教程	机械工业出版社	www.cmpedu.com	李萍	30	9787111366157	245
3	JSP程序设计教程	人民邮电出版社	www.ptpress.com.cn	郭珍	36	9787115294692	245
4	计算机应用基础	人民邮电出版社	www.ptpress.com.cn	金红旭	34	9787115367709	340

1 2

(a) 第1页

ID	Name	Pub	Url	Author	Price	ISBN	SaleNum
5	计算机应用技能教程(第二版)	清华大学出版社	www.tup.com.cn	齐景嘉	45	9787302262893	390
6	ASP.NET程序设计实用教程	清华大学出版社	www.tup.com.cn	张玉芬	37.5	9787302343256	0
8	C#.NET程序设计实用教程	清华大学出版社	www.tup.com.cn	李康乐	36.5	9787302356634	0

1 2

(b) 第2页

图 7-16 分页显示

【例 7-2】 在例 7-1 的基础上对 GridView 进行分页设置,要求以文字方式显示分页链接,如首页、上一页、下一页、尾页。

(1) 复制 Web 窗体 7-1. aspx,重命名为 7-2. aspx(复制过程如下:在网站 ch07 的"解决方案资源管理器"中,右击 7-1. aspx,在弹出的快捷菜单中选择"复制"选项;然后右击网站名称,在弹出的快捷菜单中选择"粘贴"选项,为网站添加了 Web 窗体"副本 7-1. aspx";最后将"副本 7-1. aspx"重命名为 7-2. aspx)。

(2) 在 7-2. aspx 设计视图中,选中"GridView 任务"中的"启用分页"选项,设置 GridView 控件的 PageSize 属性为"2"。

(3) 设置 GridView 控件的 PagerSettings 属性,其中 Mode 设置为 NextPreviousFirstLast,并且 FirstPageText 设置为"首页",LastPageText 设置为"尾页",NextPageText 设置为"下一页"。PreviousPageText 设置为"上一页"。GridView 控件的属性窗口设置如图 7-17 所示。

运行结果如图 7-18 所示,以每页 2 行数据的方式显示数据表内容。

图 7-17 PagerSettings 设置

ID	Name	Pub	Url	Author	Price	ISBN	SaleNum
3	JSP程序设计教程	人民邮电出版社	www.ptpress.com.cn	郭珍	36	9787115294692	245
4	计算机应用基础	人民邮电出版社	www.ptpress.com.cn	金红旭	34	9787115367709	340

首页 上一页 下一页 尾页

图 7-18 分页运行结果

2. 排序

选择"GridView 任务"中的"排序"选项,运行结果如图 7-19 所示。当单击带有链接的列名时,就可以按此字段对表中数据进行排序,单击一下,升序排列,再单击一下,降序排列,如此反复。

ID	Name	Pub	Url	Author	Price	ISBN	SaleNum
8	C#.NET程序设计实用教程	清华大学出版社	www.tup.com.cn	李康乐	36.5	9787302356634	0
6	ASP.NET程序设计实用教程	清华大学出版社	www.tup.com.cn	张玉芬	37.5	9787302343256	0

下一页 尾页

图 7-19 排序运行结果

3. 列标题设置

页面 GridView 表格中的列标题按默认设置是来自数据表中的字段名称,如果字段名是英文,而页面显示时需要中文列标题,这就需要修改 GridView 控件的数据绑定字段 BoundField 的 HeaderText 属性。

【例 7-3】 在例 7-2 的基础上对 GridView 进行中文列标题设置,要求以中文列标题的形式显示数据表格。

(1) 复制 Web 窗体 7-2.aspx,重命名为 7-3.aspx(复制过程详见例 7-2)。

(2) 在 7-3.aspx 设计视图中,选择"GridView 任务"中的"编辑列"选项,在弹出的"字段"对话框的"选定的字段"列表框中选择要修改列标题的字段,在右侧的"属性"中修改外观区的 HeaderText 属性的值,数据区的 DataField 属性指定的是该列绑定的数据表字段名,如图 7-20 所示。

另外,还可以直接切换到"源"视图,在代码中直接修改 HeaderText 属性。运行结果如图 7-21 所示。

7.2.4 GridView 选择、编辑、删除数据

【例 7-4】 利用数据源控件和 GridView 控件实现对记录的选择、编辑和删除。

(1) 复制 Web 窗体 7-1.aspx,重命名为 7-4.aspx(复制过程详见例 7-2)。

(2) 命令字段的添加。

选择"GridView 任务"中的"编辑列"选项,弹出"字段"对话框,在"可用字段"列表框中展开 CommandField 项目,选中"编辑、更新、取消""选择"和"删除",并依次单击"添加"按钮,新的字段就会出现在"选定的字段"中。通过上下箭头调整各个字段之间的顺序,单击"确定"按钮,完成设置,如图 7-22 所示。

图 7-20　"字段"对话框

编号	书名	出版社	出版社网址	作者	价格	ISBN	销售数量
3	JSP程序设计教程	人民邮电出版社	www.ptpress.com.cn	郭珍	36	9787115294692	245
4	计算机应用基础	人民邮电出版社	www.ptpress.com.cn	金红旭	34	9787115367709	340

首页 上一页 下一页 屋页

图 7-21　例 7-3 运行结果

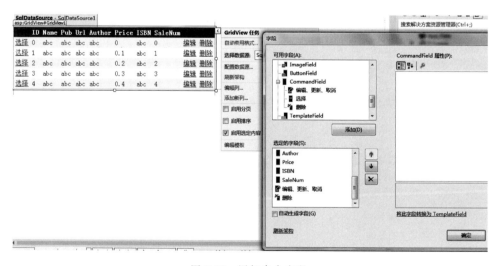

图 7-22　添加命令字段

（3）自动添加 SQL 语句。

选择"SqlDataSource 任务"中的"配置数据源"选项，打开"配置数据源"对话框，在"配置 SELECT 语句"对话框中单击"高级"按钮，进入"高级 SQL 生成选项"对话框，选中"生成 INSERT、UPDATE 和 DELETE 语句"复选框，单击"确定"按钮，完成设置，如图 7-23 所示。

图 7-23 "高级 SQL 生成选项"对话框

完成这个设置后，在"GridView 任务"菜单就自动多了"启用编辑""启用删除"和"启用选定内容"三项，且都是选中状态，如图 7-24 所示。

（4）运行后进行选定、编辑和删除操作。

页面 7-4.aspx 运行后，单击"选择"按钮，被选中的记录高亮显示；单击"删除"按钮，不出现任何提示，直接从数据表中删除记录，且不可恢复，删除操作需要慎重；单击"编辑"按钮，进入编辑状态，如图 7-25 所示。

由图 7-25 可见，编辑状态下，"编辑"按钮变为"更新"和"取消"两个按钮，当前记录除了只读字段（如自动编号类型的字段或设置成只读的字段）以外，都变成了文本框，修改后，单击"更新"按钮，退出编辑状态，且把修改的内容存入数据表，并显示在页面上。单击"取消"按钮，取消修改内容，退出编辑状态。

图 7-24　"GridView 任务"菜单

图 7-25　编辑状态

7.2.5　GridView 超链接字段

GridView 控件还有一种超链接字段 HyperLinkField,用于将数据源字段显示为超链接形式,并且可以为其指定 URL 字段,以作为导向的实际 URL 网址。

【例 7-5】　为数据表 book 的出版社网址字段添加超链接,浏览页面时可直接单击跳转到相应出版社页面。

(1) 复制 Web 窗体 7-4.aspx,重命名为 7-5.aspx(复制过程详见例 7-2)。

(2) 选择"GridView 任务"中的"编辑列"选项,弹出"字段"对话框,在"选定的字段"列表框中删除 URL 字段,在"可用字段"列表框中选中 HyperLinkField,单击"添加"按钮,通过上下箭头调整其显示位置,修改其属性,如图 7-26 所示。

HyperLinkField 字段属性说明。

(1) DataTextField="Url":在该列中显示的字段为数据表 book 中的 URL 字段。

(2) DataNavigateUrlFormatString=http://{0}：设置链接到的 URL 地址。

(3) DataNavigateUrlFields="Url":设置链接字段,单击超链接时,会把该字段的内容替换到"DataNavigateUrlFormatString=http://{0}"中的"{0}"。

(4) Target="_blank":表示单击超链接的时候,会在新的浏览器窗口打开新网址。

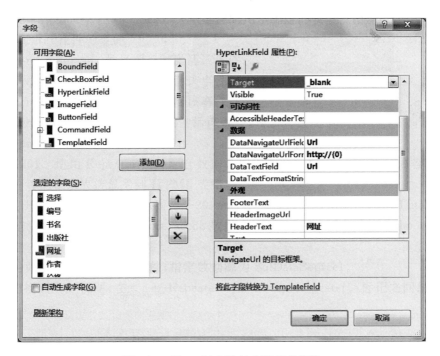

图 7-26　HyperLinkField 字段属性设置

7.3　ADO.NET 方式访问数据库

在 ASP.NET 中,除了可以使用数据绑定控件配合数据源控件完成数据库信息的浏览和编辑、删除等操作外,还可以使用 ADO.NET 提供的各种对象,通过编写代码的方式自由地实现对数据库的各种存取操作。

7.3.1　ADO.NET 概述

1．ADO.NET 的体系结构

ADO.NET 的体系结构如图 7-27 所示,包括两大核心组件:.NET 数据提供程序和 DataSet 数据集。.NET 数据提供程序用于连接数据库、执行命令及检索结果,包含 4 个核心对象,即 Connection 对象、Command 对象、DataReader 对象和 DataAdapter 对象。Connection 对象用于与数据源建立连接,Command 对象用于对数据源执行命令,DataReader 对象用于从数据源中检索只读、只向前的数据流,DataAdapter 对象用于将数据源的数据填充至 DataSet 数据集并更新数据源。

2．ADO.NET 的命名空间

在 ASP.NET 文件中通过 ADO.NET 方式访问数据需要引入的几个命名空间如表 7-2 所示。在 System.Data 中提供了许多 ADO.NET 构架的基类,管理和存取不同数据源的数据。DataSet 对象是 ADO.NET 的核心。

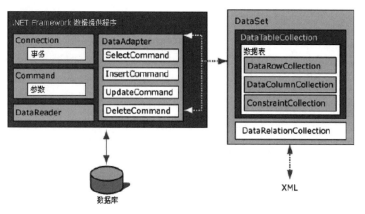

图 7-27   ADO.NET 的体系结构

表 7-2   ADO.NET 命名空间

ADO.NET 命名空间	说　明
System.Data	提供 ADO.NET 构架的基类
System.Data.OleDB	针对 OLE DB 数据所设计的数据存取类
System.Data.SqlClient	针对 SQL Server 数据所设计的数据存取类

System.Data.OleDB 和 System.Data.SqlClient 是 ADO.NET 中负责建立数据连接的类，又称为 Managed Provider，各自含有的对象如下。

（1）System.Data.OleDB 包括 OleDBConnection、OleDBCommand、OleDBDataAdapter、OleDBDataReader。

（2）System.Data.SqlClient 包括 SqlConnection、SqlCommand、SqlDataAdapter、SqlDataReader。

7.3.2　ADO.NET 数据访问流程

ADO.NET 访问数据库的方式有两种，即有连接的访问和无连接的访问。有连接的访问用 DataReader 对象返回操作结果，速度快，但它是一种独占式的访问，效率并不高；无连接的访问用 DataSet 对象返回结果，DataSet 对象可以看做是一个内存数据库，访问的结果存放到 DataSet 对象后，就可以在 DataSet 内存数据库中操作表，效率更高。

1．有连接数据访问流程

有连接数据访问的操作过程如下：首先通过 Connection 对象连接外存数据库，然后通过 Command 命令对象执行操作命令（如数据的增删查改）。如果需要查询信息，通过 DataReader 对象将数据一一读出，再绑定到页面控件（如 GridView）上进行显示。所有操作结束后必须关闭 Connection 对象的连接，断开与外存数据库的连接。有连接数据访问流程如图 7-28 所示。

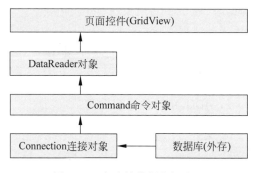

图 7-28   有连接数据访问流程

2. 无连接数据访问流程

无连接数据访问的操作过程如下：首先使用 Connection 对象建立与外存数据库的连接，然后通过设置 DataAdapter 适配器对象的属性，用指定连接执行 SQL 语句从数据库中提取需要的数据，创建 DataSet 内存数据库对象，将 DataAdapter 对象执行 SQL 语句返回的结果使用 Fill 方法填充至 DataSet 对象。DataSet 从数据源中获取数据以后就可以断开与数据源之间的连接。最后为数据绑定控件(如 GridView)设置数据源并绑定，以便在其中显示 DataSet 内存数据库中的数据。同时当完成了各项操作后，DataAdapter 对象还可以通过 Update 方法实现以内存数据库 DataSet 对象中的数据来更新外存数据库。无连接数据访问流程如图 7-29 所示。

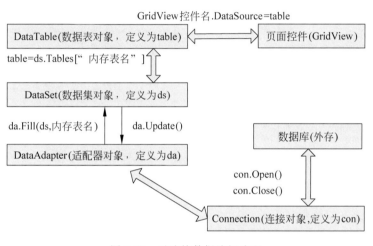

图 7-29　无连接数据访问流程

7.3.3　常用 ADO.NET 对象的使用

1. Connection 对象

操作数据库的第一步是建立与数据库的连接。Connection 对象用来打开和关闭数据库连接。

（1）创建 Access 数据库连接的语法如下：

```
OleDbConnection con = new OleDbConnection(conStr);     //Access 数据库
```

参数 conStr 用来指定数据库连接方式，称为数据库连接字符串。可以在创建 Connection 对象时直接作为参数给定，也可以在创建 Connection 对象之后再把它指定给 ConnectionString 属性。

Access 数据库连接字符串的语法如下：

```
Provider = 驱动程序; DataSource = 数据库物理路径
```

例如：

```
OleDbConnectioncon = new OleDbConnection();
string conStr = " Provider = Microsoft. Ace. OLEDB. 12. 0; Data Source = " + Server. MapPath
("~/app_data/kc.accdb");
con.ConnectionString = conStr;
```

说明：对于以 accdb 为扩展名的 Access 2007 数据库，驱动程序为 Microsoft. Ace. OLEDB. 12. 0。而以 mdb 为扩展名的 Access 2003 数据库，驱动程序为 Microsoft. Jet. OLEDB. 4. 0。

（2）Connection 对象常用方法。

① Open()：打开数据库连接。

② Close()：关闭数据库连接。当不再使用数据源时，使用该方法关闭与数据源的连接。

2. Command 对象

成功使用 Connection 对象创建数据连接之后，接下来就可以使用 Command 对象对数据源执行各种 SQL 命令并返回结果。

（1）创建 Command 对象的语法如下：

```
OleDbCommandcmd = new OleDbCommand(cmdText,con);        //Access 数据库
```

说明：参数 cmdText 为欲执行的 SQL 命令，参数 con 为欲使用的数据连接对象。

（2）Command 对象常用属性。

① CommandText 属性：获取或设置欲对数据源执行的 SQL 命令、存储过程名称或数据表名称。

② CommandType 属性：获取或设置命令类别，可取的值为 StoredProcedure（存储过程）、TableDirect（数据表名）、Text（SQL 语句）。

③ Connection 属性：获取或设置 Command 对象所要使用的数据连接对象。

（3）Command 对象常用方法。

① ExecuteNonQuery 方法：执行 CommandText 属性指定的内容，并返回被影响的行数。只有 Update、Insert 及 Delete 返回被影响的行数，该方法用于对数据库的更新操作。

② ExecuteReader 方法：执行 CommandText 属性指定的内容，并创建 DataReader 对象，一般执行的是 Select 语句。

③ ExecuteScalar 方法：执行 CommandText 属性指定的内容，并返回执行结果第一列第一行的值，此方法只能用来执行 Select 语句。

3. DataReader 对象

对于只需顺序显示数据表中记录的应用而言，DataReader 对象是比较理想的选择。可以通过 Command 对象的 ExecuteReader()方法创建 DataReader 对象。DataReader 对象返回的数据可以看做一个记录集，记录集可以理解成一个虚拟的数据表，在记录集中移动记录指针可以依次访问所有的记录。DataReader 对象一旦建立，即可通过对象的属性、方法访

问数据源中的数据。

（1）建立 DataReader 对象的语法如下：

```
OleDbDataReader dr = cmd.ExecuteReader();        //Access 数据库
```

（2）DataReader 对象常用属性。

① FieldCount：获取字段数目。

② IsClosed：获取 DataReader 对象的状态，true 表示关闭，false 表示打开。

③ RecordsAffected：获取执行 Insert、Delete 或 Update 等 SQL 命令后有多少行受到影响，若没有受到影响，便返回 0。

（3）DataReader 对象常用方法。

① Close()：关闭 DataReader 对象。

② GetFieldType(ordinal)：获取第 ordinal＋1 列的数据类型。

③ GetName(ordinal)：获取第 ordinal＋1 列字段的名称。

④ GetOrdinal(name)：获取字段名称为 name 的字段序号。

⑤ GetValues(values)：获取所有字段的内容，并将字段内容存放在 values 数组。

⑥ IsDBNull(ordinal)：判断第 ordinal＋1 列是否为 Null，返回 false 表示不是 Null，返回 true 表示是 Null。

⑦ Read()：读取下一条数据并返回布尔值，返回 true 表示还有下一条数据，返回 false 表示没有下一条数据。

【例 7-6】　查询记录（select 语句）应用示例 1，使用 ADO. NET 的 DataReader 对象逐条读出数据表 book 中的所有记录。

（1）打开网站 ch07，新建 Web 窗体 7-6. aspx，在页面设计视图添加一个 Label 控件，ID 属性改为"message"。

（2）双击打开代码隐藏文件 7-6. aspx. cs，加载命名空间：

```
using System.Data;
using System.Data.OleDb;
```

（3）在代码隐藏文件 7-6. aspx. cs 的 Page_Load 事件中书写如下代码：

```
protected void Page_Load(object sender, EventArgs e)
{
    //创建 Connection 对象连接数据库
    OleDbConnection con = new OleDbConnection();
    string conStr = "Provider = Microsoft.Ace.OLEDB.12.0;Data Source = " + Server.MapPath
("~/app_data/BookStore.accdb");
    con.ConnectionString = conStr;
    //创建 Command 对象执行 SQL 命令
    OleDbCommand cmd = new OleDbCommand("select * from book", con);
    //打开数据库连接
    con.Open();
    //利用 Command 对象的 ExecuteReader()方法创建 DataReader 对象
```

```
    OleDbDataReader dr = cmd.ExecuteReader();
    //下面开始显示数据,先显示标题
    message.Text = "<table border = '1' align = 'center'><tr bgcolor = 'CAFFFF'><th>编号</th>
<th>书名</th><th>出版社</th><th>出版社网址</th><th>作者</th><th>价格</th><th>
ISBN</th><th>销售数量</th></tr>";
    //再利用循环显示每一条记录
    while (dr.Read())
    {
        message.Text += "<tr>";
        message.Text += "<td>" + dr["ID"] + "</td>";
        message.Text += "<td>" + dr["Name"] + "</td>";
        message.Text += "<td>" + dr["Pub"] + "</td>";
        message.Text += "<td>" + dr["Url"] + "</td>";
        message.Text += "<td>" + dr["Author"] + "</td>";
        message.Text += "<td>" + dr["Price"] + "</td>";
        message.Text += "<td>" + dr["ISBN"] + "</td>";
        message.Text += "<td>" + dr["SaleNum"] + "</td>";
        message.Text += "</tr>";
    }
    message.Text += "</table>";
    //关闭数据库
    con.Close();
}
```

(4) 启动调试,运行结果如图 7-30 所示。

编号	书名	出版社	出版社网址	作者	价格	ISBN	销售数量
1	ASP.NET网络程序设计案例教程	清华大学出版社	www.tup.com.cn	朱宏	34.5	9787302323525	385
2	ASP.NET(C#)动态网站开发案例教程	机械工业出版社	www.cmpedu.com	李萍	30	9787111366157	245
3	JSP程序设计教程	人民邮电出版社	www.ptpress.com.cn	郭珍	36	9787115294692	245
4	计算机应用基础	人民邮电出版社	www.ptpress.com.cn	金红旭	34	9787115367709	340
5	计算机应用技能教程(第二版)	清华大学出版社	www.tup.com.cn	齐景嘉	45	9787302262893	390
6	ASP.NET程序设计实用教程	清华大学出版社	www.tup.com.cn	张玉芬	37.5	9787302343256	0
8	C#.NET程序设计实用教程	清华大学出版社	www.tup.com.cn	李康乐	36.5	9787302356634	0

图 7-30   例 7-6 运行结果

另外,除了利用 DataReader 对象的 Read()方法逐条读出记录进行显示以外,还可以利用数据绑定控件 GridView 来显示数据,需要把 DataReader 对象指定为数据源,然后进行绑定。

【例 7-7】   查询记录(select 语句)应用示例 2,使用 ADO.NET 的 DataReader 对象和 GridView 控件显示数据表 book 中的所有记录。

(1) 打开网站 ch07,新建 Web 窗体 7-7.aspx,在页面设计视图添加一个 GridView 控件。

(2) 双击打开代码隐藏文件 7-7.aspx.cs,加载命名空间:

```
using System.Data;
using System.Data.OleDb;
```

（3）在代码隐藏文件 7-7. aspx. cs 的 Page_Load 事件中书写如下代码：

```
protected void Page_Load(object sender, EventArgs e)
{
    //创建 Connection 对象连接数据库
    OleDbConnection con = new OleDbConnection();
    string conStr = "Provider = Microsoft.Ace.OLEDB.12.0;Data Source = " + Server.MapPath
("~/app_data/BookStore.accdb");
    con.ConnectionString = conStr;
    //创建 Command 对象执行 SQL 命令
    OleDbCommand cmd = new OleDbCommand("select * from book", con);
    //打开数据库连接
    con.Open();
    //利用 Command 对象的 ExecuteReader()方法创建 DataReader 对象
    OleDbDataReader dr = cmd.ExecuteReader();
    //下面利用 GridView 显示数据
    GridView1.DataSource = dr;
    GridView1.DataBind();
    //关闭数据库
    con.Close();
}
```

总结：查询记录的数据库操作步骤如下。

（1）利用 Connection 对象建立和数据库的连接。

（2）建立 Command 对象，执行查询语句命令。

（3）利用 Open()方法打开数据库。

（4）利用 Command 对象的 ExecuteReader()方法创建 DataReader 对象，从数据库中获取数据。

（5）利用 DataReader 对象的 Read()方法逐条读出记录或者利用数据绑定控件进行显示。

（6）利用 Close()方法关闭数据库连接。

【例 7-8】 插入记录（insert 语句）应用示例，使用 ADO. NET 方式向数据表 book 中插入一条记录。

（1）打开网站 ch07，新建 Web 窗体 7-8. aspx，在页面设计视图添加一个 Label 控件，ID 属性改为"message"；再添加一个 HyperLink 控件，设置链接地址 NavigateUrl 属性为本网站页面"7-7. aspx"，设置显示文本 Text 属性为"显示"。

在 7-8. aspx 文件的源里自动生成这两个控件的代码：

```
<asp:Label ID = "message" runat = "server" Text = "Label"></asp:Label>
<br />
<asp:HyperLink ID = "HyperLink1" runat = "server" NavigateUrl = "~/7 - 7.aspx">显示</asp:
HyperLink >
```

（2）双击打开代码隐藏文件 7-8. aspx. cs，加载命名空间：

```
using System.Data;
using System.Data.OleDb;
```

（3）在代码隐藏文件 7-8. aspx. cs 的 Page_Load 事件里书写如下代码：

```
protected void Page_Load(object sender, EventArgs e)
{
    //创建 Connection 对象连接数据库
    OleDbConnection con = new OleDbConnection();
    string conStr = "Provider = Microsoft.Ace.OLEDB.12.0;Data Source = " + Server.MapPath
("~/app_data/BookStore.accdb");
    con.ConnectionString = conStr;
    //创建 Command 对象执行 SQL 命令
    string sql = "INSERT INTO book(Name,Pub,Url,Author,Price,ISBN,SaleNum) VALUES('IT项目管
理','电子工业出版社','www.phei.com.cn','王保强',59,'9787121140716',0)";
    OleDbCommand cmd = new OleDbCommand(sql, con);
    //打开数据库连接
    con.Open();
    //利用 Command 对象的 ExecuteNonQuery()方法执行插入操作
    cmd.ExecuteNonQuery();
    //关闭数据库
    con.Close();
    message.Text = "添加成功,请单击下面的超链接查看或者打开数据库 BookStore.accdb 查看
结果!";
}
```

【例 7-9】 更新记录（update 语句）应用示例，使用 ADO. NET 方式修改数据表 book 中的数据。

（1）在网站 ch07 中，复制 7-8. aspx，重命名为 7-9. aspx，复制过程详见例 7-2。

（2）修改代码隐藏文件 7-9. aspx. cs 的 Page_Load 事件代码，最终代码如下：

```
protected void Page_Load(object sender, EventArgs e)
{
    //创建 Connection 对象连接数据库
    OleDbConnection con = new OleDbConnection();
    string conStr = "Provider = Microsoft.Ace.OLEDB.12.0;Data Source = " + Server.MapPath
("~/app_data/BookStore.accdb");
    con.ConnectionString = conStr;
    //创建 Command 对象执行 SQL 命令
    string sql = "UPDATE book SET Pub = '电子工业出版社',Url = 'www.phei.com.cn' WHERE ISBN = '
9787302356634'";
    OleDbCommand cmd = new OleDbCommand(sql, con);
    //打开数据库连接
    con.Open();
    //利用 Command 对象的 ExecuteNonQuery()方法执行更新操作
    cmd.ExecuteNonQuery();
    //关闭数据库
    con.Close();
    message.Text = "更新成功,请单击下面的超链接查看或者打开数据库 BookStore.accdb 查看
结果!";
}
```

【例 7-10】　删除记录(delete 语句)应用示例,使用 ADO. NET 方式删除数据表 book 中的数据。

(1) 在网站 ch07 中,复制 7-8. aspx,重命名为 7-10. aspx,复制过程详见例 7-2。

(2) 修改代码隐藏文件 7-10. aspx. cs 的 Page_Load 事件代码,最终代码如下:

```
protected void Page_Load(object sender, EventArgs e)
{
    //创建 Connection 对象连接数据库
    OleDbConnection con = new OleDbConnection();
    string conStr = "Provider = Microsoft. Ace. OLEDB. 12. 0; Data Source = " + Server. MapPath
("~/app_data/BookStore. accdb");
    con. ConnectionString = conStr;
    //创建 Command 对象执行 SQL 命令
    string sql = "DELETE FROM book WHERE ISBN = '9787121140716'";
    OleDbCommand cmd = new OleDbCommand(sql, con);
    //打开数据库连接
    con. Open();
    //利用 Command 对象的 ExecuteNonQuery()方法执行删除操作
    cmd. ExecuteNonQuery();
    //关闭数据库
    con. Close();
    message. Text = "删除成功,请单击下面的超链接查看或者打开数据库 BookStore. accdb 查看
结果!";
}
```

总结:插入、更新和删除记录的数据库操作步骤如下。

(1) 利用 Connection 对象建立和数据库的连接。

(2) 建立 Command 对象,执行插入、更新和删除语句命令。

(3) 利用 Open()方法打开数据库。

(4) 利用 Command 对象的 ExecuteNonQuery()方法插入、更新和删除记录。

(5) 利用 Close()方法关闭数据库连接。

【例 7-11】　从页面控件向数据表中添加数据示例,显示添加页面,向数据表中添加数据。

(1) 打开网站 ch07,新建 Web 窗体 7-11. aspx,设计添加数据页面如图 7-31 所示。

图书资料	书名:		书号:	
	出版社:		网址:	
	作者:		价格:	
添加图书				

[message]

Column0	Column1	Column2
abc	abc	abc
abc	abc	abc
abc	abc	abc
abc	abc	abc
abc	abc	abc

图 7-31　例 7-11 添加数据页面设计

（2）代码隐藏文件 7-11.aspx.cs 的源代码如下。

```
using System;
...
using System.Data;              //引入命名空间
using System.Data.OleDb;        //引入命名空间

public partial class _7_11 : System.Web.UI.Page
{
    protected void Page_Load(object sender, EventArgs e)
    {
        if (!Page.IsPostBack)
        {
            BindData();
            message.Text = "...";
        }
    }
    protected void BindData()
    {
        OleDbConnection con = new OleDbConnection();
        string conStr = "Provider = Microsoft.Ace.OLEDB.12.0;Data Source = " + Server.
MapPath("~/app_data/BookStore.accdb");
        con.ConnectionString = conStr;
        OleDbCommand cmd = new OleDbCommand("select * from book", con);
        con.Open();
        OleDbDataReader dr = cmd.ExecuteReader();
        GridView1.DataSource = dr;
        GridView1.DataBind();
        con.Close();
    }
    protected void Button1_Click(object sender, EventArgs e)
    {
        string name = TextBox1.Text;
        string isbn = TextBox2.Text;
        string pub = TextBox3.Text;
        string url = TextBox4.Text;
        string author = TextBox5.Text;
        string price = TextBox6.Text;

        OleDbConnection con = new OleDbConnection();
        string conStr = "Provider = Microsoft.Ace.OLEDB.12.0;Data Source = " + Server.
MapPath("~/app_data/BookStore.accdb");
        con.ConnectionString = conStr;
        string sql = "INSERT INTO book(Name,Pub,Url,Author,Price,ISBN,SaleNum) VALUES('" +
name + "','" + pub + "','" + url + "','" + author + "'," + price + ",'" + isbn + "',0)";
        OleDbCommand cmd = new OleDbCommand(sql, con);
        con.Open();
        cmd.ExecuteNonQuery();
        con.Close();
        message.Text = "添加成功!";
```

```
        BindData();
    }
}
```

（3）启动调试运行后，页面显示出 book 数据表中的所有记录，填写各项数据后，单击"添加图书"按钮，页面显示出添加记录后的结果，如图 7-32 所示。

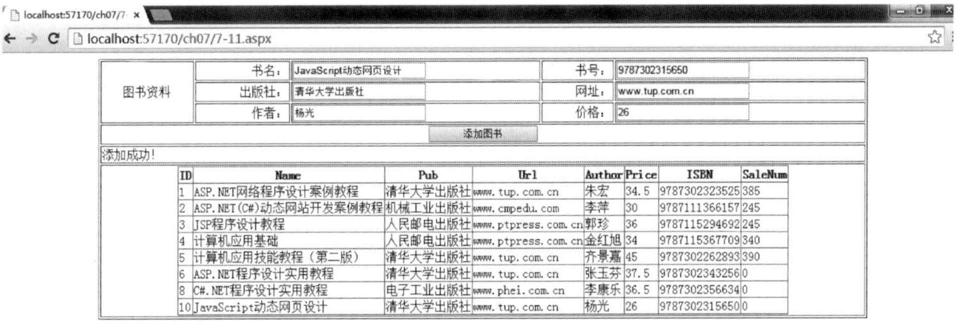

图 7-32 例 7-11 运行结果

4. DataAdapter 对象

（1）创建 DataAdapter 对象的语法有如下 4 种。

```
OleDbDataAdapter dp = new OleDbDataAdapter();                    //创建之后配置属性
OleDbDataAdapter dp = new OleDbDataAdapter(命令对象名);            //先创建 Command 对象
OleDbDataAdapter dp = new OleDbDataAdapter(SQL 语句,连接对象名);   //先创建 Connection 对象
OleDbDataAdapter dp = new OleDbDataAdapter(SQL 语句,连接字符串);
```

（2）DataAdapter 对象常用属性。

① DeleteCommand ＝"…"：获取或设置用来从数据源删除数据行的 SQL 命令，属性值必须为 Command 对象，此属性只有在调用 Update()方法，DataAdapter 对象得知须从数据源删除数据行时使用，其主要用途是告诉 DataAdapter 对象如何从数据源删除数据行。

② SelectCommand ＝"…"：获取或设置用来从数据源选取数据行的 SQL 命令，属性值为 Command 对象，使用原则同 DeleteCommand。

③ InsertCommand ＝"…"：获取或设置将数据行插入数据源的 SQL 命令，属性值必须是 Command 对象，使用原则同 DeleteCommand。

④ UpdateCommand ＝"…"：获取或设置用来更新数据源数据行的 SQL 命令，属性值为 Command 对象，使用原则同 DeleteCommand。

⑤ 其他属性：ContinueUpdateOnError、AcceptChangesDuringFill、MissingMappingAction、MissingSchemaAction、TableMappings。

（3）DataAdapter 对象常用方法。

```
Fill(dataSet 对象名,[内存表的别名])
```

将 SelectCommand 属性指定的 SQL 命令执行结果所选取的数据行置入 DataSet 对象,其返回值为置 DataSet 对象的数据行数。

```
Update(dataSet对象名,[内存表的别名])
```

调用 InsertCommand、UpdateCommand 或 DeleteCommand 属性指定的 SQL 命令将 DataSet 对象更新到数据源。

5. DataSet 对象

DataSet 对象是 ADO.NET 体系结构的中心,位于.NET Framework 的 System.Data.DataSet 中,实际上是从数据库中检索记录的缓存,可以将 DataSet 当做一个小型内存数据库,它包含表、列、约束、行和关系。DataSet 对象必须配合 DataAdapter 对象使用,DataAdapter 对象结构在 Command 对象之上,用来执行 SQL 命令,然后将结果置入 DataSet 对象;此外 DataAdapter 对象也可将 DataSet 对象更改过的数据写回数据源。每个用户都拥有专属的 DataSet 对象,所有操作数据库的动作(查询、删除、插入及更新等)都在 DataSet 对象中进行,与数据源无关。使用 DataSet 对象处理数据库的概念很简单,其过程如图 7-33 所示。

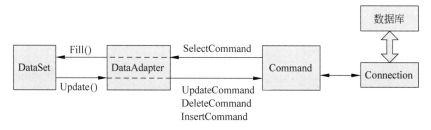

图 7-33　DataSet 对象处理数据过程

(1) 创建 DataSet 对象的语法如下:

```
DataSet ds = new DataSet();
da.Fill(ds,内存表的别名);         //da 为 DataAdapter 对象名
```

(2) DataSet 对象常用属性。

① CaseSensitive = {True,False}:获取或设置在 DataTable 对象内比较字符串时是否分辨字母的大小写,默认为 False。

② DataSetName = "…":当前 DataSet 的名称。如果不指定,则该属性值设置为 "NewDataSet"。如果将 DataSet 内容写入 XML 文件,DataSetName 是 XML 文件的根结点名称。

③ Tables:获取 DataTable 集合,DataSet 对象的所有 DataTable 对象(数据表)均存放在 DataTableCollection 中。

(3) DataSet 对象的方法。

① Clone():复制 DataSet 对象的结构,包含所有 DataTable 对象的架构描述、条件约束,返回值与此 DataSet 对象具有相同结构的 DataSet 对象。

② Copy()：复制 DataSet 对象的结构及数据，返回值为与此 DataSet 对象具有相同结构及数据的 DataSet 对象。

③ Clear()：清除 DataSet 对象的数据，此方法会删除所有 DataTable 对象。

④ GetXml：返回数据存放在 DataSet 对象内的 XML 描述，返回值为字符串。

⑤ HasChanges({Added,Deleted,Detached,Modified,Unchanged})：判断 DataSet 对象的数据是否变动过。

⑥ AcceptChanges()：将所有变动过的数据更新到 DataSet 对象。

⑦ GetChanges({Added,Deleted,Detached,Modified,Unchanged})：此方法的参数可以省略不写，表示返回自上次调用 AcceptChanges() 方法后，DataSet 对象变动过的数据。

【例 7-12】 查询记录（select 语句）应用示例 3，使用 ADO. NET 的 DataAdapter 对象、DataSet 对象和 GridView 控件显示数据表 book 中的所有记录。

(1) 打开网站 ch07，新建 Web 窗体 7-12. aspx，在页面设计视图添加一个 GridView 控件。

(2) 双击打开代码隐藏文件 7-12. aspx. cs，加载命名空间：

```
using System.Data;
using System.Data.OleDb;
```

(3) 在代码隐藏文件 7-12. aspx. cs 的 Page_Load 事件里书写如下代码：

```
protected void Page_Load(object sender, EventArgs e)
{
    //创建 Connection 对象连接数据库
    OleDbConnection con = new OleDbConnection();
    string conStr = "Provider = Microsoft.Ace.OLEDB.12.0;Data Source = " + Server.MapPath
("~/app_data/BookStore.accdb");
    con.ConnectionString = conStr;
    //创建 Command 对象执行 SQL 命令
    OleDbCommand cmd = new OleDbCommand("select * from book", con);
    //创建 DataAdapter 对象
    OleDbDataAdapter adp = new OleDbDataAdapter(cmd);
    //创建 DataSet 对象
    DataSet ds = new DataSet();
    //填充 DataSet 对象
    adp.Fill(ds,"bookData");
    //绑定数据对象
    GridView1.DataSource = ds.Tables["bookData"].DefaultView; //指定数据源
    GridView1.DataBind();                                     //执行绑定
}
```

注意以下几点说明。

① DataSet 对象可看做是内存中的数据库，当建立 DataSet 对象后，就与原来的数据库断开了，保证了数据的安全性。

② 语句"adp. Fill(ds，"bookData")；"表示 DataAdapter 对象将数据库中查询到的数据填充到名为"ds"的 DataSet 对象中的一个表内，这个表的名称为"bookData"，它并不是数据

库中的表。

③ 语句"GridView1. DataSource = ds. Tables["bookData"]. DefaultView;"表示将 DataSet 对象的 bookData 表的默认视图指定为 GridView 控件的数据源。

④ 在建立 DataAdapter 对象时有时可以省略 Command 对象,并不代表不需要 Command 对象,而是将 Command 对象隐含建立,但是这种建立方式的缺点就是不能够使用 Command 对象的一些子对象作进一步的数据处理。

⑤ 例 7-6 和例 7-7 在显示数据表 book 中所有记录时,使用的是 DataReader 对象,只能对数据库完成读取,而例 7-12 中采用的是 DataAdapter 对象和 DataSet 对象读取数据表,由于生成了 DataSet 对象,不仅可以查询记录,还可以更新、删除和添加记录,这将在本书的后面章节介绍。

7.3.4 事务处理

事务(Transaction)是一组合成逻辑工作单元的数据库操作,是用户定义的一个操作序列。这些操作要么都做,要么都不做,是一个不可分割的工作单位。事务处理将控制和维护每个数据库的一致性和完整性。如果在事务过程中没有遇到错误,事务中的所有修改都将永久成为数据库的一部分。如果遇到错误,则不会对数据库做出任何修改。一般情况下,对数据库的操作都需要应用事务处理来维护数据的完整性和安全性。

【例 7-13】 改写例 7-11,从页面控件向数据表中添加数据时加入事务处理。

(1) 复制 7-11. aspx,重命名为 7-13. aspx。

(2) 修改代码隐藏文件 7-13. aspx. cs 中的 Button1_Click 的代码如下:

```csharp
protected void Button1_Click(object sender, EventArgs e)
{
    string name = TextBox1.Text;
    string isbn = TextBox2.Text;
    string pub = TextBox3.Text;
    string url = TextBox4.Text;
    string author = TextBox5.Text;
    string price = TextBox6.Text;
    //创建 Connection 对象连接数据库
    OleDbConnection con = new OleDbConnection();
    string conStr = "Provider = Microsoft. Ace. OLEDB. 12. 0; Data Source = " + Server. MapPath
("~/app_data/BookStore.accdb");
    con.ConnectionString = conStr;
    //创建 Command 对象执行 SQL 命令
    string sql = "INSERT INTO book(Name,Pub,Url,Author,Price,ISBN,SaleNum) VALUES('" + name + "',
'" + pub + "','" + url + "','" + author + "'," + price + ",'" + isbn + "',0)";
    OleDbCommand cmd = new OleDbCommand(sql, con);
    //打开数据库连接
    con.Open();
    //利用 Command 对象的 ExecuteNonQuery()方法执行插入操作
    try
    {
        cmd.ExecuteNonQuery();
```

```
        message.Text = "添加成功!";
    }
    catch
    {
        message.Text = "添加失败!";
    }
    finally
    {
        cmd.Dispose();              //释放对象所占用的资源
        con.Close();
        con.Dispose();
    }
    BindData();
}
```

7.4 访问数据库的高级操作

7.4.1 利用 ADO.NET 访问两种数据之间的转换

由 Access 数据库转为 SQL Server 数据库的方法如下。

1. 数据库方面

(1) 利用 SQL Server 的导入功能将数据库从 Access 转为 SQL Server。

(2) 新建 SQL Server 登录名和登录密码,如新建登录名和登录密码均为 sa。

(3) 主键都必须重新设置过,凡是表中用到 ID 自动编号的,要重新设置。

2. ASP.NET Web 窗体方面

(1) 引入访问 SQL Server 数据库的命名空间:

```
using System.Data;
using System.Data.SqlClient;
```

(2) 使用 System.Data.SqlClient 命名空间中的 4 个核心对象操作数据库,包括
SqlConnection、SqlCommand、SqlDataAdapter、SqlDataReader;

(3) DataSet 对象在使用方面没有任何变化。

【例 7-14】 改写例 7-11,从页面控件向 SQL Server 数据库中添加数据。

(1) 复制 7-11.aspx,重命名为 7-14.aspx。

(2) 修改代码隐藏文件 7-14.aspx.cs,代码清单如下:

```
using System;
...
using System.Data;               //引入命名空间
using System.Data.SqlClient;     //引入命名空间
```

```csharp
public partial class _7_11 : System.Web.UI.Page
{
    protected void Page_Load(object sender, EventArgs e)
    {
        if (!Page.IsPostBack)
        {
            BindData();
            message.Text = "…";
        }
    }
    protected void BindData()
    {
        SqlConnection con = new SqlConnection();
        string conStr = "Server = localhost;Database = BookStore;Uid = sa;Pwd = sa";
        con.ConnectionString = conStr;
        SqlCommand cmd = new SqlCommand("select * from book", con);
        con.Open();
        SqlDataReader dr = cmd.ExecuteReader();
        GridView1.DataSource = dr;
        GridView1.DataBind();
        con.Close();
    }
    protected void Button1_Click(object sender, EventArgs e)
    {
        string name = TextBox1.Text;
        string isbn = TextBox2.Text;
        string pub = TextBox3.Text;
        string url = TextBox4.Text;
        string author = TextBox5.Text;
        string price = TextBox6.Text;

        SqlConnection con = new SqlConnection();
        string conStr = "Server = localhost;Database = BookStore;Uid = sa;Pwd = sa";
        con.ConnectionString = conStr;
        string sql = "INSERT INTO book(Name,Pub,Url,Author,Price,ISBN,SaleNum) VALUES('" +
name + "','" + pub + "','" + url + "','" + author + "'," + price + ",'" + isbn + "',0)";
        SqlCommand cmd = new SqlCommand(sql, con);
        con.Open();
        cmd.ExecuteNonQuery();
        con.Close();
        message.Text = "添加成功!";
        BindData();
    }
}
```

7.4.2 在 Web.config 中配置数据库连接

通常情况下,Web 应用程序都把连接数据库的连接字符串放在 Web.config 文件中保存,再通过对该文件进行加密,从而达到保护连接字符串的目的。而且这种方式是属于在整个网站范围内进行的数据库配置,因此网站中所有的页面都可以直接使用,大大简化了开发和数据库的管理。

1. 连接 Access 数据库的方法

(1) 在 Web.config 文件<configuration>节中插入以下代码:

```
<connectionStrings>
    <add name = "myConnStr" connectionString = "Provider = Microsoft.ACE.OLEDB.12.0;
    Data Source = |DataDirectory|\BookStore.accdb"providerName = "System.Data.OleDb"/>
</connectionStrings>
```

(2) 网页程序代码自动获取 Web.config 文件中的连接字符串 myConnStr:

```
string mystr = ConfigurationManager.ConnectionStrings["myConnStr"].ConnectionString;
OleDbConnection myconn = new OleDbConnection();
myconn.ConnectionString = mystr;
myconn.Open();
```

2. 连接 SQL Server 数据库的方法

在 Web.config 文件<configuration>节中插入以下代码(这里需要注意的是,要根据用户自己的系统进行配置):

```
<connectionStrings>
    <add name = "myConnStr" connectionString = "server = .\SQLEXPRESS;uid = zhang;pwd = zhang;
    database = BookStore" providerName = "System.Data.SqlClient"/>
</connectionStrings>
```

7.4.3　DataSet 对象的高级应用

DataSet 对象是 ADO.NET 体系结构的中心,位于.NET Framework 的 System.Data.DataSet 中,实际上是从数据库中检索记录的缓存,在例 7-12 中,已经使用到 DataSet 对象,它利用 DataAdapter 对象从数据库中取出数据,填充到 DataSet 中,然后绑定到 GridView 控件在页面中显示,这是一种常用方法,但并没有发挥出 DataSet 的强大功能。

DataSet 是完全独立于数据库的对象,它不但可以从数据库中填充数据,也可以从 XML 文件中填充数据,甚至还可以完全手工建立并填充数据。一旦从数据源中建立 DataSet 对象,它就和数据源完全断开了,此时可将 DataSet 当做一个小型内存数据库,由若干表(DataTable 对象)组成,每个表由若干行(DataRow 对象)和若干列(DataColumn 对象)组成。灵活运用 DataSet 的表对象、行对象和列对象,就可以对 DataSet 进行增加、删除表中的行和列、对表进行筛选和排序,并对表建立不同的视图(DataView),甚至还可以对两个表建立关系(DataRelation)等各种操作。

1. 对 DataSet 对象的操作

对 DataSet 对象的操作包括增加/删除行、增加/删除列、修改值、筛选和排序、对表建立视图、给两个表建立关系等,而且每一种操作还可能有多种方法,比较复杂。下面只介绍常用的增加/删除行、增加/删除列、修改值的方法,其他操作可参考相关书籍。

以下几个示例语句中,假定 dt 是 DataSet 中的 DataTable 对象,dr 是 DataRow 对象,dc 是 DataColumn 对象。

(1) 增加新的一行,首先创建一个新行对象,然后给每列赋值,最后把该行添加到表中:

```
dr = dt.NewRow();
dr["列名称"] = 值;
…
dt.Rows.Add(dr);
```

(2) 删除一行,首先定位到该行,然后使用 delete 方法:

```
dr = dt.Rows[行编号];
dr.Delete();
```

(3) 增加新的一列,首先创建一个新列对象,然后定义类型和列的名称,最后把该列添加到表中:

```
dc = new DataColumn();
dc.DataType = System.Type.GetType("System.String");
dc.ColumnName = "Author";
dt.Columns.Add(dc);
```

(4) 删除列的一般方法是:

```
dt.Columns.Remove("列名称");
```

(5) 修改值的一般方法首先定位到该行,然后对指定列赋值:

```
dr = dt.Rows[行编号];
dr["列名称"] = 值;
```

【例 7-15】 建立 DataSet 对象,通过手工建立一个表格,添加各列,定义每一列的类型和表的主键,并添加每一行数据,最后将表格加入到 DataSet 对象中,再将其指定为 GridView 控件的数据源来显示。

(1) 打开网站 ch07,新建 Web 窗体 7-15.aspx,在页面设计视图添加一个 GridView 控件。

(2) 双击打开代码隐藏文件 7-15.aspx.cs,加载命名空间:

```
using System.Data;
```

(3) 在代码隐藏文件 7-15.aspx.cs 的 Page_Load 事件中书写如下代码:

```
protected void Page_Load(object sender, EventArgs e)
{
```

```
        DataTable dt = new DataTable();                        //声明并建立 DataTable 对象
        DataColumn dc;                                         //声明 DataColumn 对象变量
        DataRow dr;                                            //声明 DataRow 对象变量
        //下面开始建立 dt 表格中的第 1 列
        dc = new DataColumn();                                 //新建一列
        dc.DataType = System.Type.GetType("System.Int16");     //定义类型
        dc.ColumnName = "book_id";                             //定义列的名称
        dc.AutoIncrement = true;                               //设置为自动增长列
        dc.AutoIncrementSeed = 1;                              //从 1 开始
        dc.AutoIncrementStep = 1;                              //每次加 1
        dt.Columns.Add(dc);                                    //将该列加到表 dt 中
        //建立第 2 列
        dc = new DataColumn();
        dc.DataType = System.Type.GetType("System.String");
        dc.ColumnName = "book_name";
        dt.Columns.Add(dc);
        //建立第 3 列
        dc = new DataColumn();
        dc.DataType = System.Type.GetType("System.String");
        dc.ColumnName = "book_author";
        dt.Columns.Add(dc);
        //下面两句设立关键字段为 book_id
        DataColumn[] dcKey = { dt.Columns["book_id"] };
        //使用一个列数组作为 DataTable 的 PrimaryKey(主键)
        dt.PrimaryKey = dcKey;
        //下面给该表格的第 1 行赋值
        dr = dt.NewRow();                                      //新建一行,注意和新建列的区别
        dr["book_name"] = "Web 开发技术";                      //赋值
        dr["book_author"] = "陈轶";
        dt.Rows.Add(dr);                                       //将该行加到表 dt 中
        //给第 2 行赋值
        dr = dt.NewRow();
        dr["book_name"] = "SQL Server 2012 实用教程";
        dr["book_author"] = "李岩";
        dt.Rows.Add(dr);
        //下面将 dt 表填充到 DataSet 对象中,命名为 book
        DataSet ds = new DataSet();
        ds.Tables.Add(dt);                                     //将表 dt 添加到 DataSet 中
        ds.Tables[0].TableName = "book";                       //将表 dt 命名为 book
        //下面将 DataSet 对象绑定到 DataGrid
        GridView1.DataSource = ds.Tables["book"].DefaultView;  //指定数据源为 book 表的默认视图
        GridView1.DataBind();                                  //执行绑定
}
```

(4) 启动调试,程序运行结果如图 7-34 所示。

2. 将 DataSet 对象中的更新写回到数据库

建立 DataSet 对象后,就和数据库断开了连接,如果 DataSet 对象改变了,需要用到 DataAdapter 对象把这些更新写回到数据库,它就像一座桥梁,负责在数据库和 DataSet 对象之间传递数据。

book_id	book_name	book_author
1	Web开发技术	陈轶
2	SQL Server 2012实用教程	李岩

图 7-34　例 7-15 运行结果

前面示例中是使用 Command 对象的 ExecuteNonQuery 方法对数据表进行插入、更新和删除的操作,但 ExecuteNonQuery 方法一次只能执行一条 SQL 语句。而利用 DataAdapter 对象就可以一次执行多条 SQL 命令,也就是说,先在 DataSet 对象中进行操作,最后把所有的修改写回数据库。

在利用 DataAdapter 对象更新数据库时,需要借助 OleDbCommandBuilder 对象,它可以自动根据 DataSet 对象和数据库之间的变化自动完成更新命令。

【例 7-16】 对 DataSet 对象进行一些基本操作,包括改变值、增加、删除记录,然后再把 DataSet 对象中的这些更新写回到数据库。

(1) 打开网站 ch07,新建 Web 窗体 7-16.aspx,在页面设计视图添加 3 个 GridView 控件和 3 个 Label 控件,设置 Text 属性。

(2) 双击打开代码隐藏文件 7-16.aspx.cs,加载命名空间:

```
using System.Data;              //引入命名空间
using System.Data.OleDb;        //引入命名空间
```

(3) 在代码隐藏文件 7-16.aspx.cs 的 Page_Load 事件中书写如下代码:

```
protected void Page_Load(object sender, EventArgs e)
{
    OleDbConnection conn = new OleDbConnection();
    string conStr = "Provider = Microsoft.Ace.OLEDB.12.0;Data Source = " + Server.MapPath
("~/app_data/BookStore.accdb");                          //建立 Connection 对象
    conn.ConnectionString = conStr;
    OleDbDataAdapter adp = new OleDbDataAdapter("select * from book", conn);
                                                         //建立 DataAdapter 对象
    DataSet ds = new DataSet();                          //建立 DataSet 对象
    adp.Fill(ds, "book");                                //填充 DataSet 对象
    //将原始数据绑定到 GridView1
    GridView1.DataSource = ds.Tables["book"].DefaultView; //指定数据源
    GridView1.DataBind();                               //执行绑定
    //建立一个 DataTable 对象,令其为 DataSet 对象中的表 book
    DataTable dt = new DataTable();
    dt = ds.Tables["book"];
    //下面 3 条语句删除第 4 行
    DataRow dr;                                          //定义 DataRow 对象
    dr = dt.Rows[3];                                     //定位到第 4 行,行下标从 0 开始
    dr.Delete();                                         //将该行删除
    //修改第 1 行的图书价格
    dr = dt.Rows[0];                                     //定位到第 0 行
    dr["Price"] = 50;                                   //修改值
    //追加一条新记录
    dr = dt.NewRow();
    dr["Name"] = "SQL Server 2012 实用教程";
    dr["Pub"] = "清华大学出版社";
    dr["Url"] = "www.tup.com.cn";
    dr["Author"] = "李岩";
    dr["Price"] = 45;
```

```
    dr["ISBN"] = "9787302392767";
    dr["SaleNum"] = 0;
    dt.Rows.Add(dr);
    //将修改后的 DataSet 对象绑定到 GridView2
    GridView2.DataSource = ds.Tables["book"].DefaultView;        //指定数据源
    GridView2.DataBind();                                         //执行绑定
    //将 DataSet 对象中的更新一起写回到数据库
    OleDbCommandBuilder ocb = new OleDbCommandBuilder(adp);
    adp.UpdateCommand = ocb.GetUpdateCommand();
    adp.DeleteCommand = ocb.GetDeleteCommand();
    adp.Update(ds, "book");
    //重新获取数据库数据进行显示
    OleDbDataAdapter adp1 = new OleDbDataAdapter("select * from book", conn);
    ds.Clear();
    adp1.Fill(ds, "book");                                        //填充 DataSet 对象
    GridView3.DataSource = ds.Tables["book"].DefaultView;         //指定数据源
    GridView3.DataBind();                                         //执行绑定
}
```

（4）启动调试，程序运行结果如图 7-35 所示。

数据库中的原始数据：

ID	Name	Pub	Url	Author	Price	ISBN	SaleNum
1	ASP.NET网络程序设计案例教程	清华大学出版社	www.tup.com.cn	朱宏	34.5	9787302323525	385
2	ASP.NET(C#)动态网站开发案例教程	机械工业出版社	www.cmpedu.com	李萍	30	9787111366157	245
3	JSP程序设计教程	人民邮电出版社	www.ptpress.com.cn	郭珍	36	9787115294692	245
4	计算机应用基础	人民邮电出版社	www.ptpress.com.cn	金红旭	34	9787115367709	340
5	计算机应用技能教程（第二版）	清华大学出版社	www.tup.com.cn	齐景嘉	45	9787302262893	390
6	ASP.NET程序设计实用教程	清华大学出版社	www.tup.com.cn	张玉芬	37.5	9787302343256	0
8	C#.NET程序设计实用教程	电子工业出版社	www.phei.com.cn	李康乐	36.5	9787302356634	0
10	JavaScript动态网页设计	清华大学出版社	www.tup.com.cn	杨光	26	9787302315650	0

对DataSet进行操作：修改值、增加、删除记录

ID	Name	Pub	Url	Author	Price	ISBN	SaleNum
1	ASP.NET网络程序设计案例教程	清华大学出版社	www.tup.com.cn	朱宏	50	9787302323525	385
2	ASP.NET(C#)动态网站开发案例教程	机械工业出版社	www.cmpedu.com	李萍	30	9787111366157	245
3	JSP程序设计教程	人民邮电出版社	www.ptpress.com.cn	郭珍	36	9787115294692	245
5	计算机应用技能教程（第二版）	清华大学出版社	www.tup.com.cn	齐景嘉	45	9787302262893	390
6	ASP.NET程序设计实用教程	清华大学出版社	www.tup.com.cn	张玉芬	37.5	9787302343256	0
8	C#.NET程序设计实用教程	电子工业出版社	www.phei.com.cn	李康乐	36.5	9787302356634	0
10	JavaScript动态网页设计	清华大学出版社	www.tup.com.cn	杨光	26	9787302315650	0
	SQL Server 2012实用教程	清华大学出版社	www.tup.com.cn	李岩	45	9787302392767	0

将DataSet对象中的更新写回到数据库：

ID	Name	Pub	Url	Author	Price	ISBN	SaleNum
1	ASP.NET网络程序设计案例教程	清华大学出版社	www.tup.com.cn	朱宏	50	9787302323525	385
2	ASP.NET(C#)动态网站开发案例教程	机械工业出版社	www.cmpedu.com	李萍	30	9787111366157	245
3	JSP程序设计教程	人民邮电出版社	www.ptpress.com.cn	郭珍	36	9787115294692	245
5	计算机应用技能教程（第二版）	清华大学出版社	www.tup.com.cn	齐景嘉	45	9787302262893	390
6	ASP.NET程序设计实用教程	清华大学出版社	www.tup.com.cn	张玉芬	37.5	9787302343256	0
8	C#.NET程序设计实用教程	电子工业出版社	www.phei.com.cn	李康乐	36.5	9787302356634	0
10	JavaScript动态网页设计	清华大学出版社	www.tup.com.cn	杨光	26	9787302315650	0
14	SQL Server 2012实用教程	清华大学出版社	www.tup.com.cn	李岩	45	9787302392767	0

图 7-35　例 7-16 运行结果

7.4.4 GridView 控件的高级应用

在 7.2.4 节中,通过对 GridView 控件的设置,完成了对数据表中数据的更新。在此种更新中,所有字段均是以文本框的形式接收修改的数据,因此常常会产生一些录入错误或者重复录入的情况,如出版社和网址字段,常常需要重复录入,比较麻烦,用户比较希望选择录入,既节省时间又避免错误。本节介绍一种使用模板字段进行数据更新的方法,避免这个问题。

TemplateField(模板字段)在 7.2.2 节提及,这里对它进行详细介绍。TemplateField 显示用户定义的模板内容,7 种字段类型中功能最强大,可以放入各种控件。

TemplateField(模板字段)包含 5 种可编辑部分。

(1) ItemTemplate:字段项目模板。

(2) AlternatingItemTemplate:字段间隔项目模板,设置这个字段后,奇数行会显示 ItemTemplate,偶数行会显示 AlternatingItemTemplate。

(3) EditItemTemplate:编辑模式模板,就是进入"编辑"状态时,当前字段的外观。

(4) HeaderTemplate:表头模板。

(5) FooterTemplate:表尾模板。

【**例 7-17**】 利用 GridView 控件的模板字段完成数据表 book 的更新。

(1) 打开网站 ch07,新建 Web 窗体 7-17. aspx,在页面放置数据源控件 SqlDataSource,将数据源指定为 App_Data/BookStore. accdb 数据库,设置 Select 语句为查询 book 表中的所有字段,单击"高级"按钮,自动生成 INSERT、UPDATE 和 DELETE 语句。

(2) 在页面放置 GridView 控件,指定数据源为 SqlDataSource1,在"GridView 任务"菜单中单击"编辑列",添加"编辑"与"删除"按钮列,在"选定的字段"中将 Pub 和 Url 两个字段删除,添加两个 TemplateField 字段,放置到合适位置(这里可以不按数据表的顺序放置),将 HeaderText 属性分别设置为"出版社"和"网址",单击"确定"按钮完成设置。

(3) 在"GridView 任务"菜单中单击"编辑模板",选择"Column[3]-出版社"的 ItemTemplate 项目,从工具箱中拖放一个 Label 标签在里面,如图 7-36 所示,在"Label 任务"中单击"编辑 DataBindings…",将标签的 Text 属性设为 Eval("Pub"),如图 7-37 所示。

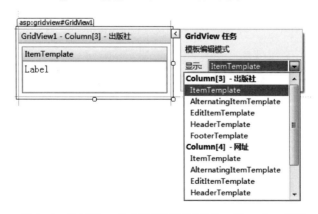

图 7-36 GridView 任务"编辑模板"的 ItemTemplate 项目

图 7-37　ItemTemplate 项目的自定义绑定

（4）选择"Column[3]-出版社"的 EditItemTemplate 项目，从工具箱中拖放一个下拉列表框 DropDownList 到里面，在"DropDownList 任务"中单击"编辑列"，为下拉列表框添加项，在"DropDownList 任务"中单击"编辑 DataBindings…"，并将下拉列表框的 SelectedValue 属性设为 Bind("Pub")，如图 7-38 所示。

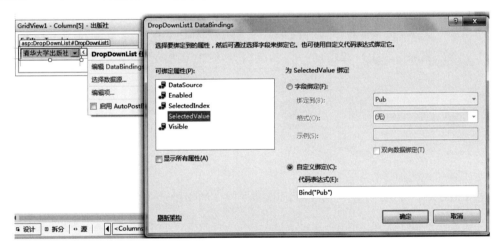

图 7-38　EditItemTemplate 项目的自定义绑定

（5）按照（3）、（4）步骤设置模板字段"Column[4]-网址"的 ItemTemplate 项目和 EditItemmTemplate 项目，设置完毕后，这两个模板字段对应的静态代码如下。

```
<asp:TemplateField HeaderText = "出版社">
    <EditItemTemplate>
        <asp:DropDownList ID = "DropDownList1" runat = "server" SelectedValue = '<% # Bind
("Pub") %>'>
            <asp:ListItem>清华大学出版社</asp:ListItem>
            <asp:ListItem>电子工业出版社</asp:ListItem>
            <asp:ListItem>人民邮电出版社</asp:ListItem>
```

```
        <asp:ListItem>机械工业出版社</asp:ListItem>
      </asp:DropDownList>
    </EditItemTemplate>
    <ItemTemplate>
      <asp:Label ID="Label1" runat="server" Text='<% # Eval("Pub") %>'></asp:Label>
    </ItemTemplate>
</asp:TemplateField>
<asp:TemplateField HeaderText="网址">
    <EditItemTemplate>
      <asp:DropDownList ID="DropDownList2" runat="server" SelectedValue='<% # Bin
d("Url") %>'>
          <asp:ListItem>www.tup.com.cn</asp:ListItem>
          <asp:ListItem>www.phei.com.cn</asp:ListItem>
          <asp:ListItem>www.ptpress.com.cn</asp:ListItem>
          <asp:ListItem>www.cmpedu.com</asp:ListItem>
      </asp:DropDownList>
    </EditItemTemplate>
    <ItemTemplate>
      <asp:Label ID="Label2" runat="server" Text='<% # Eval("Url") %>'></asp:Label>
    </ItemTemplate>
</asp:TemplateField>
```

（6）删除功能的实现，必须添加相应的动态代码。

切换到"设计"视图，选中 GridView，打开属性窗口的事件 ⚡ 选项卡，选择事件 RowDeleting（删除前发生），双击同一行的空白处，这时在 GridView 的定义部分会添加相应的事件。

```
<asp:GridView ID="GridView1" runat="server" AutoGenerateColumns="False"
  DataKeyNames="ID" DataSourceID="SqlDataSource1" OnRowDeleting="GridView1_
  RowDeleting">
```

上述语句说明如下。

① DataKeyNames="ID"：指定 GridView 控件的主键为 ID 字段，它由数据表中设置的"主键"自动生成。

② OnRowDeleting="GridView1_RowDeleting"：指定单击"删除"链接后，会调用 GridView1_RowDeleting 事件。

GridView1_RowDeleting 的事件处理代码如下。

```
protected void GridView1_RowDeleting(object sender, GridViewDeleteEventArgs e)
{
    OleDbConnection conn = new OleDbConnection();
    string conStr = "Provider=Microsoft.Ace.OLEDB.12.0;Data Source=" + Server.MapPath
("~/app_data/BookStore.accdb");
    conn.ConnectionString = conStr;
    string strsql;
    strsql = "Delete from book Where ID=" + GridView1.DataKeys[e.RowIndex].Value.ToString() + "";
    OleDbCommand mycmd = new OleDbCommand();
```

```
mycmd.CommandText = strsql;
mycmd.Connection = conn;
conn.Open();
try
{
    mycmd.ExecuteNonQuery();
}
catch{ }
finally
{
    mycmd.Dispose();
    conn.Close();
    conn.Dispose();
}
}
```

（7）更新功能的实现，必须添加相应的动态代码。

切换到"设计"视图，选中 GridView，打开属性窗口的事件 ⚡ 选项卡，选择事件 RowUpdating（更新前发生），双击同一行的空白处，这时在 GridView 的定义部分会添加相应的事件。

```
<asp:GridView ID = "GridView1" runat = "server" AutoGenerateColumns = "False"
  DataKeyNames = "ID" DataSourceID = "SqlDataSource1" OnRowDeleting = "GridView1_RowDeleting"
OnRowUpdating = "GridView1_RowUpdating">
```

GridView1_RowUpdating 的事件处理代码如下。

```
protected void GridView1_RowUpdating(object sender, GridViewUpdateEventArgs e)
{
    OleDbConnection conn = new OleDbConnection();
    string conStr = "Provider = Microsoft.Ace.OLEDB.12.0;Data Source = " + Server.MapPath
("~/app_data/BookStore.accdb");
    conn.ConnectionString = conStr;
    //获取文本框中的值
    TextBox txtName,txtAuthor,txtPrice,txtISBN,txtSaleNum;
    txtName = (TextBox)GridView1.Rows[e.RowIndex].Cells[3].Controls[0]; //获取书名
    txtAuthor = (TextBox)GridView1.Rows[e.RowIndex].Cells[4].Controls[0];
    txtPrice = (TextBox)GridView1.Rows[e.RowIndex].Cells[7].Controls[0];
    txtISBN = (TextBox)GridView1.Rows[e.RowIndex].Cells[8].Controls[0];
    txtSaleNum = (TextBox)GridView1.Rows[e.RowIndex].Cells[9].Controls[0];
    DropDownList txtPub,txtUrl; //声明下拉列表框
    txtPub = (DropDownList)GridView1.Rows[e.RowIndex].Cells[5].Controls[1];
    //获取出版社列中第二个控件，即 EditItemTemplate 状态下的控件的值
    txtUrl = (DropDownList)GridView1.Rows[e.RowIndex].Cells[6].Controls[1];
    //获取网址列中第二个控件，即 EditItemTemplate 状态下的控件的值
    string strSql;
```

```
    strSql = "Update book Set Name = '" + txtName.Text + "',Author = '" + txtAuthor.Text + "',
Pub = '" + txtPub.Text + "',Url = '" + txtUrl.Text + "',Price = " + txtPrice.Text + ",ISBN =
'" + txtISBN.Text + "',SaleNum = " + txtSaleNum.Text + " Where ID = " + GridView1.DataKeys[e.
RowIndex].Value + "";
    OleDbCommand cmd = new OleDbCommand();
    cmd.CommandText = strSql;
    cmd.Connection = conn;
    //执行更新操作
    try
    {
        int i = cmd.ExecuteNonQuery();
    }
    catch{ }
    finally
    {
        cmd.Dispose();
        conn.Close();
        conn.Dispose();
    }
}
```

7.4.5 其他数据绑定控件

在 ASP.NET 中,除了 GridView 控件,还提供了其他数据绑定控件来显示数据表。GridView 控件能以表格的形式显示数据表中的数据,而其他类型的控件则提供了更丰富的形式来显示数据,这些数据控件一般都需要为其指定数据源,还可以定义多种模板,使用方法与 GridView 控件大同小异,本节只讲解它们的页面设计过程,有些操作需要添加代码,则参照 GridView 控件。

1. DetailsView 控件

DetailsView 控件的许多功能和 GridView 基本一样,但是它注重显示记录的细节内容,所以每次只显示一条记录信息,比 GridView 多一个自动添加数据功能。DetailsView 控件常和 GridView 做 Master-Detail 的功能性搭配,发挥彼此的优点。

1) DetailsView 控件的属性

(1) AllowPaging:true,允许分页;false,禁止分页。

(2) AutoGenerateDeleteButton:true,生成删除按钮;false,不生成删除按钮。

(3) AutoGenerateEditButton:true,生成编辑按钮;false,不生成编辑按钮。

(4) AutoGenerateSelectButton:true,生成选择按钮;false,不生成选择按钮。

(5) AutoGenerateColumns:true,允许在运行时自动生成关联数据表字段。

(6) DataSourceID:设置数据源控件。

(7) DataKeyNames:数据源中的关键字段。

(8) Caption:表格标题。

(9) GridLines:单元格之间网格线设置方式,None 表示未设置,Horizontal 表示水平线,Vertical 表示垂直线,Both 表示垂直与水平线。

(10) ToolTip:工具提示。

(11) PagerSettings:设置分页相关信息,其中 Mode 设置要使用的分页样式,取值如下。

Mode＝NextPrevious:上一页与下一页按钮。

Mode＝Numeric:带编号的链接按钮。

Mode＝NextPreviousFirstLast:第一页、上一页、下一页、最后一页按钮。

Mode＝NumericFirstLast:带编号按钮、第一页、最后一页按钮。

(12) Position:设置分页显示位置,取值如下。

Position＝Bottom:显示在下方。

Position＝Top:显示在上方。

Position＝TopAndBottom:同时显示在上、下方。

(13) Field:字段编辑器。

2) DetailsView 控件的事件

(1) PageIndexChanged:当页面索引更改后,激活该事件。

(2) PageIndexChanging:当页面索引正在更改时,激活该事件。

(3) ItemCommand:生成事件时,激活该事件。

(4) ItemCancelingEdit:生成 Cancel 事件时,激活该事件。

(5) ItemDeleted:对数据源执行删除操作后,触发该事件。

(6) OnItemDeleting:对数据源执行删除操作前,触发该事件。

(7) OnItemEditing:生成 Edit 事件时,触发该事件。

(8) OnItemUpdated:执行 Update 命令后,激活该事件。

(9) OnItemUpdating:执行 Update 命令前,激活该事件。

(10) OnSelectedIndexChanged:选择某行后,触发该事件。

(11) OnSelectedIndexChanging:选择某行前,触发该事件。

(12) OnModeChanged:改变模式后触发该事件。

(13) OnModeChanging:改变模式前触发该事件。

3) DetailsView 控件的应用

【例 7-18】 利用 GridView 和 DetailsView 两个控件配合数据源控件把数据表 book 的内容以 Master-Detail 的方式显示出来。

(1) 打开网站 ch07,新建 Web 窗体 7-18. aspx,在页面放置第一个数据源控件 SqlDataSource1,将数据源指定为 App_Data/BookStore. accdb 数据库,设置 Select 语句为查询 book 表中的 ID、Name、Price 和 Pub 字段。

(2) 在页面放置 GridView 控件,指定数据源为 SqlDataSource1,设置自动套用格式为"简明型",启用分页、启用选定内容,如图 7-39 所示。其中启用选定内容,是为了使用 DetailsView 数据绑定控件逐条地显示记录的详细内容。

(3) 在页面再放置第二个数据源控件 SqlDataSource2,将数据源指定为 App_Data/ BookStore. accdb 数据库,在"配置 Select 语句"对话框时,选择 book 表中的所有字段,单击右下角的"高级"按钮,弹出"高级 SQL 生成选项"对话框,选中"生成 INSERT、UPDATE 和

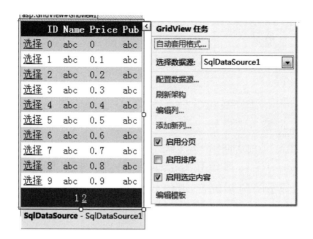

图 7-39　GridView1 的设计视图

DELETE 语句"复选框。然后单击 WHERE 按钮,弹出如图 7-40 所示的"添加 WHERE 子句"对话框,在"列"下拉框中选择 ID,在"运算符"下拉列表框中选择"=",在"源"下拉列表框中选择 Control,在"参数属性"选项区域中的"控件 ID"下拉列表框中选择刚才创建的GridView1,完成后单击"添加"按钮,生成如图 7-41 所示的 WHERE 子句。单击"确定"按钮后,形成完整的 SQL 语句"SELECT ＊ FROM ［book］ WHERE (［ID］ ＝ ?)"。

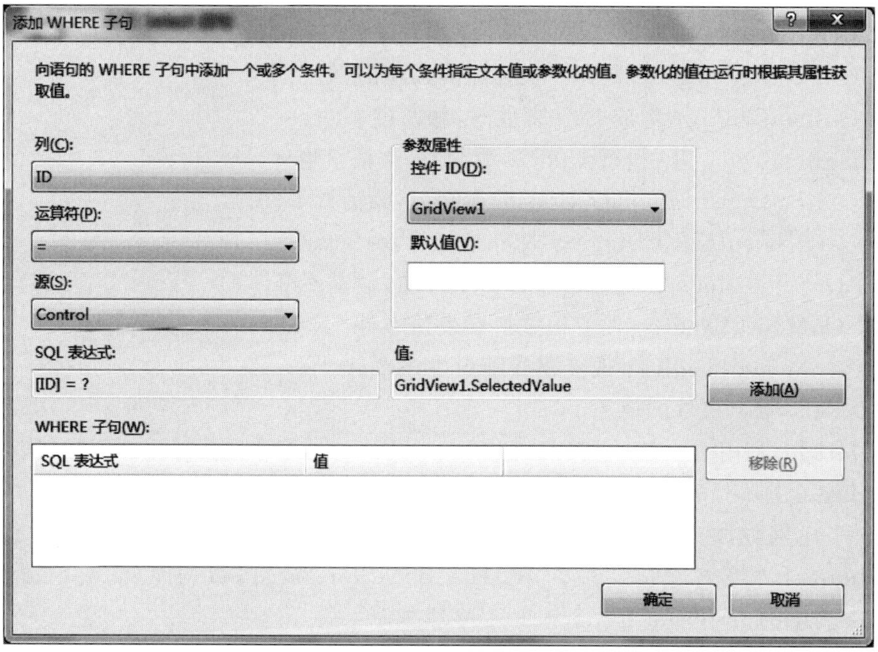

图 7-40　"添加 WHERE 子句"对话框

图 7-41　WHERE 子句

（4）在页面放置 DetailsView 控件，指定数据源为 SqlDataSource2，设置自动套用格式为"简明型"，启用分页、启用插入、启用编辑和启用删除，如图 7-42 所示。

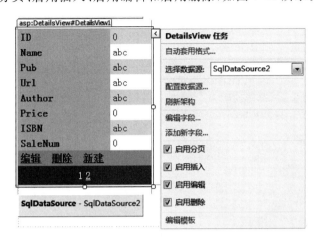

图 7-42 DetailsView 的设计视图

（5）完成以上设置后，并不能使得 DetailsView1 根据 GridView1 中选择的内容，以 ID 字段进行分页，必须将之前 GridView1 的 DataKeyName 设置为 ID，如图 7-43 所示。

图 7-43 GridView1 的属性设置

（6）启动调试，得到如图 7-44 的运行结果。

2. FormView 控件

FormView 数据绑定控件与 DetailsView 控件在功能上有很多相似之处，也是用来显示数据源中的一条记录，分页显示下一条记录，支持数据的添加、删除、修改、分页等功能。FormView 控件与 DetailsView 控件之间的不同之处在于 DetailsView 控件使用表格布局，

	ID	Name	Price	Pub
选择	1	ASP.NET网络程序设计案例教程	50	清华大学出版社
选择	2	ASP.NET(C#)动态网站开发案例教程	30	机械工业出版社
选择	3	JSP程序设计教程	36	人民邮电出版社
选择	5	计算机应用技能教程（第二版）	45	清华大学出版社
选择	6	ASP.NET程序设计实用教程	37.5	清华大学出版社
选择	8	C#.NET程序设计实用教程	36.5	电子工业出版社
选择	10	JavaScript动态网页设计	26	清华大学出版社
选择	14	SQL Server 2012实用教程	45	清华大学出版社

ID	6
Name	ASP.NET程序设计实用教程
Pub	清华大学出版社
Url	www.tup.com.cn
Author	张玉芬
Price	37.5
ISBN	9787302343256
SaleNum	0
编辑 删除 新建	

图 7-44　例 7-18 运行结果

在此布局中,记录的每个字段都各自显示一行,而 FormView 控件不指定用于显示距离的预定义布局,用户必须使用模板指定用于显示的布局。

1) FormView 控件的模板

（1）HeaderTemplate：决定 FormView 控件表格标题部分显示的内容。

（2）FooterTemplate：决定 FormView 控件表格页脚部分显示的内容。

（3）ItemTemplate：它控制用户查看数据时的显示情况,该项必选。

（4）EditItemTemplate：它控制进入"编辑"状态时,当前字段的显示情况。

（5）InsertItemTemplate：与编辑一条记录相似,这个模板控制允许用户在后端数据源中添加一条新记录的字段的显示。由于输入了新的值,应该根据数据的要求允许用户自由输入文本或限制某些值。

2) FormView 控件的属性

（1）AllowPaging：true,允许分页；false,禁止分页。

（2）DataSourceID：设置数据源控件。

（3）DataKeyNames：数据源中的关键字段。

（4）Caption：表格标题。

（5）GridLines：单元格之间网格线设置方式,None 表示未设置,Horizontal 表示水平线,Vertical 表示垂直线,Both 表示垂直与水平线。

（6）ToolTip：工具提示。

（7）DefaultMode：允许指定控件的默认行为。也就是说,在用户访问时,它最初如何显示。可能的值包括 ReadOnly、Insert 和 Edit。

（8）EmptyDataText：遇到空数据值时显示的文本。

3）FormView 使用 Button 控件添加、编辑、删除和保存记录

（1）在 ItemTemplate 模板增加新按钮，设置 CommandName 值为 New，可以使 FormView 控件进入插入模式，即加载 InsertItemTemplate 模板，它允许用户输入一个新记录值。

（2）在 ItemTemplate 模板增加新按钮，设置 CommandName 值为 Edit，可以使 FormView 控件进入编辑模式，即加载 EditItemTemplate 模板，它允许用户修改当前记录的值。

（3）在 ItemTemplate 模板增加新按钮，设置 CommandName 值为 Delete，允许用户从数据源中删除当前记录。

（4）在 EditItemTemplate 模板增加新按钮，设置 CommandName 值为 Update，将当前记录的修改更新到数据源。

（5）在 EditItemTemplate 模板增加新按钮，设置 CommandName 值为 Cancel，将取消对当前记录的修改。

4）FormView 控件的应用

【例 7-19】 利用 FormView 控件配合数据源控件创建一个用于浏览和操作数据表 book 内容的页面。

（1）打开网站 ch07，新建 Web 窗体 7-19.aspx，在页面放置数据源控件 SqlDataSource1，将数据源指定为 App_Data/BookStore.accdb 数据库，在"配置 Select 语句"对话框时，选择 book 表中的所有字段，单击右下角的"高级"按钮，弹出"高级 SQL 生成选项"对话框，选中"生成 INSERT、UPDATE 和 DELETE 语句"复选框。

（2）在页面放置 FormView 控件，指定数据源为 SqlDataSource1，设置自动套用格式为"彩色型"，启用分页。

如果 FormView 控件的默认样式不适合用户的需求，需要修改其样式，可单击"FormView 任务"菜单中的"编辑模板"。在弹出的模板设计器里通过"显示"下拉列表框分别对 ItemTemplate（显示模板）、EditItemTemplate（编辑模板）、InsertItemTemplate（插入模板）进行修改。

页面中的所有字段默认为相应的英文字段名，在模板显示窗口可以修改为中文显示。另外，为了使页面整齐美观，可向模板中添加一个 HTML 表格，用于页面定位。模板设计器界面如图 7-45 所示。

图 7-45 模板设计器界面

（3）启动调试，运行结果如图 7-46 所示，单击页面下面的数字链接，可跳转到相应的记录页面，单击"删除"链接，将从数据库中删除当前记录。

单击"编辑"链接，可以编辑修改数据，修改完毕后单击"更新"链接保存结果，单击"取消"链接放弃修改。修改数据页面如图 7-47 所示。

单击"新建"链接，可输入新记录的各字段，单击"插入"链接，将数据保存到数据库，单击"取消"链接，返回浏览数据页面。插入数据页面如图 7-48 所示。

编号：	3
书名：	JSP程序设计教程
出版社：	人民邮电出版社
网址：	www.ptpress.com.cn
作者：	郭珍
价格：	36
ISBN：	9787115294692
销售数量：	245

编辑 删除 新建

12345678

图 7-46　浏览数据页面

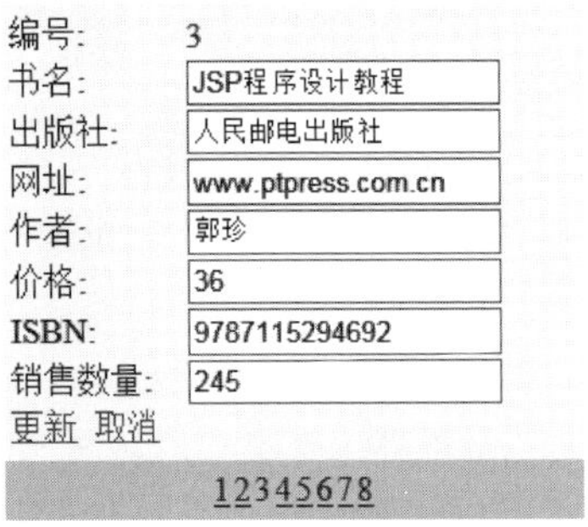

编号：	3
书名：	JSP程序设计教程
出版社：	人民邮电出版社
网址：	www.ptpress.com.cn
作者：	郭珍
价格：	36
ISBN：	9787115294692
销售数量：	245

更新 取消

12345678

图 7-47　修改数据页面

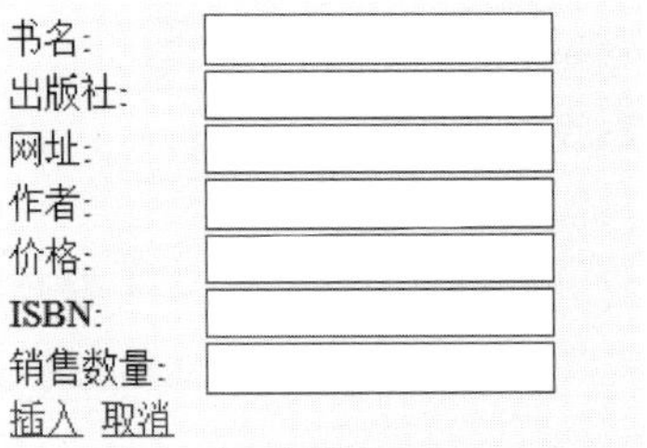

书名：	
出版社：	
网址：	
作者：	
价格：	
ISBN：	
销售数量：	

插入 取消

图 7-48　添加数据页面

3. Repeater 控件

Repeater 控件是 Web 服务器控件中的一个容器控件，它可以从页的任何可用数据中创建出自定义列表。Repeater 控件不具备内置的呈现功能，这就要求用户必须通过创建模板为 Repeater 控件提供布局。当该页运行时，Repeater 控件依次为数据源中的每个记录呈现一个项。

Repeater 控件不够强大，如果显示较复杂的数据，可以用 GridView，一般复杂的用 DataList，简单的数据呈现就可以使用 Repeater。因为它简单、小巧、灵活，所以 Repeater 控件经常被用来制作留言板。

在该控件中，需要自己定义模板，这些模板中也可以使用 HTML 标记和服务器控件定义内容和布局。

1）Repeater 控件的模板

（1）HeaderTemplate：用于定义列表标题的内容和布局。

（2）ItemTemplate：用于定义列表项目的内容和布局，该项必选。

（3）FooterTemplate：用于定义列表页脚的内容和布局。

（4）AlternatingItemTemplate：设置交替行外观模板，定义该模板后，奇数行会显示 ItemTemplate，偶数行会显示 AlternatingItemTemplate，交替显示内容与布局。

（5）SeparatorTemplate：项目分隔模板，如果定义该模板，则在各个项目之间呈现分隔符。

2）Repeater 控件的属性

（1）DataSourceId：数据源控件的 ID。

（2）DataMember：在 DataSet 作为数据源时用于绑定的表中视图。

3）Repeater 控件的事件

（1）ItemCommand：选择项目时激活该事件。

（2）DataBinding：绑定数据时激活该事件。

（3）ItemCreated：创建事件时激活该事件。

（4）ItemDataBound：绑定数据后激活该事件。

4）Repeater 控件的应用

【例 7-20】　使用 Repeater 控件配合数据源控件浏览数据表 book 中的内容，程序运行时能将数据库的记录直接显示到 HTML 表格中。

（1）打开网站 ch07，新建 Web 窗体 7-20.aspx，在页面放置数据源控件 SqlDataSource1，将数据源指定为 App_Data/BookStore.accdb 数据库，设置 Select 语句为查询 book 表中的所有字段。

（2）在页面放置 Repeater 控件，指定数据源为 SqlDataSource1。

（3）切换到"源"视图，在＜asp：Repeater＞和＜/asp：Repeater＞标记之间编写 5 种模板，代码如下：

```
< asp:Repeater ID = "Repeater1" runat = "server" DataSourceID = "SqlDataSource1">
    < HeaderTemplate >
        < center >
        < h2 > Repeater 控件显示图书列表</h2 >< hr width = "80 % "></center >
    </HeaderTemplate >
    < ItemTemplate >
        < table border = "0" width = "80 % "  align = "center" style = "background - color: #
CAFFFF">
        < tr >
            < td width = "30 % "><b>编号</b></td >
            < td ><% # Eval("ID") %></td >
        </tr >
        < tr >
            < td>书名</td >
            < td ><% # Eval("Name") %></td >
        </tr >

        < tr >
            < td>价格</td >
            < td ><% # Eval("Price") %></td >
        </tr >
        < tr >
            < td> ISBN </td >
            < td ><% # Eval("ISBN") %></td >
        </tr >
        < tr >
            < td>销售数量</td >
            < td ><% # Eval("SaleNum") %></td >
        </tr >
        </table >
```

```
      </ItemTemplate >
      < FooterTemplate >
          < center > < hr width = "80 % ">
          图书列表 2016 - 4 - 2 </center >
      </FooterTemplate >
  </asp:Repeater >
```

（4）启动调试，程序运行结果如图 7-49 所示。

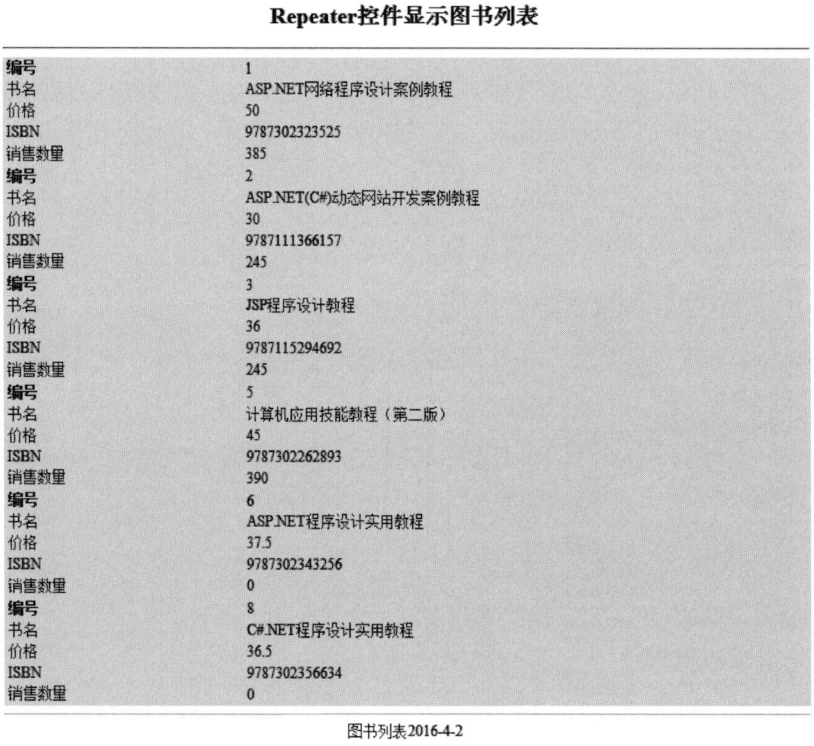

Repeater控件显示图书列表

编号	1
书名	ASP.NET网络程序设计案例教程
价格	50
ISBN	9787302323525
销售数量	385
编号	2
书名	ASP.NET(C#)动态网站开发案例教程
价格	30
ISBN	9787111366157
销售数量	245
编号	3
书名	JSP程序设计教程
价格	36
ISBN	9787115294692
销售数量	245
编号	5
书名	计算机应用技能教程（第二版）
价格	45
ISBN	9787302262893
销售数量	390
编号	6
书名	ASP.NET程序设计实用教程
价格	37.5
ISBN	9787302343256
销售数量	0
编号	8
书名	C#.NET程序设计实用教程
价格	36.5
ISBN	9787302356634
销售数量	0

图书列表2016-4-2

图 7-49　例 7-20 运行结果

4. DataList 控件

DataList 控件可以使用户以自定义的格式显示数据库中的数据信息，和 GridView 控件每行只能显示一条记录不同，DataList 可以在一行显示多条记录。显示数据的格式在创建的模板中定义。可以为项、交替项、选定项和编辑项创建模板。标头、脚注和分隔符模板用于自定义 DataList 的整体外观。每个 DataList 必须最少定义一个 ItemTemplate 模板（类似 Repeater）。

DataList 可以在设计视图下直接编辑界面。DataList 除了可以将数据依照用户制定的样式显示之外，还可对数据进行修改删除。

1）DataList 控件的模板

（1）ItemTemplate：定义列表项目的内容和布局，必选。

（2）AlternatingItemTemplate：如果定义该模板，则确定替换项的内容和布局；如果未定义,则使用 ItemTemplate。

（3）SeparatorTemplate：如果定义该模板,则在各个项目（以及替换项）之间呈现分隔符;如果未定义,则不呈现分隔符。

（4）SelectedItemTemplate：如果定义该模板,则确定选中项目的内容和布局;如果未定义,则使用 ItemTemplate(AlternatingItemTemplate)。Repeater 控件中没有该项。

（5）EditItemTemplate：如果定义该模板,则确定正在编辑项目的内容和布局;如果未定义,则使用 ItemTemplate(AlternatingItemTemplate,SelectedItemTemplate)。

（6）HeaderTemplate：如果定义该模板,则确定列表标题的内容和布局;如果未定义,则不呈现标题。

（7）FooterTemplate：如果定义该模板,则确定列表脚注的内容和布局;如果未定义,则不呈现脚注。

2）DataList 控件的属性

（1）Caption：控件标题,如图书列表。

（2）CaptionAlign：控件的对齐方式。

（3）DataSourceID：数据源控件的 ID。

（4）DataMember：当以 DataSet 为数据源时,用于选择表或视图。

（5）RepeatColumns：在 DataList 控件中显示列数。

（6）RepeatDirection：选择垂直或水平显示。

（7）AlternatingItemStyle：编写交替行的样式。

（8）EditItemStyle：正在编辑的项的样式。

（9）FooterStyle：列表结尾处的脚注的样式。

（10）HeaderStyle：列表头部的标头的样式。

（11）ItemStyle：单个项的样式。

（12）SelectedItemStyle：选定项的样式。

（13）SeparatorStyle：各项之间分隔符的样式。

3）DataList 控件的事件

（1）ItemCommand：能够响应 DataList 控件中的所有触发事件。

（2）DeleteCommand：删除记录时激活该事件。

（3）EditCommand：编辑记录时激活该事件。

（4）SelectedIndexCommand：更改当前选择时激活该事件。

（5）UpdateCommand：替换记录时激活该事件。

（6）ItemCreated：在创建项时激活 ItemCreated 事件。

4）DataList 控件的应用

【例 7-21】 利用 DataList 控件配合数据源控件浏览数据表 book 中的内容。

（1）打开网站 ch07,新建 Web 窗体 7-21.aspx,在页面放置数据源控件 SqlDataSource1,将数据源指定为 App_Data/BookStore.accdb 数据库,设置 Select 语句为查询 book 表中的所有字段。

（2）在页面放置 DataList 控件,指定数据源为 SqlDataSource1。

（3）设置 DataList 控件的 RepeatColumns 属性为 3。

（4）单击"DataList 任务"菜单中的"编辑模板"，分别为 7 种模板设置相应的样式和内容。如本例设置了列表标题 HeaderStyle 和列表脚注 FooterStyle 的背景色为黄色，字体加粗，设置替换项 AlternatingItemStyle 的背景色为黄绿色，斜体。DataList 控件的代码如下：

```
< asp: DataList  ID = " DataList1"  runat = " server"  DataKeyField = " ID"  DataSourceID =
"SqlDataSource1" RepeatColumns = "3">
    < AlternatingItemStyle BackColor = "YellowGreen" Font - Italic = "true" />
    < HeaderStyle BackColor = "Yellow" Font - Bold = "true" />
    < FooterStyle BackColor = "Yellow" Font - Bold = "true" />
    < AlternatingItemTemplate >
        ID:
        < asp:Label ID = "IDLabel" runat = "server" Text = '<% # Eval("ID") %>' />
        < br />
        Name:
        < asp:Label ID = "NameLabel" runat = "server" Text = '<% # Eval("Name") %>' />
        < br />
        Pub:
        < asp:Label ID = "PubLabel" runat = "server" Text = '<% # Eval("Pub") %>' />
        < br />
        Url:
        < asp:Label ID = "UrlLabel" runat = "server" Text = '<% # Eval("Url") %>' />
        < br />
        Author:
        < asp:Label ID = "AuthorLabel" runat = "server" Text = '<% # Eval("Author") %>' />
        < br />
        Price:
        < asp:Label ID = "PriceLabel" runat = "server" Text = '<% # Eval("Price") %>' />
        < br />
        ISBN:
        < asp:Label ID = "ISBNLabel" runat = "server" Text = '<% # Eval("ISBN") %>' />
        < br />
        SaleNum:
        < asp:Label ID = "SaleNumLabel" runat = "server" Text = '<% # Eval("SaleNum") %>' />
    </AlternatingItemTemplate >
    < FooterTemplate >
        < center >< hr />图书列表 2016 - 4 - 2 </center >
    </FooterTemplate >
    < HeaderTemplate >
        < center > DataList 控件显示图书列表< hr /></center >
    </HeaderTemplate >
    < ItemTemplate >
        ID:
        < asp:Label ID = "IDLabel" runat = "server" Text = '<% # Eval("ID") %>' />
        < br />
        Name:
        < asp:Label ID = "NameLabel" runat = "server" Text = '<% # Eval("Name") %>' />
        < br />
        Pub:
        < asp:Label ID = "PubLabel" runat = "server" Text = '<% # Eval("Pub") %>' />
```

```
            < br />
            Url:
            < asp:Label ID = "UrlLabel" runat = "server" Text = '<% # Eval("Url") %>'/>
            < br />
            Author:
            < asp:Label ID = "AuthorLabel" runat = "server" Text = '<% # Eval("Author") %>'/>
            < br />
            Price:
            < asp:Label ID = "PriceLabel" runat = "server" Text = '<% # Eval("Price") %>'/>
            < br />
            ISBN:
            < asp:Label ID = "ISBNLabel" runat = "server" Text = '<% # Eval("ISBN") %>'/>
            < br />
            SaleNum:
            < asp:Label ID = "SaleNumLabel" runat = "server" Text = '<% # Eval("SaleNum") %>'/>
            < br /><br />
        </ItemTemplate>
        < SeparatorTemplate >
            < img src = "bar.jpg" />
        </SeparatorTemplate>
</asp:DataList>
```

（5）启动调试，程序运行结果如图 7-50 所示。

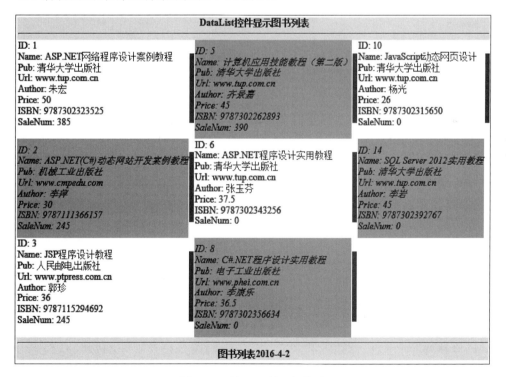

图 7-50 例 7-21 的运行结果

【例 7-22】 利用 DataList 控件以 ADO. NET 方式编写代码访问数据表 book 中的内容，使用模板列在页面显示图书的主要信息，如书名、出版社和网址，并有"详细信息"链接，链接到详细内容页面。

（1）打开网站 ch07，新建 Web 窗体 7-22.aspx，在页面放置 DataList 控件。

（2）设置 DataList 控件的 RepeatColumns 属性为 3，RepeatDirection 属性为 Horizontal。

（3）在 7-22.aspx 文件的"源"视图添加模板内容并设置相应的样式。DataList 控件的代码如下：

```
< asp: DataList ID = " DataList1" runat = " server" RepeatColumns = " 3" RepeatDirection =
"Horizontal">
    < AlternatingItemStyle BackColor = "YellowGreen" Font - Italic = "true" />
    < HeaderStyle BackColor = "Yellow" Font - Bold = "true" />
    < FooterStyle BackColor = "Yellow" Font - Bold = "true" />
    < HeaderTemplate >
            < center >图书目录< hr /></center >
    </HeaderTemplate >
    < ItemTemplate >
        < b ><% # DataBinder.Eval(Container.DataItem,"Name") %></b >
        < br >出版社: <% # DataBinder.Eval(Container.DataItem,"Pub") %><br >网址: < asp:
HyperLink ID = " HyperLink1" Text = '<% # DataBinder.Eval(Container.DataItem,"Url") % >
' NavigateUrl = '<% # "http://" + DataBinder.Eval(Container.DataItem,"URL") % >' Target =
"_blank" runat = "server"/>
        < p >< asp:HyperLink ID = "HyperLink2" Text = "【详细信息】"  NavigateUrl = '<% # "7 -
22 - 1.aspx?id = " + DataBinder.Eval(Container.DataItem,"ID") % >' Target = "_blank" runat =
"server"/>
    </ItemTemplate >
    < AlternatingItemTemplate >
        < i ><% # DataBinder.Eval(Container.DataItem,"Name") % ></i >
        < br >出版社: <% # DataBinder.Eval(Container.DataItem,"Pub") %><br >网址: < asp:
HyperLink ID = " HyperLink3" Text = '<% # DataBinder.Eval(Container.DataItem,"Url") % >
' NavigateUrl = '<% # "http://" + DataBinder.Eval(Container.DataItem,"Url") % >' Target =
"_blank" runat = "server"/>
        < p >< asp:HyperLink ID = "HyperLink4" Text = "【详细信息】"  NavigateUrl = '<% # "7 -
22 - 1.aspx?id = " + DataBinder.Eval(Container.DataItem,"ID") % >' Target = "_blank" runat =
"server"/>
    </AlternatingItemTemplate >
    < SeparatorTemplate >
        < img src = "bar.jpg">
    </SeparatorTemplate >
    < footerTemplate >
        < center >< hr />图书目录 2016 - 4 - 3</center >
    </footerTemplate >
</asp:DataList >
```

（4）在代码隐藏文件 7-22.aspx.cs 的 Page_Load 事件中添加如下代码。

```
protected void Page_Load(object sender, EventArgs e)
{
    OleDbConnection con = new OleDbConnection();
    string conStr = "Provider = Microsoft.Ace.OLEDB.12.0;Data Source = " + Server.MapPath
("~/app_data/BookStore.accdb");
```

```
        con.ConnectionString = conStr;
        OleDbCommand cmd = new OleDbCommand("select * from book", con);  //建立 Command 对象
        con.Open();                                              //打开数据库连接
        OleDbDataReader dr = cmd.ExecuteReader();                //建立 DataReader 对象
        DataList1.DataSource = dr;                               //指定数据源
        DataList1.DataBind();                                    //执行绑定
        con.Close();                                             //关闭数据库连接
    }
```

（5）在网站 ch07 中新建 Web 窗体 7-22-1.aspx 用来显示图书的详细信息，在页面放置一个 Label 控件，在代码隐藏文件 7-22-1.aspx.cs 的 Page_Load 事件中添加如下代码。

```
    protected void Page_Load(object sender, EventArgs e)
    {
        OleDbConnection con = new OleDbConnection();
        string conStr = "Provider = Microsoft.Ace.OLEDB.12.0;Data Source = " + Server.MapPath
    ("~/app_data/BookStore.accdb");
        con.ConnectionString = conStr;
        //建立 SQL 语句，请注意要获取传递过来的 link_id 的值
        string strSql;
        strSql = "Select * From book Where id = " + Request.QueryString["id"];
        OleDbCommand cmd = new OleDbCommand(strSql, con);//建立 Command 对象
        con.Open();
        OleDbDataReader dr = cmd.ExecuteReader();        //建立 DataReader 对象
        //下面开始显示数据
        Label1.Text = "<h4>图书详细信息</h4><br>";
        dr.Read();                                       //肯定只有一个记录，直接读取就可以了
        Label1.Text += "编号: " + dr["ID"];
        Label1.Text += "<br>书名: " + dr["Name"];
        Label1.Text += "<br>出版社: " + dr["Pub"];
        Label1.Text += "<br>网址:<a href = //http://" + dr["Url"] + "// target = //_blank//>" +
    dr["Url"] + "</a>";
        Label1.Text += "<br>作者: " + dr["Author"];
        Label1.Text += "<br>价格: " + dr["Price"];
        Label1.Text += "<br>ISBN: " + dr["ISBN"];
        Label1.Text += "<br>销售数量: " + dr["SaleNum"];
        con.Close();
    }
```

（6）在"解决方案资源管理器"中，选中 7-22.aspx，启动调试，运行结果如图 7-51 所示。单击"详细信息"链接时，跳转到图书详细信息页面，如图 7-52 所示。

说明：

① "<%# DataBinder.Eval(Container.DataItem,"Name")%>"和数据表 Name 字段进行绑定，作用与"<%# Eval("Name")%>"语句相同。

② 该实例设置为水平排列，默认是垂直排列，每行有 3 列，每个模板中可以使用任意 HTML 标记和服务器控件。

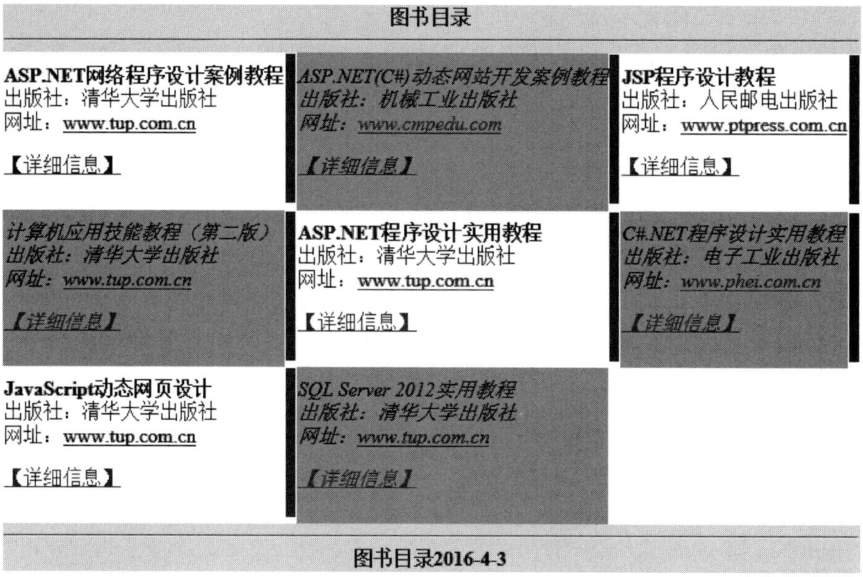

图 7-51   例 7-22 运行结果

【例 7-23】   利用 DataList 控件选择记录。使用 DataList 控件以 ADO.NET 方式编写代码访问数据表 book 中的内容，使用模板列在页面显示图书的主要信息，如书名、出版社和网址，当选中某个项目时，以一种不同的外观样式与其他未选中的有所区别。

模板列 SelectItemTemplate 可以设定选中项的内容和样式，为了获取和取消选中项，可分别在 ItemTemplate 列和 SelectItemTemplate 列中各添加一个 LinkButton 控件，并设置 DataList 控件的 OnItemCommand 事件添加对应的方法。当单击按钮时，在事件方法中设置 SelectIndex 属性为选中项或者取消选中，然后重新绑定数据。

（1）打开网站 ch07，新建 Web 窗体 7-23.aspx，在页面放置 DataList 控件。

（2）设置 DataList 控件的 RepeatColumns 属性为 3，RepeatDirection 属性为 Horizontal。

（3）在 7-23.aspx 文件的"源"视图添加模板内容并设置相应的样式，其中设置 SelectItemStyle 的 BackColor 属性为"yellow"。在 DataList 控件的属性面板中单击"⚡"事件按钮，双击 ItemCommand 事件，用来设置和取消选择项。DataList 控件的代码如下：

图书详细信息

编号：**3**
书名：**JSP程序设计教程**
出版社：**人民邮电出版社**
网址：**www.ptpress.com.cn**
作者：**郭珍**
价格：**36**
ISBN：**9787115294692**
销售数量：**245**

图 7-52   图书详细
信息页面

```
< asp: DataList ID = " DataList1" runat = " server" RepeatColumns = "3" RepeatDirection =
"Horizontal" OnItemCommand = "DataList1_ItemCommand">
    < HeaderStyle BackColor = "Yellow" Font – Bold = "true" />
    < FooterStyle BackColor = "Yellow" Font – Bold = "true" />
    < SelectedItemStyle BackColor = "Yellow" />
    < HeaderTemplate >
            < center >图书目录< hr /></center >
    </HeaderTemplate >
    < ItemTemplate >
```

```
        <b><% # DataBinder.Eval(Container.DataItem,"Name") %></b>
        <br>出版社：<% # DataBinder.Eval(Container.DataItem,"Pub") %><br>网址：<asp:
HyperLink ID = "HyperLink1" Text = '<% # DataBinder.Eval(Container.DataItem,"Url") %>
' NavigateUrl = '<% # "http://" + DataBinder.Eval(Container.DataItem,"URL") %>' Target =
"_blank" runat = "server"/>
        <p><asp:LinkButton ID = "LinkButton1" Text = "【详细】" CommandName = "select" runat =
"server"/>
    </ItemTemplate>
    <SelectedItemTemplate>
        <b></b><% # DataBinder.Eval(Container.DataItem,"Name") %></b>
        <br>编号：<% # DataBinder.Eval(Container.DataItem,"ID") %><br>出版社：<% #
DataBinder.Eval(Container.DataItem,"Pub") %><br>网址：<asp:HyperLink ID = "HyperLink3"
Text = '<% # DataBinder.Eval(Container.DataItem,"Url") %>' NavigateUrl = '<% # "http://" +
DataBinder.Eval(Container.DataItem,"Url") %>' Target = "_blank" runat = "server"/>
        <br>作者：<% # DataBinder.Eval(Container.DataItem,"Author") %><br>价格：<% #
DataBinder.Eval(Container.DataItem,"Price") %><br>ISBN：<% # DataBinder.Eval(Container.
DataItem,"ISBN") %><br>销售数量：<% # DataBinder.Eval(Container.DataItem,"SaleNum") %>
<p><asp:LinkButton ID = "LinkButton2" Text = "【关闭】" CommandName = "close" runat = "server"/>
    </SelectedItemTemplate>
    <SeparatorTemplate>
        <img src = "bar.jpg">
    </SeparatorTemplate>
    <footerTemplate>
        <center><hr />图书目录 2016 - 4 - 3</center>
    </footerTemplate>
</asp:DataList>
```

（4）在代码隐藏文件 7-23.aspx.cs 中添加相关代码：

```
protected void Page_Load(object sender, EventArgs e)
{
    if (!IsPostBack)
    {
        BindData();                              //绑定数据
    }
}
protected void DataList1_ItemCommand(object source, DataListCommandEventArgs e)
{
    if (((LinkButton)e.CommandSource).CommandName == "select")
    {
        DataList1.SelectedIndex = e.Item.ItemIndex;    //设定选择项
    }
    else if (((LinkButton)e.CommandSource).CommandName == "close")
    {
        DataList1.SelectedIndex = -1;                //取消选择项
    }
    BindData();                                      //绑定数据
}
private void BindData()
```

```
{
    OleDbConnection con = new OleDbConnection();
    string conStr = "Provider = Microsoft.Ace.OLEDB.12.0;Data Source = " + Server.MapPath
("～/app_data/BookStore.accdb");
    con.ConnectionString = conStr;
    OleDbCommand cmd = new OleDbCommand("select * from book", con);
    con.Open();
    OleDbDataReader dr = cmd.ExecuteReader();              //建立 DataReader 对象
    DataList1.DataSource = dr;                            //指定数据源
    DataList1.DataBind();                                 //执行绑定
    con.Close();
}
```

（5）启动调试，运行结果如图 7-53 所示。

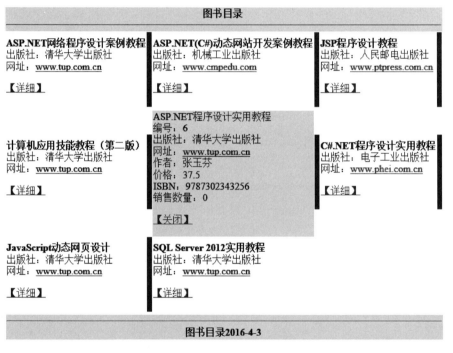

图 7-53　例 7-23 运行结果

【例 7-24】 利用 DataList 控件修改和删除记录。使用 DataList 控件以 ADO.NET 方式编写代码访问数据表 book 中的内容，并提供修改和删除记录的功能。

为了在 DataList 控件上实现修改和删除记录的功能，除了需要在模板列 EditItemTemplate 中定义编辑时的内容和样式，还要在 ItemTemplate 模板列中添加按钮 OnEditCommand、OnDeleteCommand 事件，在 EditItemTemplate 模板列中添加按钮 OnUpdateCommand、OnCancelCommand 事件，分别对应单击"编辑""删除"和"更新""取消"按钮时的事件方法，同时还要使用 DataKeyField 属性设置关键字段。

（1）打开网站 ch07，新建 Web 窗体 7-24.aspx，在页面放置 DataList 控件。

（2）设置 DataList 控件的 RepeatColumns 属性为 3，RepeatDirection 属性为 Horizontal。

（3）在 7-24. aspx 文件的"源"视图添加模板内容并设置相应的样式，其中设置 EditItemStyle 的 BackColor 属性为"yellow"。在 DataList 控件的属性面板中单击"⚡"事件按钮，分别双击 OnEditCommand、OnDeleteCommand、OnUpdateCommand、OnCancelCommand 事件，用来产生"编辑""删除""更新"和"取消"时的事件方法。DataList 控件的代码如下：

```
< asp: DataList ID = " DataList1" runat = " server" RepeatColumns = " 3" RepeatDirection =
"Horizontal" DataKeyField = "ID" OnCancelCommand = "DataList1_CancelCommand" OnDeleteCommand
= "DataList1 _ DeleteCommand" OnEditCommand = " DataList1 _ EditCommand" OnUpdateCommand =
"DataList1_UpdateCommand">
    < HeaderStyle BackColor = "Yellow" Font − Bold = "true" />
    < FooterStyle BackColor = "Yellow" Font − Bold = "true" />
    < EditItemStyle BackColor = "Yellow" />
    < HeaderTemplate >
            < center >图书列表< hr /></center >
    </HeaderTemplate >
    < ItemTemplate >
        < b ><% # DataBinder.Eval(Container.DataItem,"Name") %></b >
        < br >出版社: <% # DataBinder.Eval(Container.DataItem,"Pub") %>
        < br >网址: <asp:HyperLink ID = "HyperLink1" Text = '<% # DataBinder.Eval(Container.
DataItem,"Url") %>' NavigateUrl = '<% # "http://" + DataBinder.Eval(Container.DataItem,
"Url") %>' Target = "_blank" runat = "server"/>
        < br >作者: <% # DataBinder.Eval(Container.DataItem,"Author") %>
        < br >价格: <% # DataBinder.Eval(Container.DataItem,"Price") %>
        < br > ISBN: <% # DataBinder.Eval(Container.DataItem,"ISBN") %>
        < br >销售数量: <% # DataBinder.Eval(Container.DataItem,"SaleNum") %>
        < p ><asp:LinkButton ID = "LinkButton1" Text = "【编辑】" CommandName = "edit" runat =
"server"/>    < asp: LinkButton ID = "LinkButton2" Text = "【删除】" CommandName =
"delete" runat = "server"/>
    </ItemTemplate >
    < EditItemTemplate >
        < br >书名: <asp:TextBox ID = "bookName" runat = "server" Text = '<% # Eval("Name") %>'>
</asp:TextBox >
        < br >出版社: <asp:TextBox ID = "bookPub" runat = "server" Text = '<% # Eval("Pub") %>'>
</asp:TextBox >
        < br >网址: <asp:TextBox ID = "bookUrl" runat = "server" Text = '<% # Eval("Url") %>'>
</asp:TextBox >
        < br >作者: < asp: TextBox ID = " bookAuthor" runat = " server" Text = '<% # Eval
("Author") %>'></asp:TextBox >
        < br >价格: <asp:TextBox ID = "bookPrice" runat = "server" Text = '<% # Eval("Price")
%>'></asp:TextBox >
        < br > ISBN: <asp:TextBox ID = "bookISBN" runat = "server" Text = '<% # Eval("ISBN") %>'>
</asp:TextBox >
        < br >销售数量: < asp: TextBox ID = "bookSaleNum" runat = "server" Text = '<% # Eval
("SaleNum") %>'></asp:TextBox >
        < p ><asp:LinkButton ID = "LinkButton3" Text = "【更新】" CommandName = "update" runat =
"server"/>    < asp: LinkButton ID = "LinkButton4" Text = "【取消】" CommandName =
"cancel" runat = "server"/>
    </EditItemTemplate >
    < SeparatorTemplate >
```

```
        < img src = "bar. jpg">
    </SeparatorTemplate>
    < footerTemplate >
        < center >< hr />图书列表 2016 - 4 - 3 </center >
    </footerTemplate >
</asp:DataList >
```

（4）在代码隐藏文件 7-24. aspx. cs 中添加相关代码：

```
OleDbConnection con;
protected void Page_Load(object sender, EventArgs e)
{
    con = new OleDbConnection();
    string conStr = "Provider = Microsoft. Ace. OLEDB. 12. 0;Data Source = " + Server. MapPath
("~/app_data/BookStore.accdb");
    con. ConnectionString = conStr;
    if (!IsPostBack)
    {
        BindData();
    }
}
private void BindData()
{
    OleDbCommand cmd = new OleDbCommand("select * from book", con);
    con. Open();
    OleDbDataReader dr = cmd. ExecuteReader();
    DataList1. DataSource = dr;
    DataList1. DataBind();
    con. Close();
}
protected void DataList1_EditCommand(object source, DataListCommandEventArgs e)
{
    DataList1. EditItemIndex = e. Item. ItemIndex;
    BindData();
}
protected void DataList1_DeleteCommand(object source, DataListCommandEventArgs e)
{
    string strSql;
    strSql = "Delete from book Where ID = " + DataList1. DataKeys[e. Item. ItemIndex];
    OleDbCommand cmd = new OleDbCommand(strSql, con);
    con. Open();
    cmd. ExecuteNonQuery();
    con. Close();
    DataList1. EditItemIndex = - 1;
    BindData();
}
protected void DataList1_CancelCommand(object source, DataListCommandEventArgs e)
{
    DataList1. EditItemIndex = - 1;
```

```
    BindData();
}
protected void DataList1_UpdateCommand(object source, DataListCommandEventArgs e)
{
    TextBox txtName,txtPub,txtUrl,txtPrice,txtAuthor,txtISBN,txtSaleNum;
    txtName = (TextBox)e.Item.FindControl("bookName");
    txtPub = (TextBox)e.Item.FindControl("bookPub");
    txtUrl = (TextBox)e.Item.FindControl("bookUrl");
    txtPrice = (TextBox)e.Item.FindControl("bookPrice");
    txtAuthor = (TextBox)e.Item.FindControl("bookAuthor");
    txtISBN = (TextBox)e.Item.FindControl("bookISBN");
    txtSaleNum = (TextBox)e.Item.FindControl("bookSaleNum");
    string strSql;
    strSql = "Update book Set Name = '" + txtName.Text + "',Pub = '" + txtPub.Text + "',Url =
'" + txtUrl.Text + "',Price = " + txtPrice.Text + ",Author = '" + txtAuthor.Text + "',ISBN =
'" + txtISBN.Text + "',SaleNum = " + txtSaleNum.Text + " Where ID = " + DataList1.DataKeys[e.
Item.ItemIndex];
    OleDbCommand cmd = new OleDbCommand(strSql, con);
    con.Open();
    cmd.ExecuteNonQuery();
    con.Close();
    DataList1.EditItemIndex = -1;
    BindData();
}
```

（5）启动调试，运行结果如图 7-54 所示，可对数据记录进行编辑和删除。

图 7-54　浏览数据页面

单击"编辑"链接，可对数据进行修改，若要保留修改的值，单击"更新"链接，否则单击
"取消"链接。修改数据页面如图 7-55 所示。

图 7-55 修改数据页面

说明：

① 当 CommandName 为 Edit、Update、Cancel、Delete 时，都有专门的事件方法属性，如 OnEditCommand、OnUpdateCommand、OnCancelCommand、OnDeleteCommand 事件。

② 更新方法 OnUpdateCommand 中获取控件的语句，如 e. Item. FindControl ("bookName")表示 EditItemTemplate 模板列中的文本框控件 bookName。

7.5 数据库访问技术的综合应用

下面编写一个综合的案例，实现一个简单的带有登录页面的图书资料管理网站。

【例 7-25】 制作简单的图书资料管理网站。要求带有用户登录页面，进行身份验证，若是合法用户则跳转到图书资料管理主页面，并输出欢迎信息。如果是管理员，则在图书资料管理主页面能够实现查询、添加、修改和删除图书的功能；如果是普通员工，则在图书资料管理主页面只能查询图书信息。

经分析，该案例除了使用数据库 ch07\App_Data\BookStore. accdb 中的 book 数据表之外，还要新建一个用户表，网站中需要设计如下几个页面。

（1）用户登录页面。

（2）图书资料管理主页面，输出欢迎信息，能够实现查询和删除图书的功能，并提供添加和修改图书的超链接，根据用户类型的不同，对相应功能进行了控制。

（3）图书资料添加页面。

（4）图书资料修改页面。

具体实现步骤如下。

1．建立用户表

打开数据库 ch07\App_Data\BookStore.accdb，为数据库增加一个新的数据表 userT，用来存储用户，表设计如图 7-56 所示；添加相应内容，如图 7-57 所示。

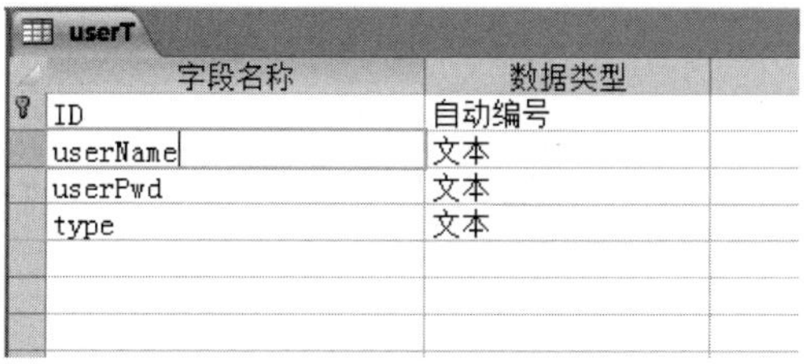

图 7-56 userT 表设计视图 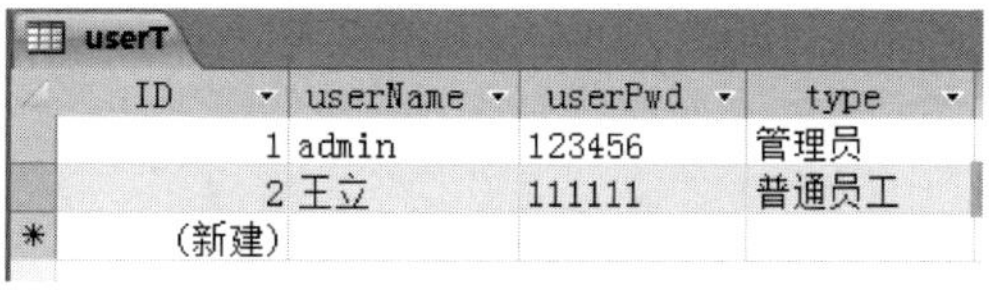   图 7-57 userT 表内容

2．建立用户登录页面

在网站 ch07 中，新建 Web 窗体 7-25-Login.aspx，拖入两个文本框、一个下拉列表框、一个按钮，页面设计如图 7-58 所示，前台页面和后台代码源程序均省略，请查看随书源程序。

图 7-58 登录页面设计

3．建立图书资料管理主页面

（1）在网站 ch07 中，新建 Web 窗体 7-25-Main.aspx，添加相应的 Label、TextBox、DropDownList、Button、LinkButton 和 GridView 等控件并设置属性，如图 7-59 所示。

图 7-59 图书资料管理主页面设计

（2）下面重点介绍 GridView 控件的设置过程，在页面上添加 GridView 控件后，单击"GridView 任务"中的"编辑列"，打开"字段"对话框，添加 BoundField 字段，设置该字段的 HeaderText 属性为"编号"，DataField 属性为 ID，如图 7-60 所示。按照相同的方法添加其

他的 BoundField 字段，包括作者、出版社、价格、ISBN 和销售数量。

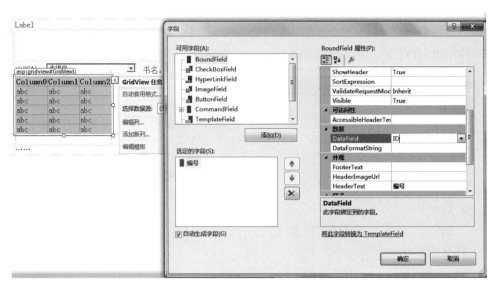

图 7-60　GridView 控件 BoundField 字段设置

　　为了在页面运行时单击"书名（编辑）"能够超链接到修改图书的页面，添加 HyperLinkField 字段来显示书名，并且设置超链接，设置界面如图 7-61 所示。同理，为了单击"网址"能够超链接到对应的出版社网站，需要添加 HyperLinkField 字段来显示网址，并且设置超链接，设置界面如图 7-62 所示，利用上下箭头调整"书名（编辑）"和"网址"到合适的位置。

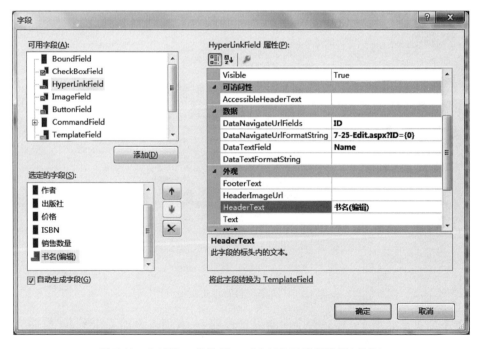

图 7-61　GridView 控件 HyperLinkField 字段设置（书名）

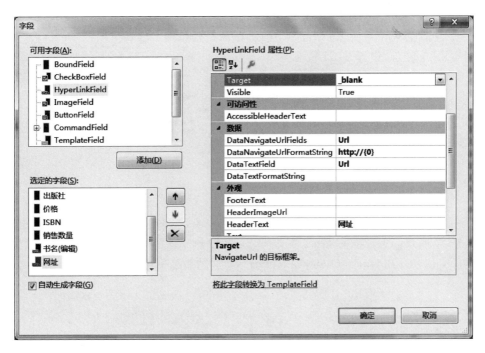

图 7-62　GridView 控件 HyperLinkField 字段设置(网址)

为了实现批量删除的功能,必须在 GridView 中能够选择多条记录。因此,需要在 GridView 中添加模板字段 TemplateField,设置 HeaderText 属性为"选择删除",添加模板字段的界面如图 7-63 所示。在该界面取消选中"自动生成字段"复选框。单击"确定"按钮,完成 GridView 列的添加。

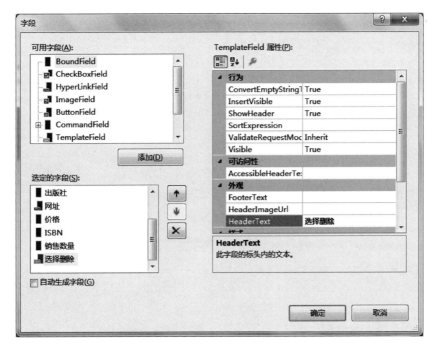

图 7-63　GridView 控件 TemplateField 字段设置

此时并不能实现在 GridView 中选择多条记录，还需要在模板字段中添加复选框 CheckBox 控件。单击"GridView 任务"中的"编辑模板"，在字段项目模板 ItemTemplate 中添加 CheckBox 控件，设置其 ID 属性为 chkSelect，如图 7-64 所示。

图 7-64　向模板字段添加 CheckBox

（3）设置 GridView 的 DataKeyNames 属性为数据表 book 的主键字段 ID，允许分页，并设置显示样式，为了鼠标经过时表格颜色有所变化和分页设置，分别产生事件 OnRowDataBound 和 OnPageIndexChanging，最终生成的 GridView 代码如下。

```
< asp: GridView  ID = " gvBook"  runat = " server"  DataKeyNames = " ID"  AllowPaging = " True"
AutoGenerateColumns = "False"  OnPageIndexChanging = " gvBook_PageIndexChanging"  OnRowDataBound =
"gvBook_RowDataBound">
    < HeaderStyle BackColor = "♯009393" Font − Bold = "True"/>
    < FooterStyle BackColor = "Tan" />
    < RowStyle HorizontalAlign = "Center" />
    < Columns >
        < asp:BoundField DataField = "ID" HeaderText = "编号" />
        < asp:HyperLinkField DataNavigateUrlFields = "ID" DataNavigateUrlFormatString = "7 −
25 − Edit.aspx?ID = {0}" DataTextField = "Name" HeaderText = "书名(编辑)" />
        < asp:BoundField DataField = "Author" HeaderText = "作者" />
        < asp:BoundField DataField = "Pub" HeaderText = "出版社" />
        < asp: HyperLinkField DataNavigateUrlFields = "Url" DataNavigateUrlFormatString =
"http://{0}" DataTextField = "Url" HeaderText = "网址" Target = "_blank" />
        < asp:BoundField DataField = "Price" HeaderText = "价格" />
        < asp:BoundField DataField = "ISBN" HeaderText = "ISBN" />
        < asp:BoundField DataField = "SaleNum" HeaderText = "销售数量" />
        < asp:TemplateField HeaderText = "选择删除">
            < ItemTemplate >
                < asp:CheckBox ID = "chkSelect" runat = "server" />
            </ItemTemplate >
        </asp:TemplateField >
    </Columns >
</asp:GridView >
```

（4）在代码隐藏文件 7-25-Main.aspx.cs 中添加相关代码：

```
string sql = "";
DataSet ds = null, ds1 = null;
protected void Page_Load(object sender, EventArgs e)
{
    if (!Page.IsPostBack)
```

```
        {
            if (Session["type"] != null)
            {
                if (Session["type"].ToString() == "管理员")
                {
                    lblWelcome.Text = "欢迎管理员:" + Session["operator"].ToString() + "光
临本站!";
                    lbtnAdd.Visible = true;
                    lbtnDel.Visible = true;
                }
                else
                {
                    lblWelcome.Text = "欢迎员工:" + Session["operator"].ToString() + "光临
本站!";
                    lbtnAdd.Visible = false;
                    lbtnDel.Visible = false;
                }
                BindGridView();
            }
            else
                Response.Redirect("7 - 25 - Login.aspx");
        }
}
protected void BindGridView()
{
    sql = "select distinct Pub from book";
    ds1 = GetDataSet(sql);
    ddlPub.Items.Clear();
    ddlPub.Items.Add(new ListItem("", ""));
    for (int i = 0; i < ds1.Tables[0].Rows.Count; i++)
    {
        ddlPub.Items.Add(new ListItem(ds1.Tables[0].Rows[i]["Pub"].ToString(), ds1.Tables
[0].Rows[i]["Pub"].ToString()));
    }
    txtAuthor.Text = "";
    txtName.Text = "";
    SearchData();
}
public DataSet GetDataSet(string sqlStr)    //查询数据库,得到数据集
{
    OleDbConnection con = new OleDbConnection();
    string conStr = "Provider = Microsoft. Ace. OLEDB. 12. 0; Data Source = " + Server. MapPath
("~/app_data/BookStore.accdb");
    con.ConnectionString = conStr;

    con.Open();
    OleDbDataAdapter dataAdapter = new OleDbDataAdapter(sqlStr, con);
    DataSet dataSet = new DataSet();
    dataAdapter.Fill(dataSet);              // 填充数据集
    con.Close();
```

```
    if (dataSet.Tables[0].Rows.Count != 0)
    {
        return dataSet;                     // 若找到相应的数据,则返回数据集
    }
    else
    {
        return null;                        // 若没有找到相应的数据,返回空值
    }
}
public bool UpdateDB(string sqlStr)              //更新数据库
{
    OleDbConnection con = new OleDbConnection();
    string conStr = "Provider = Microsoft.Ace.OLEDB.12.0;Data Source = " + Server.MapPath
("~/app_data/BookStore.accdb");
    con.ConnectionString = conStr;
    con.Open();
    OleDbCommand cmdTable = new OleDbCommand(sqlStr, con);
    // 设置 Command 对象的 CommandType 属性
    cmdTable.CommandType = CommandType.Text;
    try
    {
        int count = 0;
        count = cmdTable.ExecuteNonQuery();     // 执行 SQL 语句
        if (count != 0)
            return true;
        else
            return false;
    }
    catch (Exception ex)
    {
        return false;
    }
    finally
    {
        con.Close();
    }
}
protected void SearchData()
{
    sql = "select * from book where 1 = 1";
    string pub = ddlPub.SelectedValue.ToString();
    string author = txtAuthor.Text.Trim();
    string name = txtName.Text.Trim();
    if (name != "")
    {
        sql += " and Name like '" + name + "%'";
    }
    if (author != "")
    {
        sql += " and Author like '" + author + "%'";
```

```
    }
    if (pub != "")
    {
        sql += "  and Pub = '" + pub + "'";
    }
    sql += " order by ID";
    ds = GetDataSet(sql);
    gvBook.DataSource = ds;
    gvBook.DataBind();
}
protected void btnSearch_Click(object sender, EventArgs e)
{
    SearchData();
}
protected void btnSearchAll_Click(object sender, EventArgs e)
{
    BindGridView();
}
protected void gvBook_RowDataBound(object sender, GridViewRowEventArgs e)
{
    //鼠标经过行时,颜色变化
    if (e.Row.RowType == DataControlRowType.DataRow)
    {
        e.Row.Attributes.Add("onmouseover", "this.style.backgroundColor = '#E6F5FA'");
        e.Row.Attributes.Add("onmouseout", "this.style.backgroundColor = '#FFFFFF'");
    }
}
protected void gvBook_PageIndexChanging(object sender, GridViewPageEventArgs e)
{
    //分页
    try
    {
        gvBook.PageIndex = e.NewPageIndex;
        BindGridView();
    }
    catch { }
}
protected void lbtnAdd_Click(object sender, EventArgs e)
{
    Response.Redirect("7 - 25 - Add.aspx");
}
protected void lbtnDel_Click(object sender, EventArgs e)
{
    //删除
    for (int i = 0; i < gvBook.Rows.Count; i++)
    {
        CheckBox chkSelect = (CheckBox)gvBook.Rows[i].FindControl("chkSelect");
        if (chkSelect.Checked)
        {
            //获取选中行的主键,需要先设置 GridView1 的 DataKeyNames 为 ID
```

```
            string str = this.gvBook.DataKeys[i].Value.ToString();
            string sql = "delete from book where ID = " + str ;
            bool b = UpdateDB(sql);
            if (b)
                lblMessage.Text = "<font color = 'red'>删除成功!</font>";
            else
                lblMessage.Text = "<font color = 'red'>删除失败!</font>";
        }
    }
    BindGridView();
}
protected void lbtnReSelect_Click(object sender, EventArgs e)
{
    //反选
    for (int i = 0; i < gvBook.Rows.Count; i++)
    {
        CheckBox chkSelect = (CheckBox)gvBook.Rows[i].FindControl("chkSelect");
        chkSelect.Checked = !chkSelect.Checked;
    }
}
protected void lbtnSelect_Click(object sender, EventArgs e)
{
    //全选
    for (int i = 0; i < gvBook.Rows.Count; i++)
    {
        CheckBox chkSelect = (CheckBox)gvBook.Rows[i].FindControl("chkSelect");
        chkSelect.Checked = true;
    }
}
protected void lbtnCancel_Click(object sender, EventArgs e)
{
    //取消
    for (int i = 0; i < gvBook.Rows.Count; i++)
    {
        CheckBox chkSelect = (CheckBox)gvBook.Rows[i].FindControl("chkSelect");
        chkSelect.Checked = false;
    }
}
protected void lbtnReLog_Click(object sender, EventArgs e)
{
    Response.Redirect("7 - 25 - Login.aspx");
}
```

4. 建立图书资料添加页面

在网站 ch07 中,新建 Web 窗体 7-25-Add.aspx,添加相应的 Label、TextBox、DropDownList、Button 等控件并设置属性,如图 7-65 所示,页面文件和代码隐藏文件源程序均省略,请查看本书配套素材。

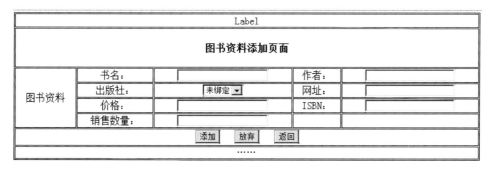

图 7-65　图书资料添加页面设计视图

5. 建立图书资料修改页面

在网站 ch07 中,复制 Web 窗体 7-25-Add.aspx,另存为 7-25-Edit.aspx,修改页面文件和代码隐藏文件,其中页面文件设计如图 7-66 所示,页面文件和代码隐藏文件源程序均省略,请查看随书源程序。

Label				
图书资料修改页面				
图书资料	书名:		作者:	
	出版社:	未绑定 ▾	网址:	
	价格:		ISBN:	
	销售数量:		编号:	
	保存　放弃　返回			
……				

图 7-66　图书资料修改页面设计视图

本章小结

本章介绍了在 ASP.NET 程序开发中如何存取数据库,主要分为数据源控件可视化配置的方式和完全自由编写访问数据库代码的 ADO.NET 方式。通过本章内容的学习,掌握数据源控件的创建和使用方法、各类数据绑定控件的使用、ADO.NET 常用对象的使用。

习题

一、单选题

1. ADO.NET 中使用( )对象进行数据库连接。
   A. Connection　　　B. DataSet　　　C. DataReader　　　D. Command
2. GridView 控件不支持的操作是( )。
   A. 选择　　　　　B. 编辑　　　　C. 上传　　　　D. 删除

3. OleDbconnection 的( )属性用于取得或设置数据库连接字符串。

    A. DataSource   B. ConnectionString

    C. DataBase   D. Provider

4. ( )对象是支持 ADO. NET 的断开式、分布式数据方案的核心对象。

    A. DataView   B. DataSet

    C. OleDbCommand   D. DataList

5. 如果要将 DataSet 对象修改的数据更新回数据源，应使用 DataAdapter 对象的( )方法。

    A. Fill   B. Change   C. Refresh   D. Update

二、填空题

1. _____对象是用来创建和初始化各种表的一种工具。它在 DataSet 对象和数据源之间进行数据检索和存储。

2. 通过数据适配器对象 DataAdapter 的 _____ 方法可以将查询的结果填充给 DataSet 对象。

3. 使用 Command 对象以数据流的形式返回读取的结果需要使用_____方法；使用 Command 对象执行 SQL 命令需要使用_____方法；使用 Command 对象返回单一结果需要使用_____方法。

4. 使用 SQL Server 数据库时需要引用_____命名空间；使用 Access 数据库时需要引用_____命名空间。

5. Connection 对象通过_____方法打开数据库，通过_____方法关闭数据库。

三、操作题

开发一个新闻浏览网站。一般用户可以浏览新闻页面，单击新闻链接进行新闻阅读。管理员可以登录到管理页面，对新闻进行发布、修改和删除。

第8章 用户界面设计

界面设计是网站设计的重要部分。页面控件和基于 ADO. NET 的数据控件,为用户界面设计提供了强大支持。除此以外,ASP. NET 中还提供了母版、站点导航和主题等,可使设计者站在全局的角度设计和维护网站,大大节省空间,提高开发效率。

8.1 母版页

母版页中包含的是页面公共部分,即网页的模板。使用母版页可以为应用程序中的页创建一致的布局。开发人员可以创建一个母版页,为母版页定义外观,然后在母版页定义内容区域。接着,创建多个具有不同内容的内容页,将内容页放置到母版页的内容区域中。最终,母版页与内容页进行合并,从而形成一个具有统一风格的页面。

8.1.1 母版页的基础知识

母版页是扩展名为. master 的 ASP. NET 文件,它可以包括静态文本、HTML 元素和服务器控件的预定义布局。母版页由特殊的@ Master 指令识别,该指令替换了用于普通. aspx 页的@ Page 指令。与一般页面不同,母版页包括一个或多个内容占位控件(ContentPlaceHolder)。这些占位控件定义可替换内容出现的区域,可替换内容是在内容页中定义的。下面是新创建的母版页初始源代码,页面上包含了两个 ContentPlaceHolder 控件,id 分别为 head 和 ContentPlaceHolder1。

```
<%@ Master Language = "C#" CodeFile = "MasterPage.master.cs" Inherits = "MasterPage" %>
<!DOCTYPE html >
< html xmlns = "http://www.w3.org/1999/xhtml">
    < head runat = "server">
      < meta http - equiv = "Content - Type" content = "text/html; charset = utf - 8"/>
      < title ></title >
    < asp:ContentPlaceHolder id = "head" runat = "server">
      </asp:ContentPlaceHolder >
    </head >
    < body >
      < form id = "form1" runat = "server">
      < div >
      < asp:ContentPlaceHolder id = "ContentPlaceHolder1" runat = "server">
      </asp:ContentPlaceHolder >
      </div >
```

```
    </form>
  </body>
</html>
```

内容页是绑定到特定母版页的 ASP.NET 页,通过创建各个内容页来定义母版页占位控件的内容,实现页面的内容设计。在内容页的@Page 指令中,使用 MasterPageFile 属性来指向要使用的母版页,从而建立内容页和母版页的绑定。例如,下面是一个内容页的初始源代码,其中@Page 指令将该内容页绑定到 MasterPage.master 页。母版页中创建为 ContentPlaceHolder 控件的区域在新的内容页中显示为 Content 控件。在内容页中,通过添加 Content 控件并将这些控件映射到母版页上的 ContentPlaceHolder 控件来创建内容,内容页默认包括两个 Content 控件。

```
<%@ Page Title = "" Language = "C#" MasterPageFile = "~/MasterPage.master" AutoEventWireup
 = "true" CodeFile = "Default.aspx.cs" Inherits = "_Default" %>
<asp:Content ID = "Content1" ContentPlaceHolderID = "head" Runat = "Server">
</asp:Content>
<asp:Content ID = "Content2" ContentPlaceHolderID = "ContentPlaceHolder1" Runat = "Server">
</asp:Content>
```

8.1.2　母版页的创建

母版页界面由公共部分和非公共部分组成,因此在创建母版页之前必须判断哪些内容是页面公共部分。下面介绍母版页创建过程。

(1) 新建 ASP.NET 网站 Master。

(2) 在"解决方案资源管理器"中右击网站,然后在弹出的快捷菜单中选择"添加"→"添加新项"命令,打开"添加新项"对话框,选择"母版页",默认名称为 MasterPage.master,单击"添加"按钮新建一个母版页,如图 8-1 所示。

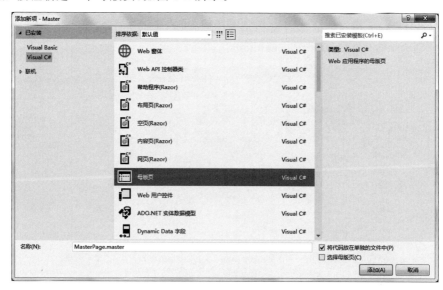

图 8-1　新建母版页

母版页由 MasterPage. master 和 MasterPage. master. cs 两个文件组成,母版页中有一个内容页控件 ContentPlaceHolder1,用于网页内容设计,此时不要在控件里面编写内容,如图 8-2 所示。

图 8-2　内容页控件

(3) 转到设计视图,在 ContentPlaceHolder1 控件的上面和下面分别加上" * * * 这是母版页头 * * * "和" * * * 这是母版页脚 * * * "两句文本,如图 8-3 所示。

图 8-3　母版页设计

(4) 单击"保存"按钮,将来可以用它来做其他内容页了。

8.1.3　母版页的使用

母版页仅仅是一个页面模板,单独的母版页不能被用户访问,它要通过内容页来使用。创建内容页的方法有两种,第一种是基于母版页创建内容页,第二种是在建立新网页时选择母版页。下面分别介绍这两种方法。

1. 基于母版页创建内容页

基于母版页创建内容页的步骤如下。

(1) 打开母版页。

(2) 右击 ContentPlaceHolder1 控件,在弹出的快捷菜单中选择"添加内容页"选项,如图 8-4 所示。

(3) 产生的网页文件默认名称为 Default. aspx,此时在 ContentPlaceHolder1 控件中输入"这是内容页 1"文本,并保存网页文件,如图 8-5 所示。

图 8-4　"添加内容页"选项

（4）按 Ctrl＋F5 组合键运行程序，结果如图 8-6 所示。

图 8-5　设计内容页 1　　　　　　　　　　　　图 8-6　运行内容页 1

2．建立新网页时选择母版页

建立新网页时选择母版页的步骤如下。

（1）在 Master 站点中添加一个 Web 窗体网页文件，在"添加新项"对话框中选中"选择母版页"复选框，如图 8-7 所示。

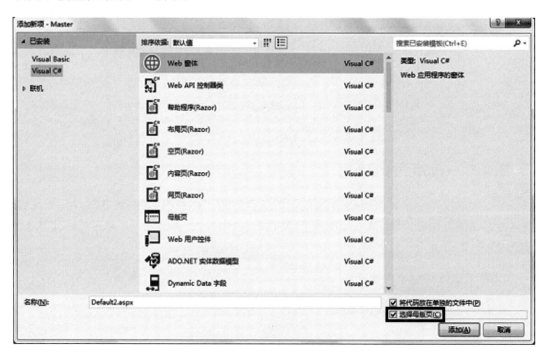

图 8-7　添加 Web 窗体

（2）单击"添加"按钮，在弹出的对话框中选择项目中存在的母版页，如图 8-8 所示。

（3）单击"确定"按钮后，新网页即为内容页，在 ContentPlaceHolder1 控件中输入"这是内容页 2"文本，并保存网页文件，如图 8-9 所示。

（4）按 Ctrl＋F5 组合键运行程序，结果如图 8-10 所示。

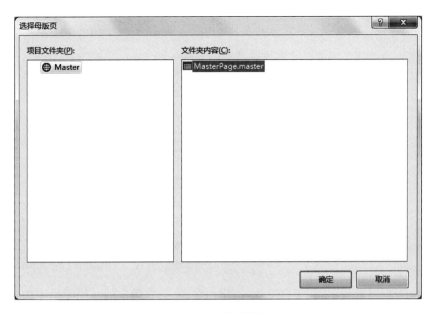

图 8-8　选择母版页

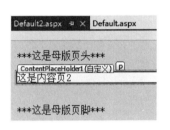

图 8-9　设计内容页 2

图 8-10　运行内容页 2

8.2　站点导航

一个完整的 Web 网站包括了很多的文件和网页。在网站中经常使用页面导航功能,这样可以方便用户在一个复杂的网站中进行页面之间的跳转,同时又能随时了解自己在网站中的位置。ASP. NET 提供了 SiteMapPath 控件、TreeView 控件和 Menu 控件 3 种导航控件,同时提供了一个用于连接数据源的 SiteMapDataSource 控件。利用 3 种导航控件与SiteMapDataSource 控件相结合,能很方便地实现页面导航的不同形式。

8.2.1　站点地图

在实现页面导航前,通常先为网站添加站点地图(SiteMap)。站点地图是一种扩展名为. sitemap 的 XML 文件,其中包括了站点结构信息。默认情况下站点地图文件被命名为Web. sitemap,并且存储在应用程序的根目录下。使用站点地图可以定义应用程序中所有页面的导航结构，以及它们的相互关系。

创建站点地图的步骤如下。

（1）分析网站结构，按层次结构描述站点的布局。

例如，某软件公司的业务结构如图 8-11 所示，网站共有 7 个网页。

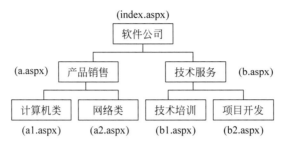

图 8-11　某软件公司的业务结构

（2）建立站点地图文件。

在"解决方案资源管理器"窗口中，右击网站名，然后在弹出的快捷菜单中选择"添加"→"添加新项"命令，在"添加新项"对话框中选择"站点地图"即可创建站点地图文件 Web. sitemap，如图 8-12 所示，该文件的初始内容如下。

```xml
<?xml version = "1.0" encoding = "utf - 8" ?>
< siteMap xmlns = "http://schemas.microsoft.com/AspNet/SiteMap - File - 1.0" >
< siteMapNode url = "" title = ""  description = "">
< siteMapNode url = "" title = ""  description = "" />
< siteMapNode url = "" title = ""  description = "" />
</siteMapNode >
</siteMap >
```

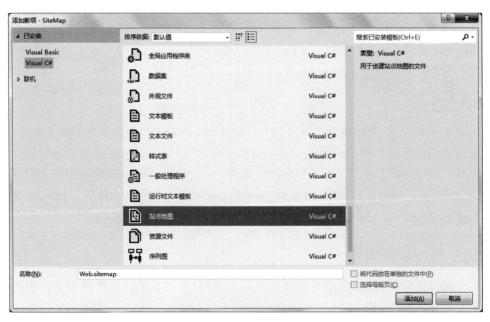

图 8-12　创建站点地图文件

在 Web. sitemap 文件中包含根结点 siteMap。而且,设置一个父 siteMapNode 结点,该结点表明是默认的站点首页。在父 siteMapNode 结点下,可以有若干个子 siteMapNode 结点,分别按层次结构代表了网站的各子栏目。每个 siteMapNode 结点中都有 url、title 和 description 属性。

url:该属性指明需要导航的栏目的地址链接,在 Web. sitemap 中定义,必须是每个栏目的相对地址,url 属性值不允许重复。

title:该属性指出每个子栏目的名称,显示在页面中。

description:该属性设置后,在鼠标移动到该栏目时,会出现有关该栏目的相关提示。

(3)编写站点地图文件。

```
<?xml version = "1.0" encoding = "utf - 8" ?>
< siteMap xmlns = "http://schemas. microsoft. com/AspNet/SiteMap - File - 1.0" >
< siteMapNode url = "index. aspx" title = "软件公司"  description = "index">
< siteMapNode url = "a. aspx" title = "产品销售"  description = "a">
< siteMapNode url = "a1. aspx" title = "计算机类"  description = "a1" />
< siteMapNode url = "a2. aspx" title = "网络类"  description = "a2" />
</siteMapNode >
< siteMapNode url = "b. aspx" title = "技术服务"  description = "b">
< siteMapNode url = "b1. aspx" title = "技术培训"  description = "b1" />
< siteMapNode url = "b2. aspx" title = "项目开发"  description = "b2" />
</siteMapNode >
</siteMapNode >
</siteMap >
```

8.2.2　站点导航控件

ASP. NET 提供了 SiteMapPath 控件、TreeView 控件和 Menu 控件 3 种导航控件,这些控件都基于站点地图实现导航。

1. SiteMapPath 控件

SiteMapPath 控件用于显示一条导航路径(链接之间以特殊符号进行分隔),以链接的方式显示当前页面返回到主页的路径。SiteMapPath 控件的使用方法具体步骤如下。

(1)新建 ASP. NET 网站 SiteMapPath,添加一个站点地图 Web. sitemap 文件,内容为上述软件公司结构。

(2)在网站内分别添加 index. aspx、a. aspx、a1. aspx、a2. aspx、b. aspx、b1. aspx、b2. aspx 共 7 个网页文件。

(3)分别将每个网页设计图上拖放一个 SiteMapPath 控件,如图 8-13 所示。可见同一个 SiteMapPath 控件在不同页面上显示的内容不一样,这正是站点地图文件中添加的内容。

(4)按 Ctrl+F5 组合键运行程序,单击文字可实现页面的跳转。

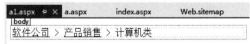

图 8-13　页面添加 SiteMapPath 控件

2. TreeView 控件

TreeView 是 ASP.NET 的 Navigation 中的一个控件,实际上就是人们通常所说的树形菜单。TreeView 控件元素除了可以直接输入外,还可以与两种数据源绑定,这两种数据源是 SiteMap 和 XML File,可以看出不能直接与数据库绑定。

TreeView 控件要想与数据源绑定,就要借助于 SiteMapDataSource 控件。SiteMapDataSource 控件称为网站地图数据源,属于数据控件,是站点地图数据的数据源,能自动获取存储在分层站点地图配置文件(.sitemap 文件)中的数据。通过该控件可以将 TreeView 控件和 Menu 控件绑定到分层站点地图数据。然后就可以以目录形式显示站点地图或者主动在站点内导航。

TreeView 控件的使用方法具体步骤如下。

(1) 新建 ASP.NET 网站 TreeView,添加一个站点地图 Web.sitemap 文件,内容为上述软件公司结构。

(2) 在网站内分别添加 index.aspx、a.aspx、a1.aspx、a2.aspx、b.aspx、b1.aspx、b2.aspx 共 7 个网页文件。

(3) 在 index.aspx 页面添加一个 TreeView 控件和一个 SiteMapDataSource 控件。单击 TreeView 控件右侧的箭头图标,在菜单中选择"选择数据源"下拉列表框中要连接的 SiteMapDataSource 的控件名称,如图 8-14 所示。其他 6 个文件,每个页面的设计视图上分别输入其标题文字。

(4) 按 Ctrl+F5 组合键运行程序,结果如图 8-15 所示,通过单击文字,就会跳转到相应页面。

图 8-14　为 TreeView 控件指定数据源

图 8-15　TreeView 控件运行结果

3. Menu 控件

Menu 控件称为菜单控件,可以开发 ASP.NET 网页的静态和动态显示菜单。Menu 控件元素与 TreeView 控件一样,可以直接输入,也可以与使用站点地图文件的 SiteMapDataSource 控件的值绑定在一起。Menu 控件与数据源绑定使用方法与 TreeView 控件类似,下面就以直接输入的方式介绍 Menu 控件的使用方法。

(1) 新建 ASP.NET 网站 Menu,网站结构如图 8-11 所示。在网站内分别添加 index.

aspx、a. aspx、a1. aspx、a2. aspx、b. aspx、b1. aspx、b2.aspx共7个网页文件。

（2）在 index. aspx 页面添加一个 Menu 控件，单击 Menu 控件右侧的箭头图标，在菜单中选择"编辑菜单项"命令，如图 8-16 所示。打开"菜单项编辑器"对话框，输入网站结构，如图 8-17 所示。每个结点都有 Text 和 NavigateUrl 属性，Text 属性的值显示在 Menu 控件中，NavigateUrl 属性指定单击菜单项后打开的页面。

（3）其他 6 个文件，在每个页面上输入其标题文字。

图 8-16 "Menu 任务"菜单

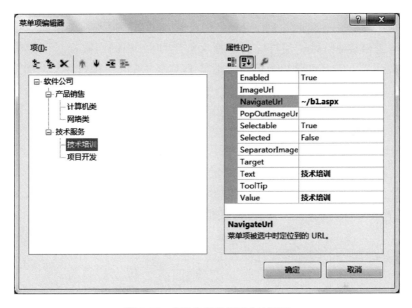

图 8-17 "菜单项编辑器"对话框

（4）按 Ctrl＋F5 组合键运行程序，结果如图 8-18 所示，通过单击菜单项，就会跳转到相应页面。

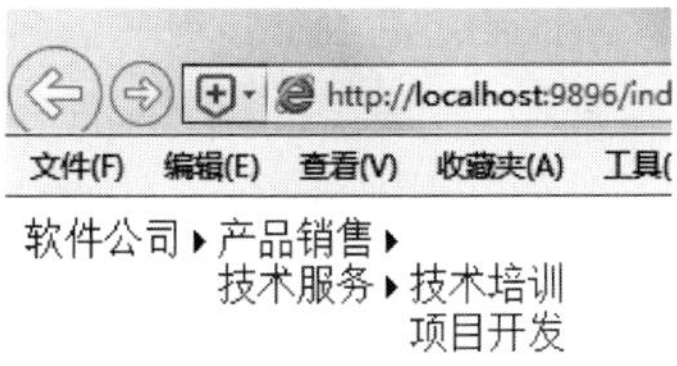

图 8-18 Menu 控件运行结果

这个例题用的是 Menu 控件默认的行为，也就是显示根结点，当鼠标指针停留在上面时，结点会动态地展开。子结点以同样的方式展开。

Menu 控件支持两种显示类型：静态和动态。如果希望 Menu 控件在任何时候都完全展开，就要使用静态选项。动态选项允许整个或者部分菜单结构像前面讨论的例题中那样动态显示出来。两种显示选项不是互不相容的，它们可以一起使用，这样菜单的一部分是静态的，其他部分都是动态的。例如，希望静态地显示前两层，而剩下的结点都动态地显示出来。

Menu 控件中静态元素的层次由其 StaticDisplayLevels 属性控制。StaticDisplayLevels 属性是一个代表显示层数的整数值，最小值为 1，负值或者 0 都会产生异常。可以对动态菜单使用 MaximumDynamicDisplayLevels 属性，它用来定义动态元素显示的层数。1 是默认值；0 表示没有动态菜单要显示；而负值会产生异常。

8.3　主题

主题是在 CSS 之上推出的一种控制页面一致性样式的技术。如果说母版页是定义布局的好工具，那么主题是控制页面内容的好工具，使用主题可以控制所有的包括 HTML 元素和 ASP.NET 服务器控件的呈现。

8.3.1　主题概述

主题（Theme）是指一组应用于特定控件的样式声明（也称为皮肤）。主题可以设置样式属性、图像、颜色和其他特性。通过应用主题，可以为网站中的网页提供一致的外观。主题与 CSS 的主要区别在于：主题基于控件而不是 HTML，所以主题允许定义和重用几乎所有的控件属性。其次，可以通过配置文件来应用主题，这样不必修改任何一个页面就可以对整个文件或整个网站应用主题。主题可以包括外观文件（定义 ASP.NET 服务器控件的属性设置），还可以包括级联样式表文件（.css 文件）和图形资源等。

1. 外观文件

外观文件的扩展名为 .skin，它包含各类控件（如 Button、Label、TextBox 或 Calendar 等）的属性设置。控件外观设置类似控件标记本身，但除了 runat 属性外，只包含控制外观的属性。

例如，下面是 Button 控件的控件外观。

```
< asp: Button runat = "server" BackColor = "lightblue" ForeColor = "black"/>
```

一个 skin 文件可以包含一个或多个控件类型的一个或多个控件外观。有两种类型的控件外观：默认外观和已命名外观。如果控件外观没有 SkinID 属性，则是默认外观，它自动应用于同一类型的所有控件。已命名外观是设置了 SkinID 属性的控件外观，它不会自动应用于控件，只有将控件的 SkinID 属性设置为指定属性值时，此外观才应用于该控件。通过创建已命名外观，可以为应用程序中同一类型控件的不同实例设置不同外观。

2. 级联样式表

主题还可以包含级联样式表（.css 文件）。将 CSS 文件放在主题文件夹中，样式表自动作为主题的一部分加以应用。尽管样式表可以作为主题的一部分，但由于主题中还包含着外观文件及其他资源，因此主题与样式表是不同的：主题可以定义控件或网页的许多属性，而不仅仅是样式属性，还可以包括图形。每页只能应用一个主题，但可以应用多个样式表。

3. 主题中的图形和其他资源

主题还可以包含图形和其他资源。例如，若页面主题中包含 TreeView 控件的外观，可以在主题中包括用于表示展开按钮和折叠按钮的图形。

通常,主题的资源文件与该主题的外观文件位于同一文件夹中,但它们也可以位于Web应用程序中的其他地方,如主题文件夹的某个子文件夹中。如果主题资源放在应用程序的其他文件夹中,则可以使用格式为"～/子文件夹/文件名"的路径来引用这些资源文件。

8.3.2　创建主题

创建主题的具体步骤如下。

(1) 右击要创建主题的网站项目,在弹出的快捷菜单中选择"添加"→"添加 ASP. NET 文件夹"→"主题"命令,此时该网站项目下会添加一个名为 App_Themes 的文件夹,并自动添加一个待命名的主题,这里主题命名为"MyTheme"。

(2) 右击 MyTheme 主题,在弹出的快捷菜单中选择"添加"→"添加新项"命令,打开"添加新项"对话框。选择"外观文件"模板,命名为"MySkinFile. skin",如图 8-19 所示,单击"添加"按钮,就会创建外观文件。

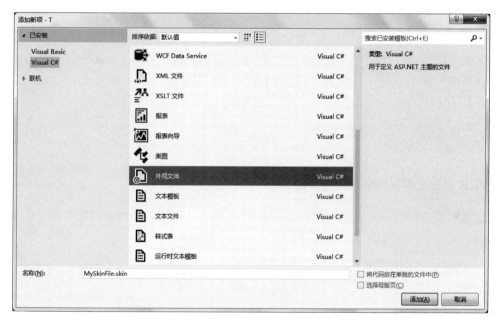

图 8-19　创建外观文件

(3) 建好的外观文件中有一段注释代码,是外观文件编写的说明文字,告诉用户以何种格式编写控件的外观属性定义。

```
<%--
默认的外观模板。以下外观仅作为示例提供。
①命名的控件外观。SkinId 的定义应唯一,因为在同一主题中不允许一个控件类型有重复的SkinId。
<asp:GridView runat = "server" SkinId = "gridviewSkin" BackColor = "White" >
<AlternatingRowStyle BackColor = "Blue" />
</asp:GridView>
②默认外观。未定义 SkinId。在同一主题中每个控件类型只允许有一个默认的控件外观。
<asp:Image runat = "server" ImageUrl = "～/images/image1.jpg" />
-- %>
```

在这个外观文件中,可以包含各个控件(如 Button、Label、TextBox 等控件)的属性设置。

(4)按照说明格式编写控件的外观。

```
< asp:Button runat = "server" BackColor = "♯FFFF66" />
< asp:Button runat = "server" SkinID = "green" BackColor = "♯00CC00" />
```

Visual Studio 并没有提供对于外观文件的任何设计时支持,因此为了给特定的服务器控件创建外观,开发人员需要先在 ASP.NET 页面中设计好外观,然后复制到外观文件中。对服务器控件的外观定义与普通的 Web 页面相似,唯一不同的是不能使用 ID 属性。

8.3.3　应用主题

主题可以应用到单个 ASP.NET 网页,也可以应用到站内所有 ASP.NET 网页。

1.将主题应用到个别网页

定义主题后,可以使用@Page 指令的 Theme 或 StyleSheetTheme 属性,将该主题应用到个别 ASP.NET 网页上。例如,将主题 MyTheme 应用到 Index.aspx 上,可以按如下代码设置。

```
< % @ Page Language = "C♯" Theme = "MyTheme" … % >
```

2.将主题应用到网站中的所有网页

设置配置文件(Web.config)中的 pages 节,可将主题应用到网站中的所有网页。

```
< configuration >
< system.web >
< pages theme = "MyTheme"/>
</ system.web >
</ configuration >
```

此时,如果某个页面不想使用主题,可将@Page 指令的 EnableTheming 属性设置为false。例如:

```
< % @ Page EnableTheming = "false" … % >
```

3.把指定的外观应用到控件

如果主题文件中的某类控件外观是已命名外观(如 SkinID="green"),那么在网页中使用该类控件时,就可设置控件的 SkinID 属性,以表明控件使用这个已命名外观。

```
< asp:Button ID = "Button1" runat = "server" SkinID = "green" />
```

4．主题应用的优先级

可以通过指定主题的应用方式，指定主题设置相对于本地控件设置的优先级。

如果主题是通过设置@Page 指令或配置＜pages/＞节的 Theme 属性应用的，则主题中的外观属性将重写页面中目标控件的同名属性。

如果主题是通过设置@Page 指令或配置＜pages/＞节的 StyleSheetTheme 属性应用的，可以将主题定义作为服务器样式来应用。主题中的外观属性可被页面中的控件属性重写。

如果应用程序应用了 Theme，又应用 StyleSheetTheme，则按以下顺序应用控件的属性：首先应用 StyleSheetTheme 属性，然后应用页中的控件属性（重写 StyleSheetTheme），最后应用 Theme 属性（重写控件属性和 StyleSheetTheme）。

8.4 用户界面设计的综合应用

创建计算机系网站（WebDemo）的结构如图 8-20 所示，共 11 个网页文件，要求用树形结构实现站点导航，并且每个子页面的主题风格一致。

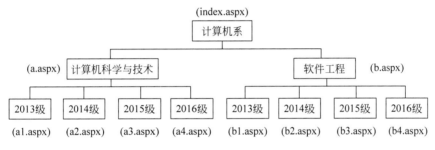

图 8-20 计算机系网站结构

具体步骤如下。

1．创建主题

在 WebDemo 站点下创建主题 MyTheme，并创建主题 MyTheme 的外观文件 SkinFile.skin，用来设置页面标签控件上的文字效果，代码如下：

```
<asp:Label  runat = "server" Font - Bold = "True" Font - Names = "华文楷体" Font - Size = "XX -
Large" ForeColor = "♯0000CC"></asp:Label>
```

2．应用主题

设置配置文件（Web.config）中的 pages 节，将主题应用到网站中的所有网页，代码如下：

```
<configuration>
<system.web>
<pages theme = "MyTheme"/>
</system.web>
</configuration>
```

3．创建站点地图

根据图 8-20 所示的网站层次结构，建立站点地图文件 Web. sitemap，代码如下：

```xml
<?xml version = "1.0" encoding = "utf-8" ?>
<siteMap xmlns = "http://schemas.microsoft.com/AspNet/SiteMap-File-1.0">
<siteMapNode url = "index.aspx" title = "计算机系"  description = "index">
<siteMapNode url = "a.aspx" title = "计算机科学与技术"  description = "a">
<siteMapNode url = "a1.aspx" title = "2013 级"  description = "a1" />
<siteMapNode url = "a2.aspx" title = "2014 级"  description = "a2" />
<siteMapNode url = "a3.aspx" title = "2015 级"  description = "a3" />
<siteMapNode url = "a4.aspx" title = "2016 级"  description = "a4" />
</siteMapNode>
<siteMapNode url = "b.aspx" title = "软件工程"  description = "b">
<siteMapNode url = "b1.aspx" title = "2013 级"  description = "b1" />
<siteMapNode url = "b2.aspx" title = "2014 级"  description = "b2" />
<siteMapNode url = "b3.aspx" title = "2015 级"  description = "b3" />
<siteMapNode url = "b4.aspx" title = "2016 级"  description = "b4" />
</siteMapNode>
</siteMapNode>
</siteMap>
```

4．创建母版页

创建母版页文件 MasterPage. master，在母版页添加一个 HTML 控件中的 table 控件（3 行 3 列的表格）作为页面框架结构。将准备好的图片文件夹 images 复制到站点目录下，并在资源管理器中刷新站点。

在表格的第 1 行和第 3 行分别添加 Image1 和 Image2 控件，它们的 ImageUrl 属性分别指向 images 文件夹下的素材图片。调整表格第 2 行的中间单元格的宽度，在左侧单元格内添加 TreeView1 控件，在中间单元格内摆放 ContentPlaceHolder1 控件和 SiteMapDataSource1 控件，并为 TreeView1 控件指定数据源为 SiteMapDataSource1 控件，如图 8-21 所示。

图 8-21　母版页设计

5. 使用母版页

添加 index. aspx 文件，同时选择应用母版页 MasterPage. master。在页面上添加 Label1 控件，并设置 Text 属性为"计算机系简介"。用同样方法，为网站添加 a. aspx、b. aspx、a1. aspx、a2. aspx、a3. aspx、a4. aspx、b1. aspx、b2. aspx、b3. aspx、b4. aspx 网页，各页面内容如表 8-1 所示。

表 8-1　网页文件及内容

文件名	控件名	属性
index. aspx	Label1	Text＝"计算机系简介"
a. aspx	Label1	Text＝"计算机科学与技术专业简介"
b. aspx	Label1	Text＝"软件工程专业简介"
a1. aspx	Label1	Text＝"2013 级计科学生名单"
a2. aspx	Label1	Text＝"2014 级计科学生名单"
a3. aspx	Label1	Text＝"2015 级计科学生名单"
a4. aspx	Label1	Text＝"2016 级计科学生名单"
b1. aspx	Label1	Text＝"2013 级软件学生名单"
b2. aspx	Label1	Text＝"2014 级软件学生名单"
b3. aspx	Label1	Text＝"2015 级软件学生名单"
b4. aspx	Label1	Text＝"2016 级软件学生名单"

6. 运行程序

网站中所有文件结构如图 8-22 所示。按 Ctrl＋F5 组合键运行程序，并在树形目录中分别单击"计算机科学与技术"及其子目录"2015 级"，结果如图 8-23～图 8-25 所示。

图 8-22　网站文件结构

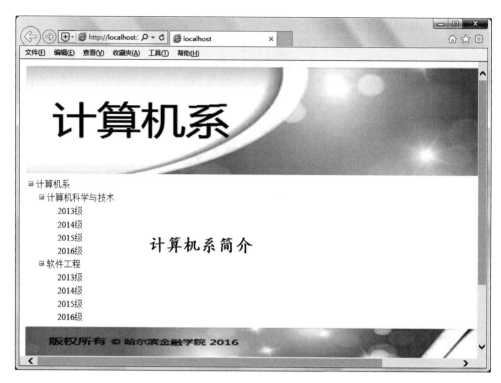

图 8-23 "计算机系"页面

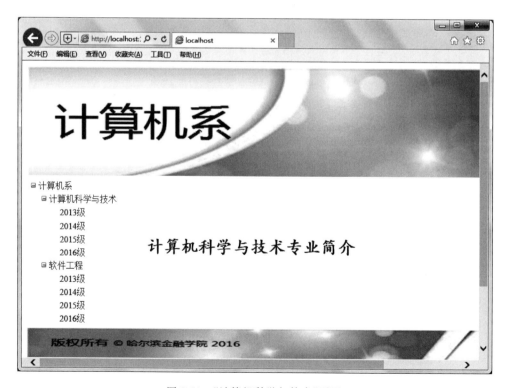

图 8-24 "计算机科学与技术"页面

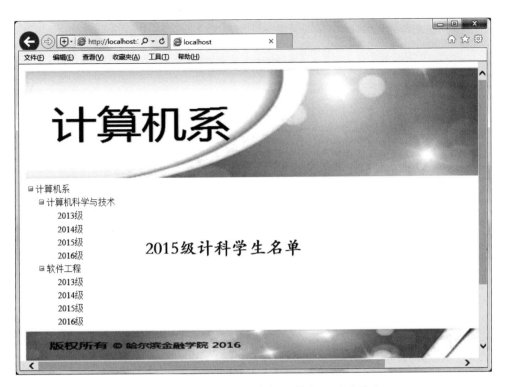

图 8-25　"计算机科学与技术"下的"2015 级"页面

本章小结

本章介绍了 ASP. NET 中的母版页、导航、主题等在 Web 开发中常用的方法。通过本章内容的学习,掌握母版页的创建和使用、站点导航的实现、外观文件的创建和应用等内容。

习题

一、单选题

1. 如需要创建母版页,应该在母版页中采用(　　)命令。

   A. ＜％@Page％＞　　　　　　　　　　B. ＜％@Register％＞

   C. ＜％@Master％＞　　　　　　　　　D. ＜％@Control％＞

2. 主题不包括(　　)。

   A. skin 文件　　　　　B. CSS 文件　　　　C. 图片文件　　　　D. config 文件

3. 对特定网页应用主题时,在该网页中应该采用(　　)。

   A. ＜％@Page％＞　　　　　　　　　　B. ＜％@Register％＞

   C. ＜％@Master％＞　　　　　　　　　D. ＜％@Control％＞

二、填空题

1. 母版页中可以包含一个或多个可替换内容占位符_____。
2. 站点地图的扩展名是_____。
3. 若要使用网站导航控件,必须在_____文件中描述网站的结构。

三、操作题

1. 编写程序,为自己的网站设计一个母版页。
2. 编写程序,为自己的网站设计一个导航。

第**9**章

教务管理系统实训

本章以"教务管理系统"网站为例，从系统分析、系统设计、数据库设计、网站设计的角度开发一个功能完整的动态网站，共包含 10 个数据库表、32 个网页文件。首先整体规划网站，然后设计数据库，最后综合应用前面讲述的知识进行网页设计及编码。

9.1 系统分析与系统设计

9.1.1 系统分析

"教务管理系统"是一个用来提高学生选课、教师分配课程和成绩管理工作效率的功能完整的网站，通过本系统，管理员可对学生、班级、课程及教师的基本信息、学生选课和考试成绩进行管理及维护；教师可查看本人课程分配情况及录入学生成绩；学生可查看本人成绩及完成选修课程的自选操作。

1. 设计的目标和意义

系统开发的总体目标是实现学生选课、教师课程分配和成绩管理的系统化、规范化。

2. 需求分析

按照使用网站的不同用户进行分析，可确定该网站要完成的功能主要由以下三部分组成。

（1）管理员可以对学生信息、教师信息、课程及课程分配信息、系部、专业及班级信息、学生选课及成绩进行管理，能够实现这些信息的添加、删除、查询、修改等操作。

（2）教师查看个人信息、修改登录密码、查看课程分配情况及录入学生成绩。

（3）学生查看个人信息、修改登录密码、对选修课程进行自选操作及成绩查询。

9.1.2 系统设计

根据需求分析进行系统设计，"教务管理系统"分为以下 3 个功能模块。

1. 管理员功能模块

管理员功能模块又可划分成以下 5 个子模块。

（1）学生管理子模块。添加学生的学号、姓名、所在班级等信息；对学生的相关信息进行查、改、删操作。

（2）教师管理子模块。添加教师的教师号、姓名、所在系部等信息；对教师的相关信息进行查、改、删操作。

（3）班级管理子模块。添加系部、专业及班级的基本信息，并对其相关信息进行查、改、删操作。

（4）课程管理子模块。添加课程、课程类别及课程分配信息，并对其相关信息进行查、改、删操作；对必修课程进行导入（即必修课程的最终确认，对应教师随即可录入成绩）。

（5）选课与成绩管理子模块。对学生选修课程进行查询、导入（即选修课程的最终确认，对应教师随即可录入成绩）；对最终确认的必修和选修课程进行查询、删除；对学生成绩进行查询和修改。

2．教师功能模块

教师功能模块需要完成以下功能。

（1）查看个人信息。

（2）修改登录密码。

（3）查看课程分配情况及录入学生成绩。

3．学生功能模块

学生功能模块需要完成以下功能。

（1）查看个人信息。

（2）修改登录密码。

（3）对选修课的可选课程和已选课程分别进行查询，并可进行选课操作。

（4）成绩查询。

9.1.3 系统结构图

系统结构图如图 9-1 所示。

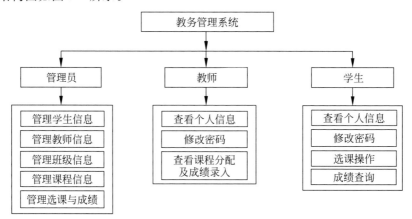

图 9-1 系统结构图

9.1.4 系统流程图

系统流程图如图 9-2 所示。

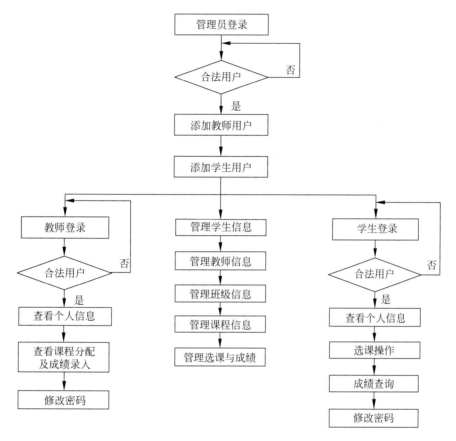

图 9-2 系统流程图

9.2 数据库设计

由于 Access 数据库配置简单、移植方便，适合小型网站开发，且一旦网站开发完成后，从 Access 数据库向 SQL Server 数据库的转化也比较简单，因此本系统使用 Microsoft Access 2010 数据库系统来存储程序运行时需要的各种数据。分析系统功能后，确定要包含 10 张数据表，下面进行数据库 School_Manage.accdb 的各个数据表的设计。

1. 系部表 department

系部表主要用来记录系部的基本信息，包括系部号、系部名称、系部负责人等字段。系部号由两位顺序号组成。系部表 department 的表结构如表 9-1 所示。

表 9-1　系部表 department 的表结构

字段名称	数据类型	长度	是否可为空	说　明
Did	文本	2	否	系部号(主键)
Dname	文本	10	否	系部名称
Dhead	文本	10	是	系部负责人
Dplace	文本	50	是	系部位置
Delse	文本	50	是	备注

2．专业表 speciality

专业表主要用来记录专业的基本信息,包括专业号、专业名称、所在系部号等字段。专业号共 4 位,由两位系部号+两位顺序号组成。专业表 speciality 的表结构如表 9-2 所示。

表 9-2　专业表 speciality 的表结构

字段名称	数据类型	长度	是否可为空	说　明
Speid	文本	4	否	专业号(主键)
Spename	文本	20	否	专业名称
Spedep	文本	2	是	所在系部号
Spelse	文本	50	是	备注

3．教师表 teacher

教师表主要用来记录教师的基本信息,包括教师号、教师姓名、密码、所在系部号等字段。教师号共 4 位,由两位系部号+两位顺序号组成。由于管理员和教师要设计在一个表中实现,因此需要添加一个区分用户类型的字段,用来区别管理员和教师身份。教师表 teacher 的表结构如表 9-3 所示。

表 9-3　教师表 teacher 的表结构

字段名称	数据类型	长度	是否可为空	说　明
Tid	文本	4	否	教师号(主键)
Tname	文本	10	否	教师姓名
Tsex	文本	2	是	性别
Tdep	文本	2	是	所在系部号
Tpwd	文本	10	是	密码
Ttel	文本	15	是	联系电话
Taddr	文本	50	是	家庭住址
Tjob	文本	5	是	职称
Ttype	文本	1	否	身份标识(0 管理员,1 教师)
Telse	文本	50	是	备注

4．班级表 class

班级表主要用来记录班级的基本信息,包括班级号、班级名称、所在专业号、班长学号、入学时间等字段。班级号共 8 位,由两位入学年＋4 位专业号＋两位顺序号组成。班级表 class 的表结构如表 9-4 所示。

表 9-4　班级表 class 的表结构

字段名称	数据类型	长度	是否可为空	说　　明
Cid	文本	8	否	班级号(主键)
Cname	文本	50	否	班级名称
Cspe	文本	4	是	所在专业号
Cmonitor	文本	10	是	班长学号
CmonitorN	文本	10	是	班长姓名
CmonitorTel	文本	15	是	班长电话
Ctime	文本	10	是	入学时间
Celse	文本	50	是	备注

5. 学生表 student

学生表主要用来记录学生的基本信息,包括学生号、学生姓名、密码、所在班级号等字段。学生号共 10 位,由 8 位班级号＋两位顺序号组成。学生表 student 的表结构如表 9-5 所示。

表 9-5　学生表 student 的表结构

字段名称	数据类型	长度	是否可为空	说　　明
Sid	文本	10	否	学生号(主键)
Sname	文本	10	否	学生姓名
Ssex	文本	2	是	性别
Smonitor	文本	2	是	是否是班长,值为"是"或空
Snati	文本	10	是	民族
Sbir	文本	10	是	出生日期
Sclass	文本	10	是	所在班级号
Saddr	文本	50	是	家庭住址
Stel	文本	15	是	电话号码
Spwd	文本	10	是	密码
Stime	文本	10	是	入学时间
Selse	文本	50	是	备注
Stype	文本	1	否	身份标识(2 为学生)

6. 课程类别表 CKind

课程类别表主要用来记录课程类别的基本信息,包括课程类别号、课程类别名、所属专业号(校级公共课是 0000)、是否公共课、课程性质等字段。课程类别号共 6 位,由 4 位专业号(或 0000)＋两位课程性质代号(01 必修课,02 选修课)组成。课程类别表 CKind 的表结构如表 9-6 所示。

表 9-6   课程类别表 CKind 的表结构

字段名称	数据类型	长度	是否可为空	说　明
CKid	文本	6	否	课程类别号(主键)
CKname	文本	20	否	课程类别名
CKspe	文本	4	是	所属专业号
CKpub	文本	10	是	是否公共课
CKpro	文本	10	是	课程性质
CKelse	文本	50	是	备注

7. 课程表 course

课程表主要用来记录课程的基本信息,包括课程号、课程名、课程类别号、学时、学分等字段。课程号共 9 位,由 6 位课程类别号＋3 位顺序号组成。课程表 course 的表结构如表 9-7 所示。

表 9-7   课程表 course 的表结构

字段名称	数据类型	长度	是否可为空	说　明
Crid	文本	9	否	课程号(主键)
Crname	文本	20	否	课程名
Crper	文本	3	是	学时
Crcre	文本	2	是	学分
Crkind	文本	6	是	课程类别号
Crelse	文本	50	是	备注

8. 教师—课程表 tea_cour

教师—课程表主要用来记录教师的课程分配信息,包括课程号、教师号、班级号、开课学期和是否已导入字段,为了操作方便加入了自动编号字段。课程号、教师号、班级号为主键。教师—课程表 tea_cour 的表结构如表 9-8 所示。

表 9-8   教师—课程表 tea_cour 的表结构

字段名称	数据类型	长度	是否可为空	说　明
Assignid	自动编号			分配号
Tid	文本	4	否	教师号(主键)
Crid	文本	9	否	课程号(主键)
Cid	文本	8	否	班级号(主键)
Cryear	文本	20	是	开课学期
import	文本	1	是	是否导入(0 未导入,1 已导入)

9. 学生—课程表 stu_cour

学生—课程表主要用来记录学生的全部课程(包括必修课和选修课)的成绩信息,包括学生号、课程号、成绩、教师号、班级号、开课学期等字段,为了操作方便加入了自动编号字段。学生号、课程号为主键。学生—课程表 stu_cour 的表结构如表 9-9 所示。

表 9-9　学生—课程表 stu_cour 的表结构

字段名称	数据类型	长度	是否可为空	说　明
SCid	自动编号			学生—课程号
Sid	文本	10	否	学生号（主键）
Crid	文本	9	否	课程号（主键）
Cid	文本	8	是	班级号
Tid	文本	4	是	教师号
Cryear	文本	20	是	开课学期
score	文本	3	是	成绩

10. 学生选修课程临时表 stu_cour1

学生选修课程临时表主要用来暂时存储学生自选的选修课程信息，包括学生号、课程号、教师号、班级号、开课学期字段，为了操作方便加入了自动编号字段。学生号、课程号为主键。当学生选修课程后，所选课程的基本信息存储到该表，而当管理员确认导入后，该表中的对应信息就被导入到学生—课程表 stu_cour 中。学生选修课程临时表的表结构基本与学生—课程表相同，只是少了成绩字段。学生选修课程临时表 stu_cour1 的表结构如表 9-10 所示。

表 9-10　学生选修课程临时表 stu_cour1 的表结构

字段名称	数据类型	长度	是否可为空	说　明
SCid	自动编号			学生选课号
Sid	文本	10	否	学生号（主键）
Crid	文本	9	否	课程号（主键）
Cid	文本	8	是	班级号
Tid	文本	4	是	教师号
Cryear	文本	20	是	开课学期

9.3　网站设计

系统设计与数据库设计后，开始进行网站设计。

9.3.1　网站结构图

根据系统设计对网站进行整体设计，网站结构图如图 9-3 所示。

9.3.2　页面功能

这里对网站所包含的 32 个网页涉及的功能和存取的数据表进行一一分析。

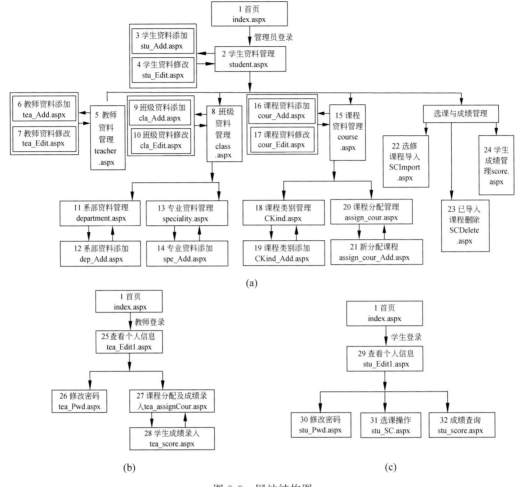

图 9-3　网站结构图

1. 首页 index.aspx

此页为整个网站的登录页,按身份类型进行判定后,跳转到各种身份对应的首页面,具体来讲,管理员登录,跳转到学生资料管理页面;教师登录,跳转到教师查看个人信息页面;学生登录,跳转到学生查看个人信息页面。涉及数据表为 teacher 和 student。

2. 学生资料管理 student.aspx

此页为管理员登录后的首页,页面显示学生的各种基本信息,提供了全部查询和按条件组合查询,查询条件包括班级、学生姓名和学号,其中学生姓名和学号支持模糊查询,并提供添加学生和修改学生的超链接以及批量删除学生的功能。学号与班级有关,涉及的数据表为 student 和 class。

此页还要提供合法用户的验证,如果用户身份不是"0",则重新链接到首页 index.aspx。

3. 学生资料添加 stu_Add.aspx

此页完成学生资料的添加,学号与班级有关,涉及的数据表为 student 和 class。

此页还要提供合法用户的验证，如果用户类型不是"0"，则重新链接到首页 index.aspx。

4. 学生资料修改 stu_Edit.aspx

此页完成学生资料的修改，学号与班级有关，涉及的数据表为 student 和 class。

此页还要提供合法用户的验证，如果用户类型不是"0"，则重新链接到首页 index.aspx。

5. 教师资料管理 teacher.aspx

此页显示教师的各种基本信息，提供了全部查询和按条件组合查询，查询条件包括系部和教师姓名，其中教师姓名支持模糊查询，并提供添加教师和修改教师的超链接以及删除教师的功能，教师号与系部有关，涉及的数据表为 teacher 和 department。

此页还要提供合法用户的验证，如果用户身份不是"0"，则重新链接到首页 index.aspx。

6. 教师资料添加 tea_Add.aspx

此页完成教师资料的添加，教师号与系部有关，涉及的数据表为 teacher 和 department。

此页还要提供合法用户的验证，如果用户类型不是"0"，则重新链接到首页 index.aspx。

7. 教师资料修改 tea_Edit.aspx

此页完成教师资料的修改，教师号与系部有关，涉及的数据表为 teacher 和 department。

此页还要提供合法用户的验证，如果用户类型不是"0"，则重新链接到首页 index.aspx。

8. 班级资料管理 class.aspx

此页显示班级的各种基本信息，提供了全部查询和按条件组合查询，查询条件包括各系部及专业和入学时间，并提供添加班级和修改班级的超链接以及删除班级的功能，涉及的数据表为 class、speciality 和 department。

此页还要提供合法用户的验证，如果用户身份不是"0"，则重新链接到首页 index.aspx。

9. 班级资料添加 cla_Add.aspx

此页完成班级资料的添加，新添加的班级不用设置班长信息，班级号和班级名称都与入学时间和各系部的专业有关，涉及的数据表为 class、speciality 和 department。

此页还要提供合法用户的验证，如果用户类型不是"0"，则重新链接到首页 index.aspx。

10. 班级资料修改 cla_Edit.aspx

此页完成班级资料的修改和设置班长信息，班长信息与学生有关，班级号和班级名称都与入学时间和各系部的专业有关，涉及的数据表为 class、speciality、department 和 student。

此页还要提供合法用户的验证，如果用户类型不是"0"，则重新链接到首页 index.aspx。

11. 系部资料管理 department.aspx

此页显示系部的各种基本信息，提供了添加系部的超链接以及编辑和删除系部的功能。涉及的数据表为 department。

此页还要提供合法用户的验证,如果用户类型不是"0",则重新链接到首页 index. aspx。

12. 系部资料添加 dep_Add.aspx

此页完成系部资料的添加,涉及的数据表为 department。

此页还要提供合法用户的验证,如果用户类型不是"0",则重新链接到首页 index. aspx。

13. 专业资料管理 speciality. aspx

此页显示专业的各种基本信息,提供了全部查询和按系部查询,并且提供了添加专业的超链接以及编辑和删除专业的功能。涉及的数据表为 speciality 和 department。

此页还要提供合法用户的验证,如果用户类型不是"0",则重新链接到首页 index. aspx。

14. 专业资料添加 spe_Add.aspx

此页完成专业资料的添加,专业号与系部有关,涉及的数据表为 speciality 和 department。

此页还要提供合法用户的验证,如果用户类型不是"0",则重新链接到首页 index. aspx。

15. 课程资料管理 course.aspx

此页显示课程的各种基本信息,提供了分别按校级公共课或各系部课程的全部查询和按条件组合查询,校级公共课可分别按必修课和选修课进行查询;各系部课程可按系部和课程类别进行组合查询,并提供添加课程和修改课程的超链接以及批量删除课程的功能,涉及的数据表为 course、CKind、speciality 和 department。

此页还要提供合法用户的验证,如果用户身份不是"0",则重新链接到首页 index. aspx。

16. 课程资料添加 cour_Add.aspx

此页完成课程资料的添加,课程号与课程类别有关,涉及的数据表为 course、CKind 和 department。

此页还要提供合法用户的验证,如果用户类型不是"0",则重新链接到首页 index. aspx。

17. 课程资料修改 cour_Edit.aspx

此页完成课程资料的修改,课程号与课程类别有关,涉及的数据表为 course、CKind 和 department。

此页还要提供合法用户的验证,如果用户类型不是"0",则重新链接到首页 index. aspx。

18. 课程类别管理 CKind.aspx

此页显示课程类别的各种基本信息,提供了分别按校级公共课类别和各系部课程类别的查询,并提供添加课程类别的超链接以及删除课程类别的功能。涉及的数据表为 CKind、speciality 和 department。

此页还要提供合法用户的验证,如果用户身份不是"0",则重新链接到首页 index. aspx。

19. 课程类别添加 CKind_Add.aspx

此页完成课程类别的添加,课程类别号与各系部的专业有关,其中校级公共课无专业区分,故统一设置为"0000",涉及的数据表为 CKind、speciality 和 department。

此页还要提供合法用户的验证,如果用户身份不是"0",则重新链接到首页 index. aspx。

20. 课程分配管理 assign_cour.aspx

此页显示课程在某学期分配给教师及班级的信息,提供了分别按校级公共课和各系部课程的全部查询和按条件组合查询,其中查询条件包括课程、班级和导入处理状态,并提供新分配课程的超链接以及删除课程分配和必修课程批量导入的功能,只能删除未导入的课程分配信息。涉及的数据表为数据库中所有的 10 个表。

此页还要提供合法用户的验证,如果用户身份不是"0",则重新链接到首页 index. aspx。

21. 新分配课程 assign_cour_Add.aspx

此页完成课程分配信息的添加,包括课程、教师、班级和开课学期的设置,涉及的数据表为 tea_cour、course、CKind、teacher、class、speciality 和 department。

此页还要提供合法用户的验证,如果用户身份不是"0",则重新链接到首页 index. aspx。

22. 选修课程导入 SCImport.aspx

此页显示学生在某学期选修课程后但未被管理员确认导入之前的情况,提供按班级、学生、课程和开课学期的组合查询,并提供批量导入的功能。当管理员对某些学生的选课信息执行导入操作之后,这些学生的选课信息在此页就查询不到了,涉及的数据表为数据库中所有的 10 个表。

此页还要提供合法用户的验证,如果用户身份不是"0",则重新链接到首页 index. aspx。

23. 已导入课程删除 SCDelete.aspx

此页显示学生在某学期最终确认的必修和选修的所有课程信息,提供分别按必修课和选修课进行按条件组合查询,其中查询条件包括班级、学生、课程和开课学期,此页还提供批量删除的功能。删除工作在教师录入成绩之前完成,否则没有意义,涉及的数据表为数据库中所有的 10 个表。

此页还要提供合法用户的验证,如果用户身份不是"0",则重新链接到首页 index. aspx。

24. 学生成绩管理 score.aspx

此页显示学生在某学期的所有课程的成绩信息,提供按班级、学生、课程、开课学期和任课教师的组合查询,并提供成绩修改的功能,涉及的数据表为 stu_cour、course、CKind、teacher、class、student、speciality 和 department。

此页还要提供合法用户的验证,如果用户身份不是"0",则重新链接到首页 index. aspx。

25. 查看个人信息 tea_Edit1.aspx

此页为教师登录后的首页,页面显示登录教师的个人基本信息,不提供修改功能。此页与教师资料修改页面 tea_Edit. aspx 大体一致,同样涉及的数据表为 teacher 和 department。

此页还要提供合法用户的验证,如果用户类型不是"1",则重新链接到首页 index. aspx。

26. 修改密码 tea_Pwd.aspx

此页为教师修改登录密码的页面,涉及的数据表为 teacher。

此页还要提供合法用户的验证,如果用户类型不是"1",则重新链接到首页 index. aspx。

27. 课程分配及成绩录入 tea_assignCour.aspx

此页为教师查询某学期个人分配课程情况,提供了全部查询和按开课学期和课程名称的组合查询,并提供了录入授课班级学生成绩的超链接,涉及的数据表为 tea_cour、course、CKind、Class。

此页还要提供合法用户的验证,如果用户类型不是"1",则重新链接到首页 index. aspx。

28. 学生成绩录入 tea_score.aspx

此页为教师录入某学期某班所有选择该课程的学生成绩,涉及的数据表为 stu_cour、student 和 course。

此页还要提供合法用户的验证,如果用户类型不是"1",则重新链接到首页 index. aspx。

29. 查看个人信息 stu_Edit1.aspx

此页为学生登录后的首页,页面显示登录学生的个人基本信息,不提供修改功能。此页与学生资料修改页面 stu_Edit. aspx 大体一致,同样涉及的数据表为 student 和 class。

此页还要提供合法用户的验证,如果用户类型不是"2",则重新链接到首页 index. aspx。

30. 修改密码 stu_Pwd.aspx

此页为学生修改登录密码的页面,涉及的数据表为 student。

此页还要提供合法用户的验证,如果用户类型不是"2",则重新链接到首页 index. aspx。

31. 选课操作 stu_SC.aspx

此页显示登录学生在某学期选修课的自选情况,并提供选课操作。具体来讲,包括按某学期进行的全部可选课程和已选课程的查询,学生自选课程操作发生在管理员选修课程导入之前,否则没有意义。涉及的数据表为 tea_cour、course、CKind、teacher、student、stu_cour1。

此页还要提供合法用户的验证,如果用户类型不是"2",则重新链接到首页 index. aspx。

32. 成绩查询 stu_score.aspx

此页显示学生某学期的成绩信息,提供全部查询和按学期和课程名称进行组合查询,涉及的数据表为 stu_cour、course、CKind 和 teacher。

此页还要提供合法用户的验证,如果用户类型不是"2",则重新链接到首页 index. aspx。

9.3.3 站点导航设计

为了用户能够方便地在网站各页面之间进行跳转,需要设置页面导航的功能。按照前面设计的网站结构图所划分的页面层次关系,就可以制作站点地图文件了。下面先建立教务管理系统的网站,再添加其他必需的文件。

首先在硬盘上建立一个网站目录,如 D:\jwgl,打开 Visual Studio 2012 集成开发环境,选择"文件"→"新建"→"网站"命令,建立一个使用 Visual C♯已安装的模板"ASP. NET 空网站","Web 位置"选择"文件系统",通过"浏览"按钮找到刚刚建立好的网站目录"D:\jwgl",单击"确定"按钮,就建立好一个网站了,默认该网站目录只含有一个网站配置文件 Web. config。

现在就可以添加站点地图文件了,在"解决方案资源管理器"中,右击网站名称,在弹出菜单中选择"添加"→"添加新项"选项,在弹出的"添加新项"对话框中选择"站点地图",默认名称是 Web. sitemap(图 9-4),不建议改名称,然后单击"添加"按钮,返回"解决方案资源管理器",此时用户可见添加的新文件,并且在开发工具的代码编辑区默认打开该文件,此时就可以进行编辑了。

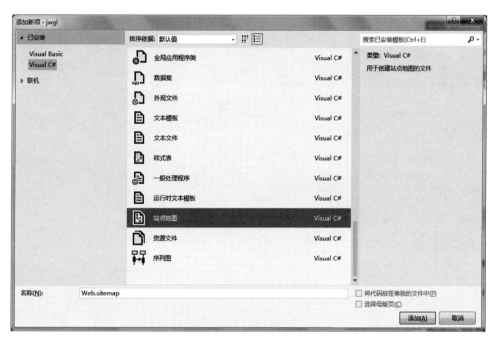

图 9-4 "添加新项"对话框

按照网站结构(图 9-3)的层次关系,设计的站点地图的代码如下:

```xml
<?xml version = "1.0" encoding = "utf - 8" ?>
<siteMap xmlns = "http://schemas.microsoft.com/AspNet/SiteMap-File-1.0">
  <siteMapNode url = "index.aspx" title = "首页">
    <siteMapNode url = "" title = "管理员身份">
      <siteMapNode url = "" title = "学生管理">
        <siteMapNode url = "student.aspx" title = "学生资料管理" />
        <siteMapNode url = "stu_Add.aspx" title = "学生资料添加" />
      </siteMapNode>
      <siteMapNode url = "" title = "教师管理">
```

```
        < siteMapNode url = "teacher.aspx" title = "教师资料管理" />
          < siteMapNode url = "tea_Add.aspx" title = "教师资料添加" />
      </siteMapNode>
      < siteMapNode url = "" title = "课程管理">
        < siteMapNode url = "course.aspx" title = "课程资料管理" />
        < siteMapNode url = "cour_Add.aspx" title = "课程资料添加" />
        < siteMapNode url = "CKind.aspx" title = "课程类别资料" />
        < siteMapNode url = "assign_cour.aspx" title = "课程分配管理" />
      </siteMapNode>
      < siteMapNode url = "" title = "班级管理">
        < siteMapNode url = "class.aspx" title = "班级资料管理" />
        < siteMapNode url = "cla_Add.aspx" title = "班级资料添加" />
        < siteMapNode url = "department.aspx" title = "所在系部资料" />
        < siteMapNode url = "speciality.aspx" title = "所在专业资料" />
      </siteMapNode>
      < siteMapNode url = "" title = "选课与成绩管理">
        < siteMapNode url = "SCImport.aspx" title = "选修课程导入" />
        < siteMapNode url = "SCDelete.aspx" title = "已导入课程删除" />
        < siteMapNode url = "score.aspx" title = "学生成绩管理" />
      </siteMapNode>
    </siteMapNode>
    < siteMapNode url = "" title = "教师身份">
      < siteMapNode url = "tea_Edit1.aspx" title = "查看个人信息" />
      < siteMapNode url = "tea_Pwd.aspx" title = "修改密码" />
      < siteMapNode url = "tea_assignCour.aspx" title = "课程分配及成绩录入" />
    </siteMapNode>
    < siteMapNode url = "" title = "学生身份">
      < siteMapNode url = "stu_Edit1.aspx" title = "查看个人信息" />
      < siteMapNode url = "stu_Pwd.aspx" title = "修改密码" />
      < siteMapNode url = "stu_SC.aspx" title = "选课操作" />
      < siteMapNode url = "stu_score.aspx" title = "成绩查询" />
    </siteMapNode>
  </siteMapNode>
</siteMap>
```

有了站点地图后，就可通过站点导航控件，轻松地实现这个网站的导航了。

9.3.4　母版设计

为了保证整个网站风格统一，且减少程序开发人员乏味的重复性工作以及方便日后调整变换，采用保持页面外观一致的母版工具。考虑到教务管理系统网站中的 3 种用户类型，特把母版设计成二级嵌套，第一级母版含有一个文件，将页面分 4 个区：题头区、导航区、内容区和页脚区，其中内容区划分成左右两个区域，各放置一个内容占位控件；第二级母版包含 3 个母版文件，分别对应 3 种用户类型，这 3 个母版文件大致相同，都是在继承第一级母版的基础上，左侧放置一个树形导航控件 TreeView，根据用户类型设置结点，右侧放置内容占位控件。第一级母版和第二级母版的设计效果分别如图 9-5 和图 9-6 所示。

下面来介绍这两级母版的制作，首先在"解决方案资源管理器"中，右击网站，然后在弹出的快捷菜单中选择"添加"→"新建文件夹"选项，把文件夹重命名为 images，把事先制作好的图片复制到该目录下，在"解决方案资源管理器"中刷新网站，就可以看到 images 目录

图 9-5 第一级母版页 MasterPage.master

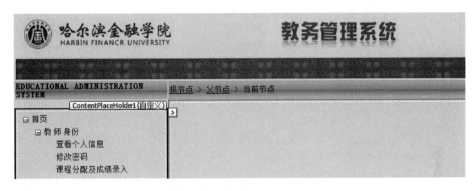

图 9-6 第二级母版页 MasterPage3.master

下的 4 张图片了,制作母版只需要其中的 3 张,另外一张是用来制作首页的。

下面来介绍这两级母版的制作。

(1) 在网站"D:\jwgl"下,选择"文件"→"新建"→"文件"命令,打开"添加新项"对话框,选择"母版页",设置母版页的名称为 MasterPage.master,如图 9-7 所示。

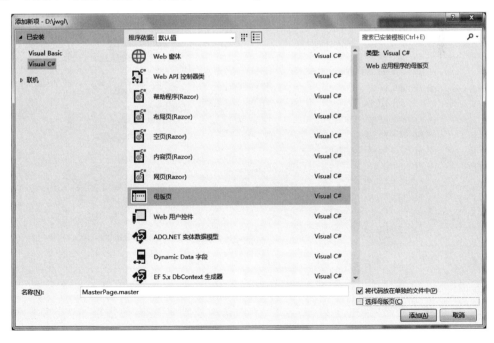

图 9-7 新建母版页

（2）设计母版页的布局，首先将不符合版面设计需要的默认的内容占位控件ContentPlaceHolder1删除，再添加一个 4 行 2 列的表格，设置样式 style＝"font-size：small"。表格各行按由上到下的顺序分别命名为题头区、导航区、内容区和页脚区。在题头区和页脚区合并单元格后，分别放置一个 Image 控件，设置显示对应的图片；导航区左侧栏放置一个 Label，右侧栏放置站点导航控件 SiteMapPath，并且分别设置左右两侧的 Width 和背景图片；内容区左侧栏和右侧栏分别放置内容占位控件 ContentPlaceHolder1、ContentPlaceHolder2。

（3）第二级母版 MasterPage2.master～MasterPage4.master 的制作类似，只是在新建母版页时，要选择使用一级母版 MasterPage.master，布局设计时，在内容区左右两侧各放置一个一行一列的 table，设置背景色和高度。左侧表格里添加树形导航控件 TreeView，并通过结点编辑器设置结点名称和导航路径，右侧表格添加内容占位控件 ContentPlaceHolder3。

以上 4 个母版文件的源代码在这里省略不写，请查看随书源代码。

9.4　详细设计

9.4.1　数据库的建立

打开网站 D:\jwgl，在"解决方案资源管理器"中，右击网站名称，然后在弹出的快捷菜单中选择"添加"→"添加 ASP.NET 文件夹"→App_Data 选项，在该网站就添加了 App_Data 目录，如图 9-8 所示，将来建立的 Access 数据库文件就放在这个目录下。

图 9-8　添加 App_Data 文件夹

按照前面对数据库 School_Manage.accdb 的设计，使用 Microsoft Access 2010 建立该数据库，设置存放位置为 D:\jwgl\App_Data，再依次按照前面对 10 张数据表的字段设计来制作这些数据表，具体步骤省略。为了方便调试程序，在 teacher 表中事先输入一条管理员记录，如图 9-9 所示。

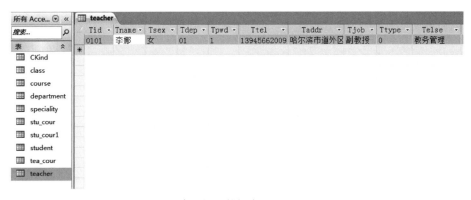

图 9-9　建立好的数据库 School_Manage

9.4.2　公共类的编写

首先要向网站 D:\jwgl 添加 ASP. NET 文件夹 App_Code,采用前面添加 App_Data 文件夹相同的步骤,所要编写的公共类就要放置在该目录,网站的所有页面文件都可以共享该目录下的类。App_Code 文件夹建立好后,在"解决方案资源管理器"中,右击 App_Code,然后在弹出的快捷菜单中选择"添加"→"类"选项,如图 9-10 所示,在弹出的对话框中输入类的名称"DataBase",单击"添加"按钮,完成类的添加操作。在"解决方案资源管理器"中,用户可见添加的新类 DataBase. cs。

图 9-10　添加类文件

双击进入该类的代码编辑器中进行类的编写,需要引入两个命名空间"using System. Data;"和"using System. Data. OleDb;",该类主要用来编写用于操作数据库的方法,包括打开、关闭数据库,查询数据集和更新数据库。公共类 DataBase. cs 文件的完整代码如下:

```
using System;
...
using System.Data;                              //引入命名空间
using System.Data.OleDb;                        //引入命名空间
public class DataBase
{
    public OleDbConnection dataConnection = new OleDbConnection();
    //获取连接字符串
    string  connStr  =  System. Configuration. ConfigurationManager. ConnectionStrings
["jwglConnection"].ConnectionString;
```

```
public void open()                              //打开数据库
{
    dataConnection.ConnectionString = connStr;  //设置连接字符串
    dataConnection.Open();
}
public void close()                             //关闭数据库
{
    dataConnection.Close();
    dataConnection.Dispose();
}
public DataSet GetDataSet(string sqlStr)        //查询数据库,得到数据集
{
    open();
    OleDbDataAdapter dataAdapter = new OleDbDataAdapter(sqlStr, dataConnection);
    DataSet dataSet = new DataSet();
    dataAdapter.Fill(dataSet);                  // 填充数据集
    close();
    if (dataSet.Tables[0].Rows.Count != 0)
    {
        return dataSet;                         // 若找到相应的数据,则返回数据集
    }
    else
    {
        return null;                            // 若没有找到相应的数据,返回空值
    }
}
public bool UpdateDB(string sqlStr)             //更新数据库
{
    open();
    OleDbCommand cmdTable = new OleDbCommand(sqlStr, dataConnection);
    // 设置 Command 对象的 CommandType 属性
    cmdTable.CommandType = CommandType.Text;
    try
    {
        int count = 0;
        count = cmdTable.ExecuteNonQuery();     // 执行 SQL 语句
        if (count != 0)
            return true;
        else
            return false;
    }
    catch (Exception ex)
    {
        return false;
    }
    finally
    {
        close();
    }
}
public DataBase()
{
}
}
```

9.4.3 配置文件 Web.config 的设置

在公共类 DataBase.cs 文件中,获取连接字符串的语句"string connStr = System.Configuration.ConfigurationManager.ConnectionStrings["jwglConnection"].ConnectionString;",该语句表示从网站根目录下的 Web.config 文件中获取数据库连接字符串。

在 Web.config 文件的<configuration>和</configuration>标记内部添加如下代码:

```
< connectionStrings >
    < add name = "jwglConnection" connectionString = "Provider = Microsoft.ACE.OLEDB.12.0;
Data Source = |DataDirectory|\School_Manage.accdb" providerName = "System.Data.OleDb" />
</connectionStrings >
```

9.4.4 首页页面

此页面是教务管理系统的欢迎页面,也是用户登录页面,当输入用户名、密码、选择身份后单击"登录"按钮,系统按身份类型进行判定,合法用户可跳转到对应页面。

在"解决方案资源管理"中,右击网站 D:\jwgl,然后在弹出的快捷菜单中选择"添加"→"添加新项"命令,在打开的"添加新项"对话框中,选择"Web 窗体",命名为 index.aspx,选中"选择母版页"复选框,如图 9-11 所示,并且在随后出现的"选择母版页"对话框中,选择MasterPage.master,如图 9-12 所示,首页页面采用的是一级母版。

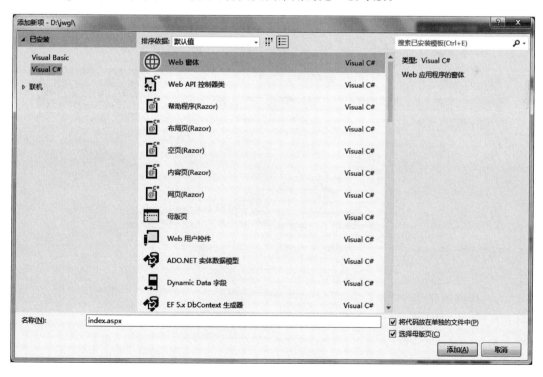

图 9-11 添加 Web 窗体

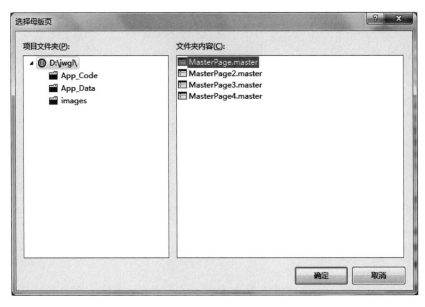

图 9-12　选择母版页

在前台页面文件 index. aspx 中添加相应的控件,并设置属性,最后在后台代码隐藏文件 index. aspx. cs 中添加事件处理代码,首先进行身份类型判断,再去对应的数据表中查询是否是合法用户,具体来讲,如果是学生用户,则要查询 student 表;如果是管理员或者教师用户,则要查询 teacher 表。由于在管理员、教师、学生用户登录后,访问的每个页面都要进行身份验证,所以在登录页面就将用户类型、姓名和用户号(管理员和教师使用的是教师号,学生使用的是学生号)送到 Session 中,运行结果如图 9-13 所示。

图 9-13　index. aspx 运行结果

前台页面文件 index. aspx 源程序省略。

后台代码隐藏文件 index. aspx. cs 源程序如下:

```
using System;
...
using System.Data;                                    //引入命名空间
public partial class index : System.Web.UI.Page
```

```
{
    protected void Button1_Click(object sender, EventArgs e)        //登录按钮
    {
        string sql;
        DataBase db = new DataBase();
        string type = ddlType.SelectedValue;
        if (type == "2")
        {
            sql = "select * from student where Sid = '" + txtID.Text + "' and Spwd = '" +
txtPwd.Text + "' and Stype = '" + type + "'";
            DataSet ds = db.GetDataSet(sql);
            if (ds != null)
            {
                DataRow dr = ds.Tables[0].Rows[0];
                Session["operator"] = dr["Sname"].ToString() + "----" + dr["Sid"].
ToString();
                Session["type"] = dr["Stype"].ToString();
                Response.Redirect("stu_Edit1.aspx");        //学生个人信息页面
            }
            else
            {
                lblMessage.Text = "<font color = red>登录信息输入不正确,请重新输入!
</font>";
            }
        }
        else
        {
            sql = "select * from teacher where Tid = '" + txtID.Text + "' and Tpwd = '" +
txtPwd.Text + "' and Ttype = '" + type + "'";
            DataSet ds = db.GetDataSet(sql);
            if (ds != null)
            {
                DataRow dr = ds.Tables[0].Rows[0];
                Session["operator"] = dr["Tname"].ToString() + "----" + dr["Tid"].
ToString();
                Session["type"] = dr["Ttype"].ToString();
                if (type == "0")
                    Response.Redirect("student.aspx");        //学生管理页面
                else
                    Response.Redirect("tea_Edit1.aspx");        //教师个人信息页面
            }
            else
            {
                lblMessage.Text = "<font color = red>登录信息输入不正确,请重新输入!
</font>";
            }
        }
    }
    protected void Button2_Click(object sender, EventArgs e)        //取消按钮
    {
        Response.Redirect("index.aspx");
    }
}
```

9.4.5 管理员页面

以管理员身份登录本系统后，可以对学生、教师、系部、专业及班级、课程及课程分配的基本信息，学生选课情况和学生成绩进行管理，能够实现这些信息的添加、删除、查询、修改等操作，即管理员具备学生管理、教师管理、班级管理、课程管理和选课与成绩管理这 5 个子模块的操作权限。下面逐一介绍属于管理员身份的 24 个 Web 页面的详细设计及编码部分，这 24 个 Web 页面具备统一的布局外观，在页面设计时需要选择母版 MasterPage2.master 来实现。

1. 学生管理

学生管理子模块包括 3 个页面：学生资料管理页面 student.aspx、学生资料添加页面 stu_Add.aspx 和学生资料修改页面 stu_Edit.aspx。

1）学生资料管理页面 student.aspx

“学生资料管理”页面结果如图 9-14 所示。

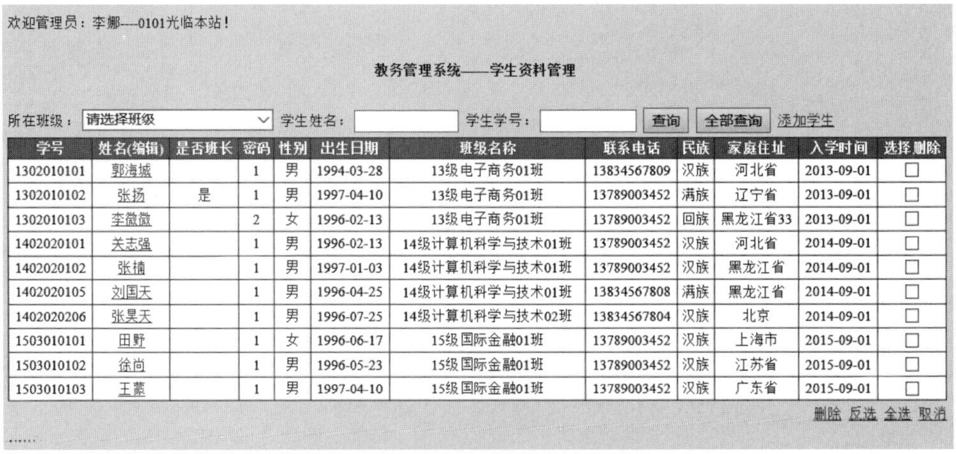

学号	姓名(编辑)	是否班长	密码	性别	出生日期	班级名称	联系电话	民族	家庭住址	入学时间	选择删除
1302010101	郭海城		1	男	1994-03-28	13级电子商务01班	13834567809	汉族	河北省	2013-09-01	☐
1302010102	张扬	是	1	男	1997-04-10	13级电子商务01班	13789003452	满族	辽宁省	2013-09-01	☐
1302010103	李微微		2	女	1996-02-13	13级电子商务01班	13789003452	回族	黑龙江省33	2013-09-01	☐
1402020101	关志强		1	男	1996-02-13	14级计算机科学与技术01班	13789003452	汉族	河北省	2014-09-01	☐
1402020102	张楠		1	男	1997-01-03	14级计算机科学与技术01班	13789003452	汉族	黑龙江省	2014-09-01	☐
1402020105	刘国天		1	男	1996-04-25	14级计算机科学与技术01班	13834567808	满族	黑龙江省	2014-09-01	☐
1402020206	张昊天		1	男	1996-07-25	14级计算机科学与技术02班	13834567804	汉族	北京	2014-09-01	☐
1503010101	田野		1	女	1996-06-17	15级国际金融01班	13789003452	汉族	上海市	2015-09-01	☐
1503010102	徐尚		1	男	1996-05-23	15级国际金融01班	13789003452	汉族	江苏省	2015-09-01	☐
1503010103	王蒙		1	男	1997-04-10	15级国际金融01班	13789003452	汉族	广东省	2015-09-01	☐

图 9-14　student.aspx 运行结果

此页是管理员身份用户登录系统后的首页面，展示了学生的学号、姓名、是否班长、所在班级、入学时间等信息，按学号进行排序，具备分页功能，设置每页最多可显示 10 条记录；提供了全部查询和按条件组合查询，查询条件包括班级、学生姓名和学号，其中学生姓名和学号支持模糊查询；提供了对其他页面的链接功能，单击“添加学生”链接，可跳转到“学生资料添加”页面 stu_Add.aspx 进行添加新学生的操作，单击“姓名(编辑)”列，可通过超链接访问“学生资料修改”页面 stu_Edit.aspx 进行当前学生的修改操作；提供了批量删除学生的功能，可对查询到的学生进行全选、反选等，然后单击“删除”按钮，就可以把选定的学生删除。用于批量删除的复选框是通过向 GridView 控件的 TemplateField 模板字段添加 CheckBox 来实现的，超链接是通过 HyperLinkField 超链接字段来实现的，其他显示字段是通过 BoundField 绑定字段来实现的。

前台页面文件 stu_Add.aspx 源程序中关于 GridView 的代码如下，其他省略。

```
< asp:GridView ID = "gvStudent" runat = "server" AllowPaging = "True" AutoGenerateColumns =
"False" PageSize = "10" DataKeyNames = "Sid" OnRowDataBound = "gvStudent_RowDataBound" Width =
"885px" OnPageIndexChanging = "gvStudent_PageIndexChanging" >
< HeaderStyle BackColor = "♯009393" ForeColor = "white" Font - Bold = "True"/>
    < FooterStyle BackColor = "Tan" />
    < RowStyle HorizontalAlign = "Center" />
    < Columns >
        < asp:BoundField DataField = "Sid" HeaderText = "学号" />
        < asp: HyperLinkField  DataTextField = " Sname"  HeaderText = " 姓 名（编辑）"
DataNavigateUrlFields = "Sid" DataNavigateUrlFormatString = "stu_Edit.aspx?Sid = {0}" />
        < asp:BoundField DataField = "Smonitor" HeaderText = "是否班长" />
        < asp:BoundField DataField = "Spwd" HeaderText = "密码" />
        < asp:BoundField DataField = "Ssex" HeaderText = "性别" />
        < asp:BoundField DataField = "Sbir" HeaderText = "出生日期" />
        < asp:BoundField DataField = "Cname" HeaderText = "班级名称" />
        < asp:BoundField DataField = "Stel" HeaderText = "联系电话" />
        < asp:BoundField DataField = "Snati" HeaderText = "民族" />
        < asp:BoundField DataField = "Saddr" HeaderText = "家庭住址" />
        < asp:BoundField DataField = "Stime" HeaderText = "入学时间" />
        < asp:TemplateField HeaderText = "选择删除">
            < ItemTemplate >
                < asp:CheckBox ID = "chkSelect" runat = "server" />
            </ ItemTemplate >
        </asp:TemplateField >
    </ Columns >
</asp:GridView >
```

后台代码隐藏文件 student.aspx.cs 源程序如下：

```
using System;
...
using System.Data;              //引入命名空间
public partial class student : System.Web.UI.Page
{
    string sql = "";
    DataBase db = new DataBase();
    DataSet ds = null, ds1 = null;
    protected void Page_Load(object sender, EventArgs e)
    {
        if (!Page.IsPostBack)
        {
            if (Session["type"] != null && Session["type"].ToString() == "0")
                lblWelcome.Text = "欢迎管理员：" + Session["operator"].ToString() + "光
临本站!";
            else
                Response.Redirect("index.aspx");
            BindGridView();
        }
    }
```

```
    protected void BindGridView()
    {
        sql = "select * from class";
        ds1 = db.GetDataSet(sql);
        ddlSclass.Items.Clear();
        ddlSclass.Items.Add(new ListItem("请选择班级", ""));
        for (int i = 0; i < ds1.Tables[0].Rows.Count; i++)
        {
            ddlSclass.Items.Add(new ListItem(ds1.Tables[0].Rows[i]["Cname"].ToString() +
"--" + ds1.Tables[0].Rows[i]["Cid"].ToString(), ds1.Tables[0].Rows[i]["Cid"].ToString
()));
        }
        SearchData();
    }
    protected void SearchData()
    {
        sql = "select a.Sid, a.Sname, a.Smonitor, a.Spwd, a.Ssex, a.Sbir, b.Cname, a.Stel, a.
Snati, a.Saddr, a.Stime"
            + " from student as a, class as b where a.Sclass = b.Cid order by a.Sid";
        string sclass = ddlSclass.SelectedValue.ToString();
        string sname = txtSname.Text.Trim();
        string sid = txtSid.Text.Trim();
        if (sname != "")
        {
            sql += " and Sname like '" + sname + "%'";
        }
        if (sid != "")
        {
            sql += " and Sid like '" + sid + "%'";
        }
        if (sclass != "")
        {
            sql += "  and a.Sclass = '" + sclass + "'";
        }
        ds = db.GetDataSet(sql);
        gvStudent.DataSource = ds;
        gvStudent.DataBind();
    }
    protected void btnSearch_Click(object sender, EventArgs e)
    {
        SearchData();
    }
    protected void btnSearchAll_Click(object sender, EventArgs e)
    {
        BindGridView();
    }
    protected void lbtnAdd_Click(object sender, EventArgs e)
    {
        Response.Redirect("stu_Add.aspx");
    }
```

```
protected void gvStudent_RowDataBound(object sender, GridViewRowEventArgs e)
{
    //鼠标经过行时,颜色变化
    if (e.Row.RowType == DataControlRowType.DataRow)
    {
        e.Row.Attributes.Add("onmouseover", "this.style.backgroundColor = '#E6F5FA'");
        e.Row.Attributes.Add("onmouseout", "this.style.backgroundColor = '#FFFFFF'");
    }
}
protected void lbtnDel_Click(object sender, EventArgs e)
{
    //删除
    for (int i = 0; i < gvStudent.Rows.Count; i++)
    {
        CheckBox chkSelect = (CheckBox)gvStudent.Rows[i].FindControl("chkSelect");
        if (chkSelect.Checked)
        {
            //获取选中行的主键,需要先设置 GridView1 的 DataKeyNames 为 Sid
            string str = this.gvStudent.DataKeys[i].Value.ToString();
            string sql = "delete from student where Sid = '" + str + "'";
            bool b = db.UpdateDB(sql);
            if (b)
                lblMessage.Text = "<font color = 'red'>删除成功!</font>";
            else
                lblMessage.Text = "<font color = 'red'>删除成功!</font>";
        }
    }
    BindGridView();
}
protected void lbtnSelect_Click(object sender, EventArgs e)
{
    //全选
    for (int i = 0; i < gvStudent.Rows.Count; i++)
    {
        CheckBox chkSelect = (CheckBox)gvStudent.Rows[i].FindControl("chkSelect");
        chkSelect.Checked = true;
    }
}
protected void lbtnReSelect_Click(object sender, EventArgs e)
{
    //反选
    for (int i = 0; i < gvStudent.Rows.Count; i++)
    {
        CheckBox chkSelect = (CheckBox)gvStudent.Rows[i].FindControl("chkSelect");
        chkSelect.Checked = !chkSelect.Checked;
    }
}
protected void lbtnCancel_Click(object sender, EventArgs e)
{
    //取消
```

```
        for (int i = 0; i < gvStudent.Rows.Count; i++)
         {
             CheckBox chkSelect = (CheckBox)gvStudent.Rows[i].FindControl("chkSelect");
             chkSelect.Checked = false;
         }
    }
    protected void gvStudent_PageIndexChanging(object sender, GridViewPageEventArgs e)
    {
        //分页
        try
        {
            gvStudent.PageIndex = e.NewPageIndex;
            BindGridView();
        }
        catch { }
    }
}
```

2）学生资料添加页面 stu_Add. aspx

在学生资料管理页面 student. aspx 中，单击"添加学生"链接，会跳转到 stu_Add. aspx 页面，进行学生的新增，"学生资料添加"页面运行结果如图 9-15 所示。

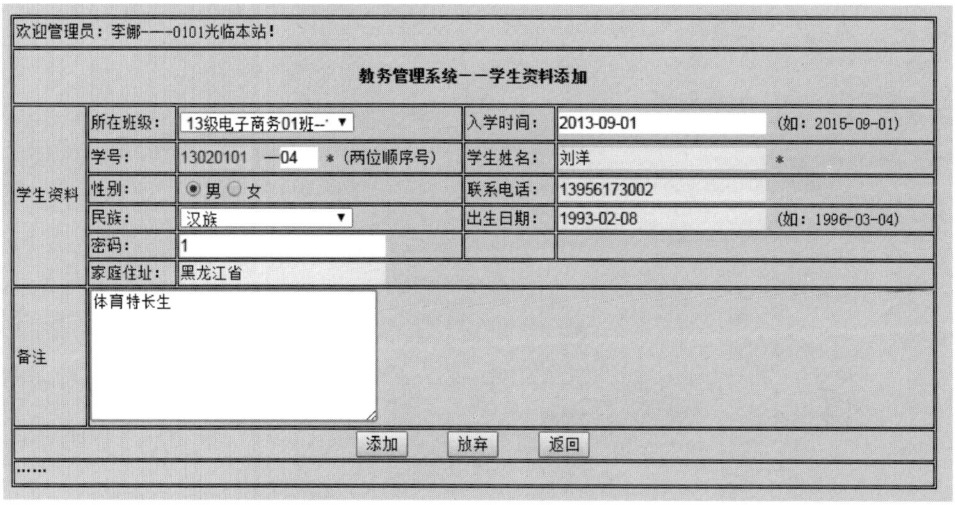

图 9-15   stu_Add. aspx 运行结果

此页用来添加新学生的基本信息，学生号共 10 位，由 8 位班级号＋两位顺序号组成。当选择班级后，入学时间和学生号的前 8 位自动填充。只需按要求填写其他基本信息，入学时间还可以修改，但不建议，学生号前 8 位不允许改动，且用醒目的黄色标示，学生号和学生姓名是必填项。

前台页面文件 stu_Add. aspx 源程序省略。

后台代码隐藏文件 stu_Add. aspx. cs 源程序如下：

```
using System;
...
using System.Data;          //引入命名空间
using System.Drawing;       //引入命名空间
public partial class stu_Add : System.Web.UI.Page
{
    string sql = "";
    DataBase db = new DataBase();
    DataSet ds1 = null;
    protected void Page_Load(object sender, EventArgs e)
    {
        if (!IsPostBack)
        {
            if (Session["type"] != null && Session["type"].ToString() == "0")
                lblWelcome.Text = "欢迎管理员：" + Session["operator"].ToString() + "光
临本站!";
            else
                Response.Redirect("index.aspx");
            BindData();
        }
    }
     public void BindData()
    {
        ddlSnati.Items.Clear();
        ddlSnati.Items.Add(new ListItem("汉族", "汉族"));
        ddlSnati.Items.Add(new ListItem("回族", "回族"));
        ddlSnati.Items.Add(new ListItem("满族", "满族"));
        ddlSnati.Items.Add(new ListItem("白族", "白族"));
        ddlSnati.Items.Add(new ListItem("藏族", "藏族")); ;
        ddlSnati.Items.Add(new ListItem("维吾尔族", "维吾尔族"));
        ddlSnati.Items.Add(new ListItem("苗族", "苗族"));
        ddlSnati.Items.Add(new ListItem("壮族", "壮族"));

        sql = "select * from [class]";
        ds1 = db.GetDataSet(sql);
        ddlSclass.Items.Clear();
        ddlSclass.Items.Add(new ListItem("请选择班级", ""));
        for (int i = 0; i < ds1.Tables[0].Rows.Count; i++)
        {
            ddlSclass.Items.Add(new ListItem(ds1.Tables[0].Rows[i]["Cname"].ToString()
+ "--" + ds1.Tables[0].Rows[i]["Cid"].ToString(), ds1.Tables[0].Rows[i]["Cid"].ToString
()));
        }
        txtSid.Enabled = false;
        txtSid.BackColor = Color.FromName("yellow");
    }
    protected void btnSave_Click(object sender, EventArgs e)
    {
        string sid1 = txtSid1.Text.Trim();
        if (sid1.Length < 2)
```

```
        {
            lblMessage.Text = "<font color='red'>必修输入两位顺序号!</font>";
        }
        else
        {
            sql = "insert into student (Sid,Sname,Smonitor,Ssex,Sclass,Stel,Saddr,Spwd,
Selse,Snati,Sbir,Stime,Stype) values('"
                + txtSid.Text + sid1.Substring(0,2) + "','"
                + txtSname.Text + "','"
                + "" + "','"
                + rblSsex.SelectedItem.Text + "','"
                + ddlSclass.SelectedValue.ToString() + "','"
                + txtStel.Text + "','"
                + txtSaddr.Text + "','"
                + txtSpwd.Text + "','"
                + txtSelse.Text + "','"
                + ddlSnati.SelectedValue.ToString() + "','"
                + txtSbir.Text + "','"
                + txtStime.Text + "','"
                + "2')";
            bool b = db.UpdateDB(sql);
            if (b)
                lblMessage.Text = "<font color='red'>添加成功!</font>";
            else
                lblMessage.Text = "<font color='red'>添加失败!</font>";
        }
    }
    protected void btnReturn_Click(object sender, EventArgs e)
    {
        Response.Redirect("student.aspx");
    }
    protected void btnQuit_Click(object sender, EventArgs e)
    {
        Response.Redirect("stu_Add.aspx");
    }
    protected void ddlSclass_SelectedIndexChanged(object sender, EventArgs e)
    {
        //班级指定后,自动生成学号前八位及班级的入学年
        txtSid.Text = ddlSclass.SelectedValue.ToString();
        sql = "select Ctime from [class] where Cid='" + ddlSclass.SelectedValue.ToString() + "'";
        ds1 = db.GetDataSet(sql);
        txtStime.Text = ds1.Tables[0].Rows[0]["Ctime"].ToString();
    }
}
```

3) 学生资料修改页面 stu_Edit.aspx

在学生资料管理页面 student.aspx 中,单击数据显示表格"姓名(编辑)"列,会跳转到 stu_Edit.aspx 页面,进行对应学生的修改操作,"学生资料修改"页面运行结果如图 9-16 所示。

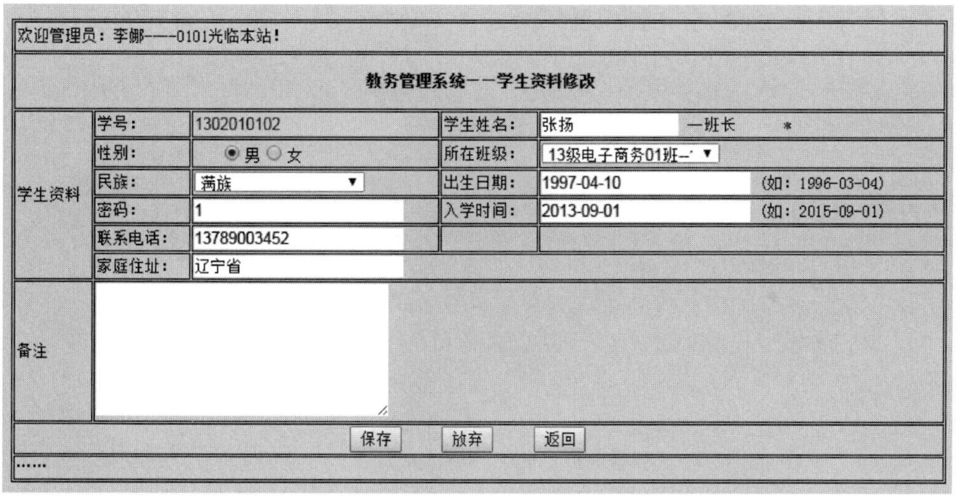

图 9-16 stu_Edit. aspx 运行结果

此页用来修改学生的基本信息,学生号和班长信息不允许修改,且用醒目的黄色标示。当要改变班长信息时,请到班级资料修改页面进行修改。

前台页面文件 stu_Edit. aspx 源程序省略。

后台代码隐藏文件 stu_Edit. aspx. cs 源程序如下:

```
using System;
...
using System.Data;           //引入命名空间
using System.Drawing;        //引入命名空间
public partial class stu_Edit : System.Web.UI.Page
{
    string sql = "";
    DataBase db = new DataBase();
    DataSet ds = null, ds1 = null;
    protected void Page_Load(object sender, EventArgs e)
    {
        if (!IsPostBack)
        {
            if (Session["type"] != null && Session["type"].ToString() == "0")
                lblWelcome.Text = "欢迎管理员:" + Session["operator"].ToString() + "光
临本站!";
            else
                Response.Redirect("index.aspx");
            BindData();
        }
    }
    public void BindData()
    {
        txtSid.Text = Request.QueryString["Sid"];
        txtSid.Enabled = false;
        txtSid.BackColor = Color.FromName("yellow");
```

```
        txtSmonitor.Enabled = false;
        txtSmonitor.BackColor = Color.FromName("yellow");
        sql = "select * from student as a,class as b where a.Sclass = b.Cid and a.Sid = '" +
    txtSid.Text + "'";
        ds = db.GetDataSet(sql);
        txtSname.Text = ds.Tables[0].Rows[0]["Sname"].ToString();
        rblSsex.SelectedValue = ds.Tables[0].Rows[0]["Ssex"].ToString();
        txtStel.Text = ds.Tables[0].Rows[0]["Stel"].ToString();
        txtSpwd.Text = ds.Tables[0].Rows[0]["Spwd"].ToString();
        txtSaddr.Text = ds.Tables[0].Rows[0]["Saddr"].ToString();
        txtSelse.Text = ds.Tables[0].Rows[0]["Selse"].ToString();
        txtSbir.Text = ds.Tables[0].Rows[0]["Sbir"].ToString();
        txtStime.Text = ds.Tables[0].Rows[0]["Stime"].ToString();
        if (ds.Tables[0].Rows[0]["Smonitor"].ToString() == "是")
            txtSmonitor.Text = "班长";
        else
            txtSmonitor.Text = "学生";
        sql = "select * from class";
        ds1 = db.GetDataSet(sql);
        ddlSclass.Items.Clear();
        ddlSclass.Items.Add(new ListItem("请选择班级", ""));
        for (int i = 0; i < ds1.Tables[0].Rows.Count; i++)
        {
            ddlSclass.Items.Add(new ListItem(ds1.Tables[0].Rows[i]["Cname"].ToString()
    + "--" + ds1.Tables[0].Rows[i]["Cid"].ToString(), ds1.Tables[0].Rows[i]["Cid"].ToString
    ()));
        }
        string x = ds.Tables[0].Rows[0]["Sclass"].ToString();
        ddlSclass.Items.FindByValue(x).Selected = true;
        ddlSnati.Items.Clear();
        ddlSnati.Items.Add(new ListItem("汉族","汉族"));
        ddlSnati.Items.Add(new ListItem("回族", "回族"));
        ddlSnati.Items.Add(new ListItem("满族", "满族"));
        ddlSnati.Items.Add(new ListItem("白族", "白族"));
        ddlSnati.Items.Add(new ListItem("藏族", "藏族")); ;
        ddlSnati.Items.Add(new ListItem("维吾尔族", "维吾尔族"));
        ddlSnati.Items.Add(new ListItem("苗族", "苗族"));
        ddlSnati.Items.Add(new ListItem("壮族", "壮族"));
        x = ds.Tables[0].Rows[0]["Snati"].ToString();
        ddlSnati.Items.FindByValue(x).Selected = true;
    }
    protected void btnSave_Click(object sender, EventArgs e)
    {
        sql = "update student set Sname = '" + txtSname.Text
            + "',Ssex = '" + rblSsex.SelectedItem.Text
            + "',Sclass = '" + ddlSclass.SelectedValue.ToString()
            + "',Stel = '" + txtStel.Text
            + "',Saddr = '" + txtSaddr.Text
            + "',Spwd = '" + txtSpwd.Text
            + "',Selse = '" + txtSelse.Text
```

```
            + "',Snati = '" + ddlSnati.SelectedValue.ToString()
            + "',Sbir = '" + txtSbir.Text
            + "',Stime = '" + txtStime.Text
            + "' where Sid = '" + txtSid.Text + "'";
        bool b = db.UpdateDB(sql);
        if (b)
            lblMessage.Text = "<font color = 'red'>编辑成功</font>";
        else
            lblMessage.Text = "<font color = 'red'>编辑失败</font>";
        BindData();
    }
    protected void btnQuit_Click(object sender, EventArgs e)
    {
        BindData();
    }
    protected void btnReturn_Click(object sender, EventArgs e)
    {
        Response.Redirect("student.aspx");
    }
}
```

2. 教师管理

教师管理子模块包括 3 个页面：教师资料管理页面 teacher.aspx、教师资料添加页面 tea_add.aspx 和教师资料修改页面 tea_Edit.aspx。

1）教师资料管理页面 teacher.aspx

“教师资料管理”页面结果如图 9-17 所示。

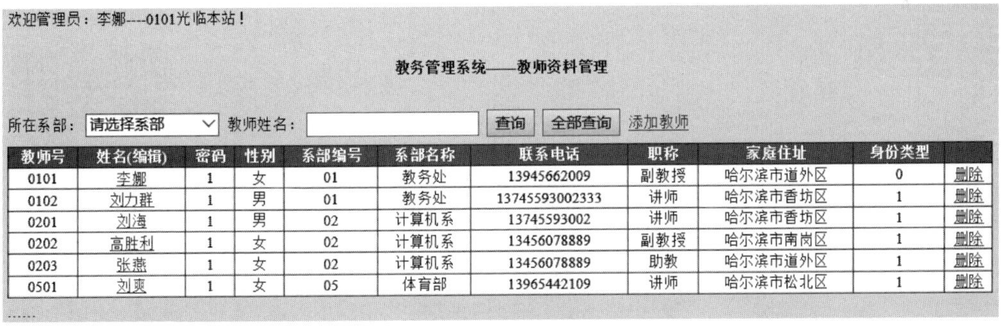

教师号	姓名(编辑)	密码	性别	系部编号	系部名称	联系电话	职称	家庭住址	身份类型	
0101	李娜	1	女	01	教务处	13945662009	副教授	哈尔滨市道外区	0	删除
0102	刘力群	1	男	01	教务处	13745593002333	讲师	哈尔滨市香坊区	1	删除
0201	刘海	1	男	02	计算机系	13745593002	讲师	哈尔滨市香坊区	1	删除
0202	高胜利	1	女	02	计算机系	13456078889	副教授	哈尔滨市南岗区	1	删除
0203	张燕	1	女	02	计算机系	13456078889	助教	哈尔滨市道外区	1	删除
0501	刘爽	1	女	05	体育部	13965442109	讲师	哈尔滨市松北区	1	删除

图 9-17　teacher.aspx 运行结果

此页展示了教师的教师号、姓名、职称、所在系部、身份类型等信息，按教师号进行排序，具备分页功能，设置每页最多可显示 10 条记录；提供了全部查询和按系部和教师姓名的组合查询，其中教师姓名支持模糊查询；提供了对其他页面的链接功能，单击“添加教师”链接，可跳转到“教师资料添加”页面 tea_Add.aspx 进行添加新教师的操作，单击“姓名(编辑)”列，可通过超链接访问“教师资料修改”页面 tea_Edit.aspx 进行当前教师的修改操作；考虑到教师批量删除的可能性较小，所以提供了单条删除教师的功能。单条删除功能是利用 GridView 控件的 CommandField 字段的"删除"命令来实现的,其他超链接字段等与 student. aspx 类似,在这里不再赘述。

前台页面文件 teacher. aspx 源程序中关于 GridView 的代码如下,其他省略。

```
< asp:GridView ID = "gvTeacher" runat = "server" AllowPaging = "True" AutoGenerateColumns =
"False" PageSize = "10" OnRowDeleting = "gvTeacher_RowDeleting" DataKeyNames = "Tid"
OnRowDataBound = "gvTeacher_RowDataBound" Width = "877px" HorizontalAlign = "Center"
OnPageIndexChanging = "gvTeacher_PageIndexChanging">
    < HeaderStyle BackColor = "♯009393" Font-Bold = "True"/>
    < FooterStyle BackColor = "Tan" />
    < RowStyle HorizontalAlign = "Center" />
    < Columns >
        < asp:BoundField DataField = "Tid" HeaderText = "教师号" />
        < asp:HyperLinkField DataTextField = "Tname" HeaderText = "姓名(编辑)" DataNavig-
ateUrlFields = "Tid" DataNavigateUrlFormatString = "tea_Edit.aspx?Tid = {0}" />
        < asp:BoundField DataField = "Tpwd" HeaderText = "密码" />
        < asp:BoundField DataField = "Tsex" HeaderText = "性别" />
        < asp:BoundField DataField = "Tdep" HeaderText = "系部编号" />
        < asp:BoundField DataField = "Dname" HeaderText = "系部名称" />
        < asp:BoundField DataField = "Ttel" HeaderText = "联系电话" />
        < asp:BoundField DataField = "Tjob" HeaderText = "职称" />
        < asp:BoundField DataField = "Taddr" HeaderText = "家庭住址" />
        < asp:BoundField DataField = "Ttype" HeaderText = "身份类型" />
        < asp:CommandField ShowDeleteButton = "True" />
    </Columns >
</asp:GridView >
```

后台代码隐藏文件 teacher. aspx. cs 中关于单条删除记录的代码如下,其他与 student. aspx. cs 类似,这里省略。

```
protected void gvTeacher_RowDeleting(object sender, GridViewDeleteEventArgs e)
    {
        string tid = this.gvTeacher.DataKeys[e.RowIndex].Value.ToString();
        sql = "delete from teacher where Tid = '" + tid + "'";
        bool b = db.UpdateDB(sql);
        if (b)
            lblMessage.Text = "< font color = 'red'>删除成功!</font>";
        else
            lblMessage.Text = "< font color = 'red'>删除失败!</font>";
        BindGridView();
    }
```

2) 教师资料添加页面 tea_Add. aspx

在教师资料管理页面 teacher. aspx 中,单击"添加教师"链接,会跳转到 tea_Add. aspx 页面,进行教师的新增,"教师资料添加"页面运行结果如图 9-18 所示。

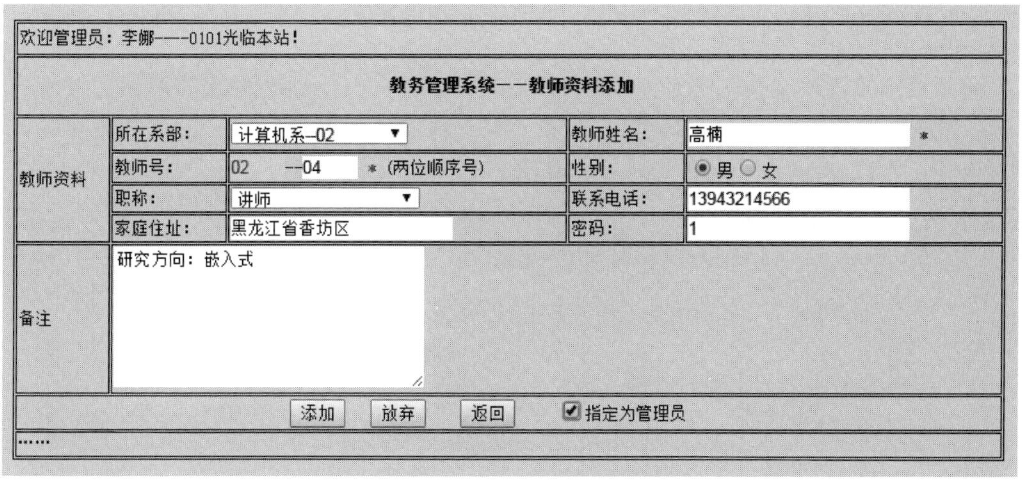

图 9-18 tea_Add.aspx 运行结果

此页用来添加新教师的基本信息,教师号共 4 位,由两位系部号＋两位顺序号组成。当选择系部后,教师号的前两位自动填充。只需按要求填写其他基本信息,教师号前两位不允许改动,且用醒目的黄色标示,教师号和教师姓名是必填项。前台页面文件和后台代码隐藏文件源程序均省略。

3）教师资料修改页面 tea_Edit.aspx

在教师资料管理 teacher.aspx 页面中,单击数据显示表格“姓名（编辑）”列,会跳转到 tea_Edit.aspx 页面,进行对应教师的修改,教师身份可通过“加为管理员”按钮修改成管理员身份,与此相对应,管理员身份可通过“退出管理员”按钮修改成普通教师。“教师资料修改”页面运行结果如图 9-19 所示。

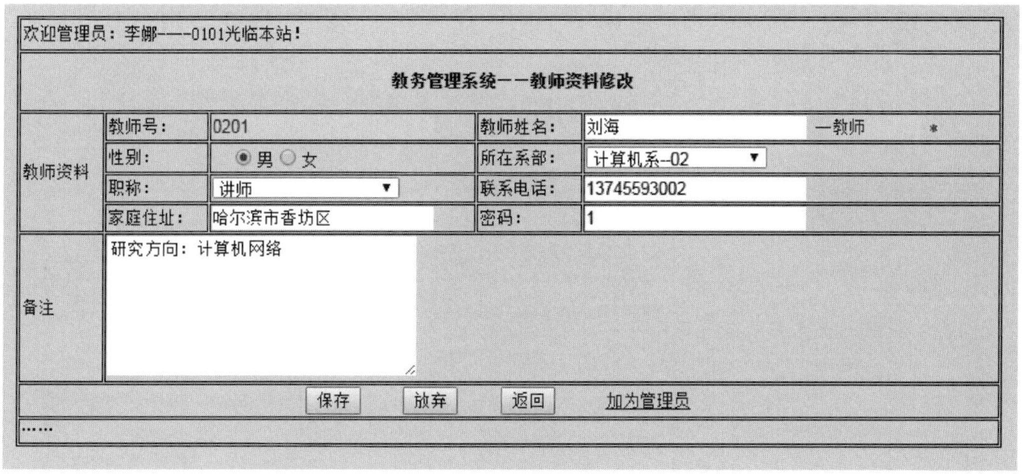

图 9-19 tea_Edit.aspx 运行结果

此页用来修改教师的基本信息,教师号不允许修改,且用醒目的黄色标示。前台页面文件和后台代码隐藏文件源程序均省略。

3. 班级管理

班级管理子模块包括 7 个页面：班级资料管理页面 class.aspx、班级资料添加页面 cla_Add.aspx、班级资料修改页面 cla_Edit.aspx、系部资料管理页面 department.aspx、系部资料添加页面 dep_Add.aspx、专业资料管理 speciality.aspx 和专业资料添加页面 spe_Add.aspx。

1）班级资料管理页面 class.aspx

"班级资料管理"页面结果如图 9-20 所示。

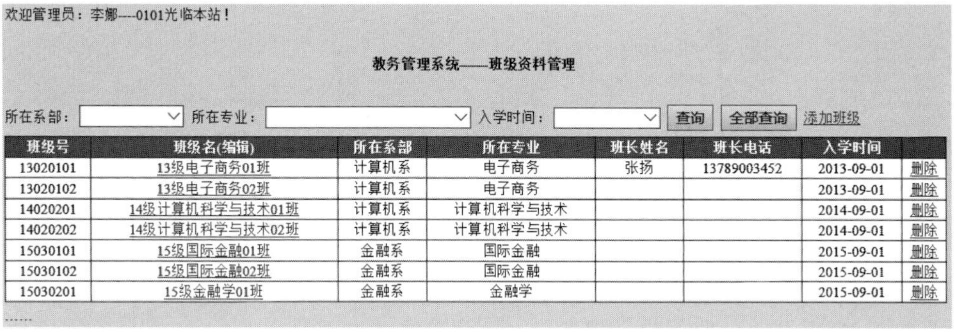

图 9-20　class.aspx 运行结果

此页展示了班级的班级号、班级名、所在系部及专业、班长姓名及联系方式和入学时间等信息，按班级号进行排序，具备分页功能，设置每页最多可显示 10 条记录；提供了全部查询和按系部、专业、入学时间的组合查询；提供了对其他页面的链接功能，单击"添加班级"链接，可跳转到"班级资料添加"页面 cla_Add.aspx 进行添加新班级的操作，单击"班级名（编辑）"列，可通过超链接访问"班级资料修改"页面 cla_Edit.aspx 进行当前班级的修改操作；考虑到班级批量删除的可能性较小，所以提供了单条删除班级的功能。功能的实现与teacher.aspx 类似，在这里不再赘述，前台页面文件和后台代码隐藏文件源程序均省略。

2）班级资料添加页面 cla_Add.aspx

在班级资料管理页面 class.aspx 中，单击"添加班级"链接，会跳转到 cla_Add.aspx 页面，进行班级的新增，"班级资料添加"页面运行结果如图 9-21 所示。

图 9-21　cla_Add.aspx 运行结果

此页用来添加新班级的基本信息，班级号共 8 位，由两位入学年＋4 位专业号＋两位顺序号组成。当选择专业和入学时间后，班级号的前 6 位自动填充，当把班级的顺序号填写完毕后，单击"自动生成"按钮，班级名称自动生成，凡是自动生成的字段均用醒目的黄色标示，班级号和班级名称是必填项。前台页面文件和后台代码隐藏文件源程序均省略。

3）班级资料修改页面 cla_Edit.aspx

在班级资料管理页面 class.aspx 中，单击数据显示表格"班级名（编辑）"列，会跳转到 cla_Edit.aspx 页面，进行对应班级的修改，"班级资料修改"页面运行结果如图 9-22 所示。

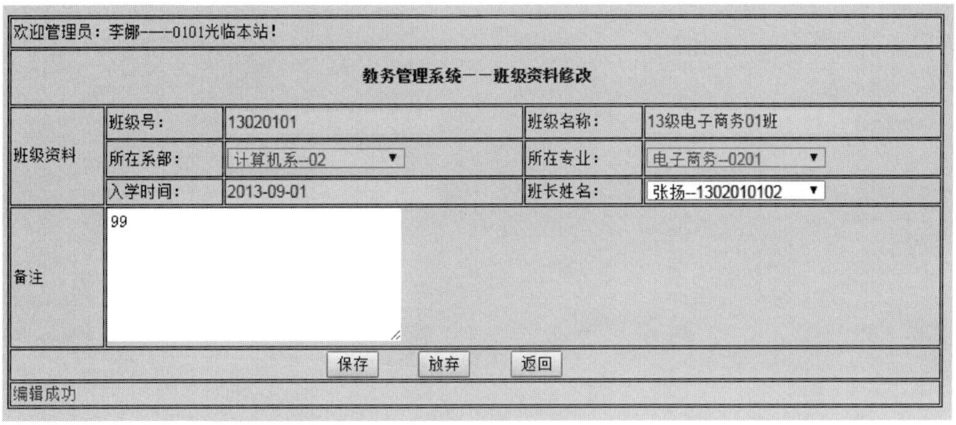

图 9-22　cla_Edit.aspx 运行结果

此页用来修改班级的基本信息，由于班级号和班级名称等都是由入学时间和专业等信息自动生成的，因此这些信息均不允许修改，且用醒目的黄色标示。在该页面可以通过下拉列表框来设定班长信息，下拉列表框中填充的是从数据表 student 中查询到的该班级的所有学生姓名及学号。前台页面文件和后台代码隐藏文件源程序均省略。

4）系部资料管理页面 department.aspx

"系部资料管理"页面结果如图 9-23 所示。

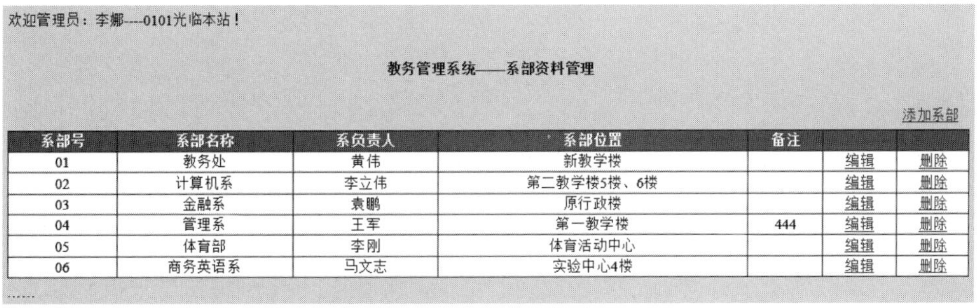

图 9-23　department.aspx 运行结果

此页展示了系部的系部号、系部名、系部负责人和系部位置等信息，按系部号进行排序，具备分页功能，设置每页最多可显示 10 条记录；提供了对其他页面的链接功能，单击"添加系部"链接，可跳转到"系部资料添加"页面 dep_Add.aspx 进行添加新系部的操作；考虑到系部信息基本资料较少，所以修改功能直接在 GridView 控件中实现；考虑到系部批量删除的可能性较小,所以提供了单条删除功能。"编辑"和"删除"字段均是采用 GridView 的 CommandField 命令字段来完成的,前台页面文件源程序省略。

后台代码隐藏文件 department. aspx. cs 中关于"编辑"功能实现的代码如下,其他省略。

```
protected void gvDepartment_RowEditing(object sender, GridViewEditEventArgs e)
{
    int s = e.NewEditIndex;
    gvDepartment.EditIndex = s;
    BindGridView();
    ((TextBox)gvDepartment.Rows[s].Cells[0].Controls[0]).ReadOnly = true;
    ((TextBox)gvDepartment.Rows[s].Cells[0].Controls[0]).BackColor = Color.FromName
("yellow");
}
protected void gvDepartment_RowCancelingEdit(object sender, GridViewCancelEditEventArgs e)
{
    gvDepartment.EditIndex = -1;
    BindGridView();
}
protected void gvDepartment_RowUpdating(object sender, GridViewUpdateEventArgs e)
{
    string Did = this.gvDepartment.DataKeys[e.RowIndex].Value.ToString();
    string Dname = ((TextBox)gvDepartment.Rows[e.RowIndex].Cells[1].Controls[0]).Text;
    string Dhead = ((TextBox)gvDepartment.Rows[e.RowIndex].Cells[2].Controls[0]).Text;
    string Dplace = ((TextBox)gvDepartment.Rows[e.RowIndex].Cells[3].Controls[0]).Text;
    string Delse = ((TextBox)gvDepartment.Rows[e.RowIndex].Cells[4].Controls[0]).Text;
    sql = "update department set Dname = '" + Dname + "',Dhead = '" + Dhead + "',Dplace = '" +
Dplace + "',Delse = '" + Delse + "' where Did = '" + Did + "'";
    bool b = db.UpdateDB(sql);
    if (b)
    {
        lblMessage.Text = "<font color = 'red'>更新成功!</font>";
        gvDepartment.EditIndex = -1;
    }
    else
    {
        lblMessage.Text = "<font color = 'red'>更新失败!</font>";
        gvDepartment.EditIndex = -1;
    }
    BindGridView();
}
```

5) 系部资料添加页面 dep_Add. aspx

在系部资料管理页面 department. aspx 中,单击"添加系部"链接,会跳转到 dep_Add. aspx 页面,进行系部的新增,"系部资料添加"页面运行结果如图 9-24 所示。

此页用来添加新系部的基本信息,系部号由两位顺序号组成,系部号和系部名称是必填项。前台页面文件和后台代码隐藏文件源程序均省略。

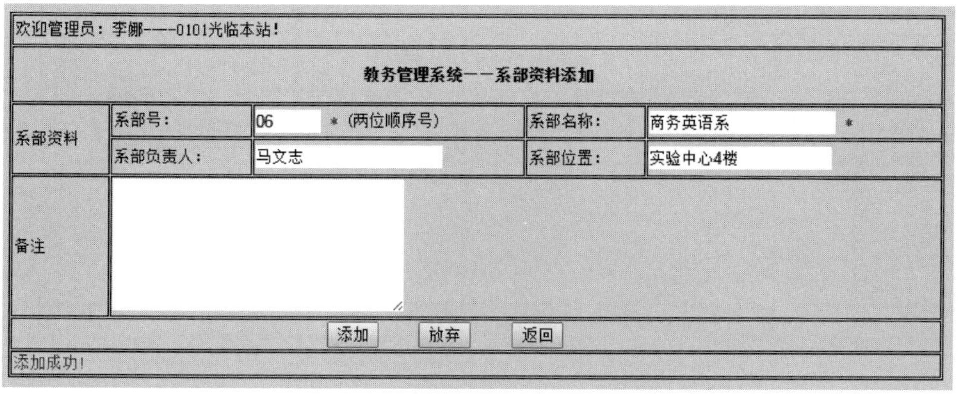

图 9-24　dep_Add.aspx 运行结果

6）专业资料管理页面 speciality.aspx

"专业资料管理"页面结果如图 9-25 所示。

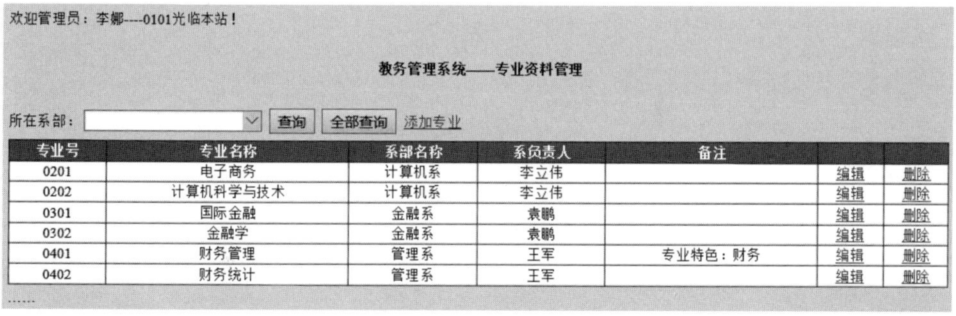

图 9-25　speciality.aspx 运行结果

　　此页展示了专业的专业号、专业名、所在系部、系部负责人等信息，按专业号进行排序，具备分页功能，设置每页最多可显示 10 条记录；提供了对其他页面的链接功能，单击"添加专业"链接，可跳转到"专业资料添加"页面 spe_Add.aspx 进行添加新专业的操作；考虑到专业信息基本资料较少，所以修改功能直接在 GridView 控件中实现；考虑到专业批量删除的可能性较小，所以提供了单条删除功能。"编辑"和"删除"字段均是采用 GridView 的 CommandField 命令字段来完成的，前台页面文件和后台代码隐藏文件源程序省略。

　　7）专业资料添加页面 spe_Add.aspx

　　在专业资料管理页面 speciality.aspx 中，单击"添加专业"链接，会跳转到 spe_Add.aspx 页面，进行专业的新增，"专业资料添加"页面运行结果如图 9-26 所示。

　　此页用来添加新专业的基本信息，专业号共 4 位，由两位系部号＋两位顺序号组成，当选择系部以后，专业号的前两位自动生成，且用醒目的黄色标示不可更改，专业号和专业名称是必填项。前台页面文件和后台代码隐藏文件源程序均省略。

4. 课程管理

　　课程管理子模块包括 7 个页面：课程资料管理页面 course.aspx、课程资料添加页面 cour_Add.aspx、课程资料修改页面 cour_Edit.aspx、课程类别管理页面 CKind.aspx、课程

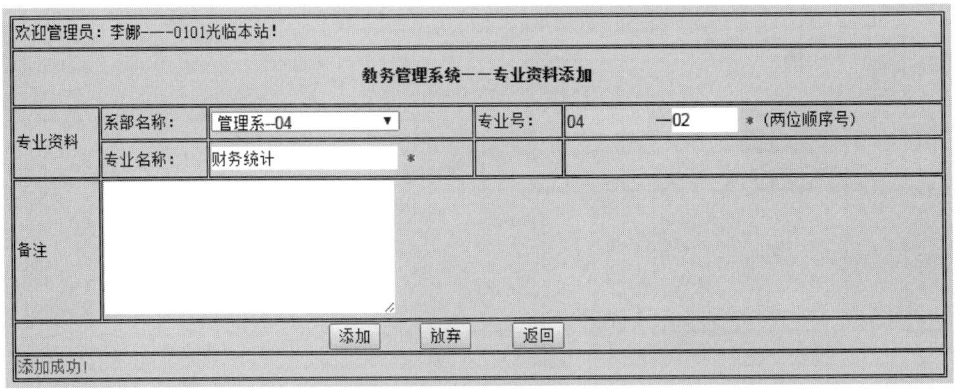

图 9-26　spe_Add.aspx 运行结果

类别添加页面 CKind_Add.aspx、课程分配管理页面 assign_cour.aspx 和新课程分配页面 assign_cour_Add.aspx。

1）课程资料管理页面 course.aspx

"课程资料管理"页面运行结果如图 9-27 所示。

图 9-27　course.aspx 运行结果

　　此页展示了课程的课程号、课程名、课程类别、学时、学分等信息,按课程号进行排序,具备分页功能,设置每页最多可显示 10 条记录;提供了分别按校级公共课或各系部课程的全部查询和按条件组合查询,校级公共课可分别按必修课和选修课进行查询,各系部课程可按系部和课程类别进行组合查询;提供了对其他页面的链接功能,单击"添加课程"链接,可跳转到"课程资料添加"页面 cour_Add.aspx 进行添加新课程的操作,单击"课程名(编辑)"列,可通过超链接访问"课程资料修改"页面 cour_Edit.aspx 进行当前课程的修改操作;提供了批量删除课程的功能,可对查询到的课程进行全选、反选等,然后单击"删除"按钮,就可以把选定的课程删除。功能的实现与 student.aspx 类似,在这里不再复述,前台页面文件和后台代码隐藏文件源程序均省略。

2）课程资料添加页面 cour_Add.aspx

在课程资料管理 course.aspx 页面中,单击"添加课程",会跳转到 cour_Add.aspx 页面,进行课程的新增,"课程资料添加"页面运行结果如图 9-28 所示。

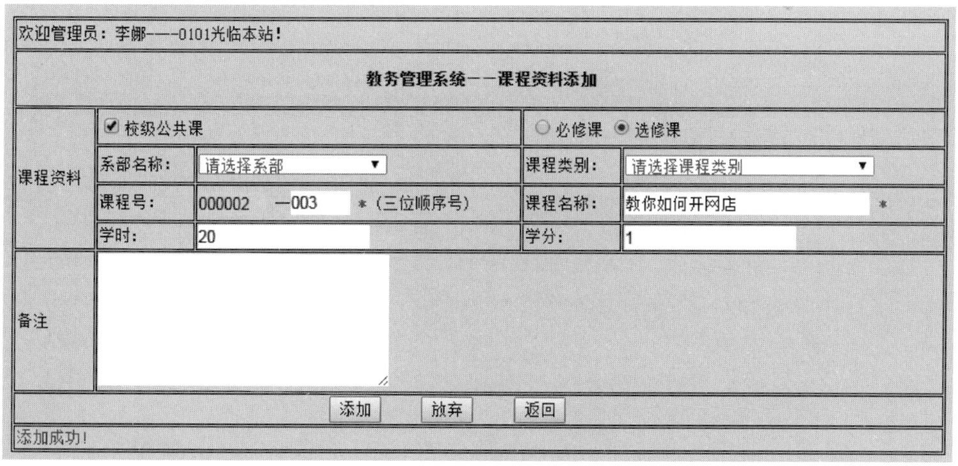

图 9-28　cour_Add.aspx 运行结果

此页用来添加新课程的基本信息,课程号共 9 位,由六位课程类别号＋三位顺序号组成。当系部和课程类别选择完毕,或者选中校级公共课和课程性质后,课程号的前 6 位自动填充,按要求填写其他信息,课程号前 6 位不允许改动,且用醒目的黄色标示,课程号和课程名称是必填项。前台页面文件和后台代码隐藏文件源程序均省略。

3）课程资料修改页面 cour_Edit.aspx

在课程资料管理 course.aspx 页面中,单击数据显示表格"课程名(编辑)"列,会跳转到 cour_Edit.aspx 页面,进行对应课程的修改,"课程资料修改"页面运行结果如图 9-29 所示。

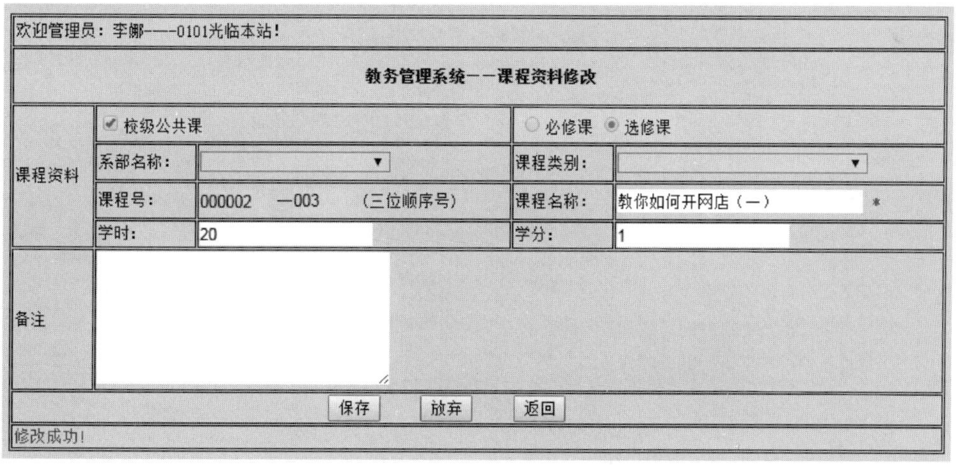

图 9-29　cour_Edit.aspx 运行结果

此页用来修改课程的基本信息,课程号及其相关信息不允许修改,且用醒目的黄色标示。前台页面文件和后台代码隐藏文件源程序均省略。

4）课程类别管理页面 CKind.aspx

"课程类别管理"页面运行结果如图 9-30 所示。

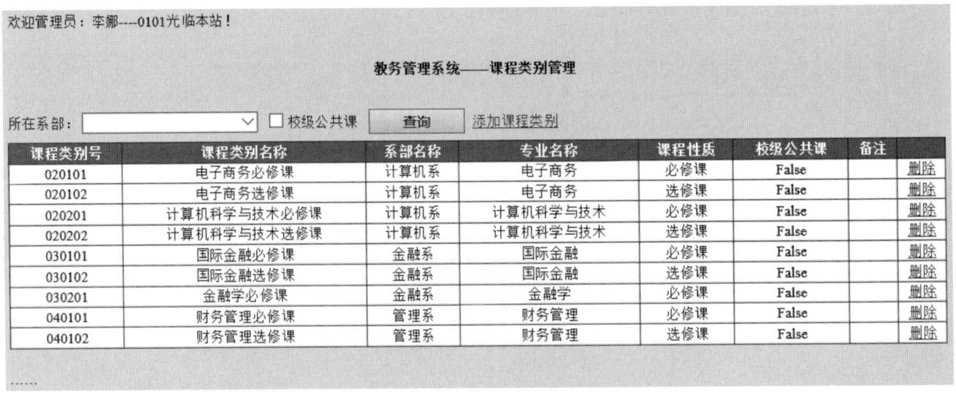
欢迎管理员：李娜----0101光临本站！

教务管理系统——课程类别管理

所在系部： □校级公共课 查询 添加课程类别

课程类别号	课程类别名称	系部名称	专业名称	课程性质	校级公共课	备注	
020101	电子商务必修课	计算机系	电子商务	必修课	False		删除
020102	电子商务选修课	计算机系	电子商务	选修课	False		删除
020201	计算机科学与技术必修课	计算机系	计算机科学与技术	必修课	False		删除
020202	计算机科学与技术选修课	计算机系	计算机科学与技术	选修课	False		删除
030101	国际金融必修课	金融系	国际金融	必修课	False		删除
030102	国际金融选修课	金融系	国际金融	选修课	False		删除
030201	金融学必修课	金融系	金融学	必修课	False		删除
040101	财务管理必修课	管理系	财务管理	必修课	False		删除
040102	财务管理选修课	管理系	财务管理	选修课	False		删除

……

图 9-30　CKind. aspx 运行结果

此页展示了课程类别的课程类别号、课程类别名称、所属系部及专业名称、课程性质等信息，按课程类别号进行排序，具备分页功能，设置每页最多可显示 10 条记录；提供了分别按校级公共课和各系部进行的查询；提供了对其他页面的链接功能，单击“添加课程类别”链接，可跳转到“课程类别添加”页面 CKind_Add. aspx 进行添加新课程类别的操作；考虑到课程类别批量删除的可能性较小，所以提供了单条删除功能。课程类别一旦确定后，修改可能性较小，所以没有提供修改功能。前台页面文件和后台代码隐藏文件源程序均省略。

5）课程类别添加页面 CKind_Add. aspx

在课程类别管理页面 CKind. aspx 中，单击“添加课程类别”链接，会跳转到 CKind_Add. aspx 页面，进行课程类别的新增，“课程类别添加”页面运行结果如图 9-31 所示。

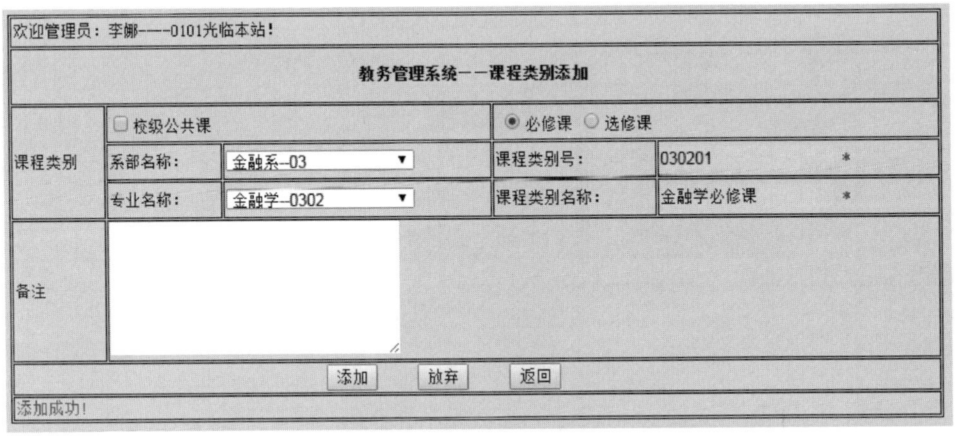

图 9-31　CKind_Add. aspx 运行结果

此页用来添加新课程类别的基本信息，课程类别号共 6 位，由四位专业号（或 0000）+两位课程性质代号（01 必修课，02 选修课）组成。当系部和专业或者校级公共课选择完毕，以及课程性质选定后，课程类别号和课程类别名称将自动填充，不允许改动，且用醒目的黄色标示。前台页面文件和后台代码隐藏文件源程序均省略。

6）课程分配管理页面 assign_cour. aspx

“课程分配管理”页面运行结果如图 9-32 所示。

图 9-32 assign_cour.aspx 运行结果

此页展示了课程在某学期分配给教师及班级的各种信息,包括课程号、课程名称、课程类别、任课教师、授课班级、开课学期和是否导入等信息,记录依次按课程号、班级号和教师号进行排序,具备分页功能,设置每页最多可显示 10 条记录;提供了分别按校级公共课和各系部课程的全部查询和按条件组合查询,其中查询条件包括课程、班级和导入状态;提供了对其他页面的链接功能,单击"新分配课程"链接,可跳转到"新课程分配"页面 assign_cour_Add.aspx 进行添加新分配课程的操作;提供了单条删除课程分配信息,并且只能删除当前未导入的课程;提供了批量导入处理的功能,只对必修课程有效,选修课程由学生自选,然后管理员再次导入,这些功能在后续页面中均有实现。前台页面文件源程序省略。

后台代码隐藏文件中关于导入功能的实现代码如下,其他省略。

```
protected void lbtnImport_Click(object sender, EventArgs e)
{
    //导入必修课的学生和课程信息到表 stu_cour
    try
    {
        for (int i = 0; i < gvAssign_Cour.Rows.Count; i++)
        {
            CheckBox chkSelect = (CheckBox)gvAssign_Cour.Rows[i].FindControl("chkSelect");
            if (chkSelect.Checked)
            {
                string str = this.gvAssign_Cour.DataKeys[i].Value.ToString();
                sql = "select * from tea_cour where import = '0' and Assignid = " + str;
                ds1 = db.GetDataSet(sql);
                if (ds1 != null)
                {
                    string crid = ds1.Tables[0].Rows[0]["Crid"].ToString(); ;
                    string tid = ds1.Tables[0].Rows[0]["Tid"].ToString();
                    string cid = ds1.Tables[0].Rows[0]["Cid"].ToString();
                    string cryear = ds1.Tables[0].Rows[0]["Cryear"].ToString();
                    if (crid.Substring(4, 2) == "01")//必修课
                    {
```

```
    sql = "select Sid from student where Sclass = '" + cid + "'";
    ds2 = db.GetDataSet(sql);
    int count = ds2.Tables[0].Rows.Count;
    for (int j = 0; j < count; j++)
    {
        string sid = ds2.Tables[0].Rows[j]["Sid"].ToString();
        sql = "insert into stu_cour (Crid, Tid, Cid, Sid, Cryear) values('"
            + crid + "','"
            + tid + "','"
            + cid + "','"
            + sid + "','"
            + cryear + "')";
        bool b1 = db.UpdateDB(sql);
    }
    sql = "update tea_cour set import = '1' where Assignid = " + str;
    bool b2 = db.UpdateDB(sql);
                }
            }
        }
    }
    lblMessage.Text = "<font color = 'red'>导入成功!</font>";
    }
    catch { lblMessage.Text = "<font color = 'red'>导入失败!</font>"; }
    BindGridView();
}
```

7）新课程分配页面 assign_cour_Add. aspx

在课程分配管理页面 assign_cour. aspx 中，单击"新分配课程"链接，会跳转到 assign_cour_Add. aspx 页面，进行课程分配的新增，"课程分配"页面运行结果如图 9-33 所示。

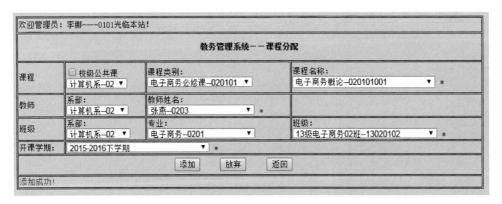

图 9-33　assign_cour_Add. aspx 运行结果

此页用来添加新分配课程的基本信息，包括课程、教师、班级和开课学期的设置，这些均提供下拉列表框进行选择，减少人工录入失误及大大提高工作效率。前台页面文件和后台代码隐藏文件源程序均省略。

5. 选课与成绩管理

选课与成绩管理子模块包括 3 个页面：选修课程导入页面 SCImport. aspx、已导入课程删除页面 SCDelete. aspx 和学生成绩管理页面 score. aspx。

1）选修课程导入页面 SCImport. aspx

“选修课程导入”页面运行结果如图 9-34 所示。

课程号	课程名称	课程类别	任课教师	开课学期	学生号	学生姓名	班级名称	选择导入
000002002	大话云计算	校级公共选修课	张燕	2015-2016下学期	1302010101	郭海城	13级电子商务01班	☐
020102003	项目开发与设计	电子商务选修课	高胜利	2015-2016下学期	1302010101	郭海城	13级电子商务01班	☐
020102003	项目开发与设计	电子商务选修课	高胜利	2015-2016下学期	1302010102	张扬	13级电子商务01班	☐

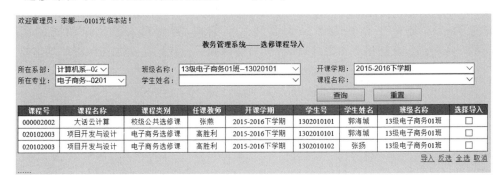

图 9-34　SCImport. aspx 运行结果

此页展示了学生在某学期对选修课程进行自选后但未被管理员确认导入之前的情况，包括课程号、课程名称、课程类别、任课教师、开课学期、学生号、学生姓名、班级名称等信息，按课程号、学生号进行排序，具备分页功能，设置每页最多可显示 10 条记录；提供了按班级、学生、课程和开课学期的组合查询；提供了批量导入处理的功能，可对查询到的学生选课信息进行全选、反选等，然后单击“导入”按钮，就可以把选课信息导入到学生—课程数据表 stu_cour，并且更新教师—课程数据表 tea_cour 中字段 import 的导入状态(即设置为 1)。管理员确认导入后的学生选课信息在此页查询不到。功能的实现与 assign_cour. aspx 类似，在这里不再赘述，前台页面文件和后台代码隐藏文件源程序均省略。

2）已导入课程删除页面 SCDelete. aspx

“已导入课程删除”页面运行结果如图 9-35 所示。

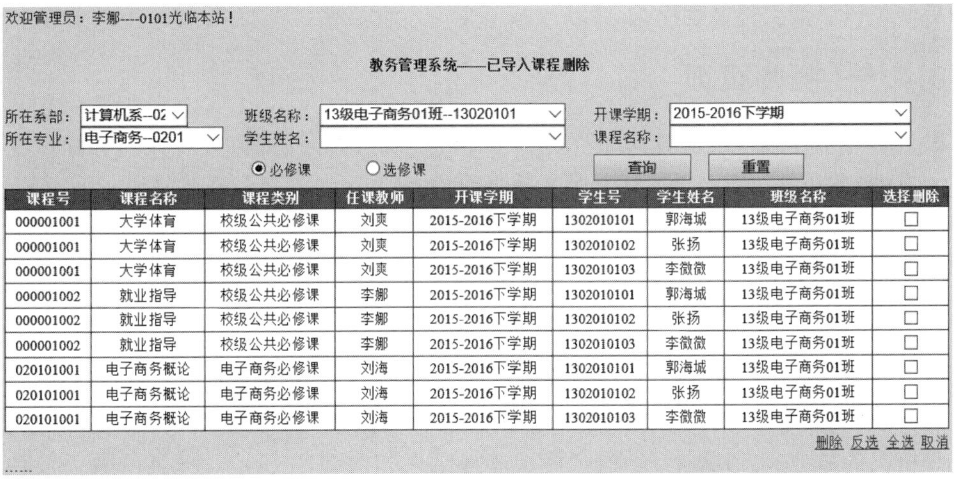

课程号	课程名称	课程类别	任课教师	开课学期	学生号	学生姓名	班级名称	选择删除
000001001	大学体育	校级公共必修课	刘爽	2015-2016下学期	1302010101	郭海城	13级电子商务01班	☐
000001001	大学体育	校级公共必修课	刘爽	2015-2016下学期	1302010102	张扬	13级电子商务01班	☐
000001001	大学体育	校级公共必修课	刘爽	2015-2016下学期	1302010103	李微微	13级电子商务01班	☐
000001002	就业指导	校级公共必修课	李娜	2015-2016下学期	1302010101	郭海城	13级电子商务01班	☐
000001002	就业指导	校级公共必修课	李娜	2015-2016下学期	1302010102	张扬	13级电子商务01班	☐
000001002	就业指导	校级公共必修课	李娜	2015-2016下学期	1302010103	李微微	13级电子商务01班	☐
020101001	电子商务概论	电子商务必修课	刘海	2015-2016下学期	1302010101	郭海城	13级电子商务01班	☐
020101001	电子商务概论	电子商务必修课	刘海	2015-2016下学期	1302010102	张扬	13级电子商务01班	☐
020101001	电子商务概论	电子商务必修课	刘海	2015-2016下学期	1302010103	李微微	13级电子商务01班	☐

图 9-35　SCDelete. aspx 运行结果

　　此页显示学生在某学期最终确认的必修和选修的所有课程信息,包括课程号、课程名称、课程类别、任课教师、开课学期、学生号、学生姓名、班级名称等信息,按课程号、学生号进行排序,具备分页功能,设置每页最多可显示 10 条记录;提供了分别按必修课和选修课进行按条件组合查询,其中查询条件包括班级、学生、课程和开课学期;提供了批量删除的功能,可对查询到的学生课程信息进行全选、反选等,然后单击"删除"按钮,就可以把课程信息删除掉,即把学生—课程数据表 stu_cour 中的必修课记录删除,选修课记录导入到学生选修课程临时表 stu_cour1,并且更新教师—课程数据表 tea_cour 中字段 import 的导入状态(即设置为 0)。删除工作在教师录入成绩之前完成,否则没有意义。功能的实现与student. aspx 类似,在这里不再赘述,前台页面文件和后台代码隐藏文件源程序均省略。

　　3)学生成绩管理页面 score. aspx

　　"学生成绩管理"页面运行结果如图 9-36 所示。

图 9-36　score. aspx 运行结果

　　此页展示了学生某学期课程的成绩信息,包括学生号、学生姓名、课程名称、成绩、课程类别、任课教师、开课学期、班级名称等,按课程号、学生号进行排序,具备分页功能,设置每页最多可显示 10 条记录;提供了按班级、学生、课程、开课学期和任课教师的组合查询;提供了成绩修改的功能。功能的实现与 department. aspx 类似,在这里不再复述,前台页面文件和后台代码隐藏文件源程序均省略。

9.4.6　教师页面

　　以教师身份登录本系统后,可以查看个人信息、修改登录密码、查看课程分配情况及录入学生成绩,共包含 4 个页面:查看个人信息页面 tea_Edit1. aspx、修改密码页面 tea_Pwd. aspx、课程分配页面 tea_assignCour. aspx 和学生成绩录入页面 tea_score. aspx,这 4 个 Web 页面具备统一的布局外观,在页面设计时需要选择母版 MasterPage3. master 来实现。

1. 查看个人信息页面 tea_Edit1. aspx

　　此页是以教师身份用户登录系统后的首页面,展示了登录教师的个人基本信息,不允许修改,提供了到其他页面的超级链接,单击"修改密码"链接,跳转到 tea_Pwd. aspx 页面,进行登录密码的修改。"教师个人信息"页面运行结果如图 9-37 所示。此页的页面设计及代码实现与管理员身份的"教师资料修改页面 tea_Edit. aspx"基本一致,前台页面文件和后台代码隐藏文件源程序均省略。

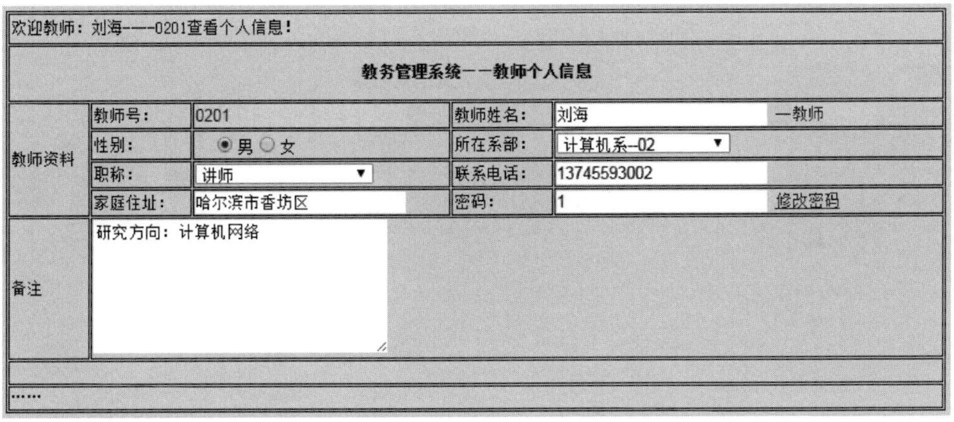

图 9-37 tea_Edit1.aspx 运行结果

2. 修改密码页面 tea_Pwd.aspx

此页是以教师身份用户登录系统后,进行密码修改的页面,需要先输入旧密码,且是必填项,然后输入新设置的密码,确认密码要与新密码一致,否则提醒,页面运行结果如图 9-38 所示。前台页面文件源程序省略。

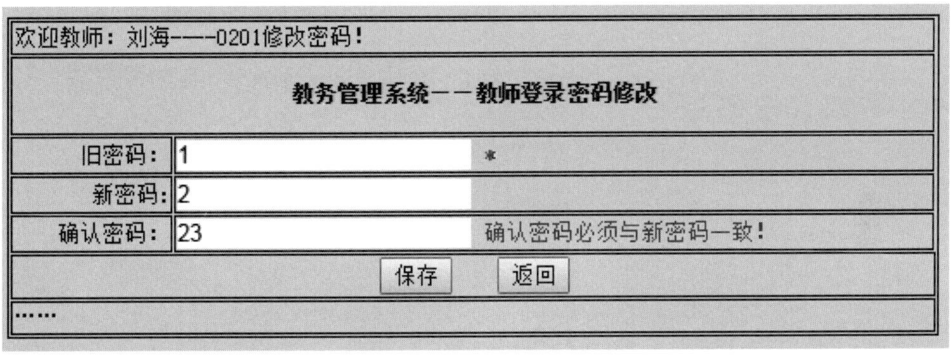

图 9-38 tea_Pwd.aspx 运行结果

后台代码隐藏文件源程序如下:

```
using System;
...
using System.Data;          //引入命名空间
public partial class stu_Pwd : System.Web.UI.Page
{
    string sql = "";
    DataBase db = new DataBase();
    DataSet ds = null, ds1 = null;
    protected void Page_Load(object sender, EventArgs e)
    {
        if (!IsPostBack)
```

```
        {
            if (Session["type"] != null && Session["type"].ToString() != "2")
                lblWelcome.Text = "欢迎教师: " + Session["operator"].ToString() + "修改
密码!";
            else
                Response.Redirect("index.aspx");
        }
    }
    protected void btnSave_Click(object sender, EventArgs e)
    {
        string str = Session["operator"].ToString();
        int pos = str.LastIndexOf(" - ");
        string tid = str.Substring(pos + 1);
        string oldPwd = txtSOldPwd.Text.Trim();
        string newPwd = txtSNewPwd.Text.Trim();
        sql = "select * from teacher where Tid = '" + tid + "'and Tpwd = '" + oldPwd + "'";
        ds1 = db.GetDataSet(sql);
        if (ds1 == null)
        {
            lblMessage.Text = "< font color = 'red'>请输入正确的旧密码!</font >";
        }
        else
        {
            sql = "update teacher set Tpwd = '" + newPwd + "' where Tid = '" + tid + "'";
            bool b = db.UpdateDB(sql);
            if (b)
                lblMessage.Text = "< font color = 'red'>密码修改成功!</font >";
            else
                lblMessage.Text = "< font color = 'red'>密码修改失败!</font >";
        }
    }
    protected void btnReturn_Click(object sender, EventArgs e)
    {
        Response.Redirect("tea_Edit1.aspx");
    }
}
```

3. 课程分配页面 tea_assignCour. aspx

此页是以教师身份用户登录系统后,查询某学期个人分配课程情况,提供了全部查询和按开课学期和课程名称的组合查询,并提供了录入授课班级学生成绩的超链接,单击"成绩录入"链接,跳转到"学生成绩录入"页面,页面运行结果如图 9-39 所示。前台页面文件和后台代码隐藏文件源程序均省略。

4. 学生成绩录入页面 tea_score. aspx

在教师查看课程分配页面 tea_assignCour. aspx 中,单击"成绩录入"链接,会跳转到 tea_score. aspx 页面,进行学生成绩的录入,"学生成绩录入"页面运行结果如图 9-40 所示。

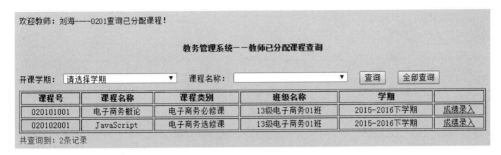

图 9-39 tea_assignCour.aspx 运行结果

图 9-40 tea_score.aspx 运行结果

此页显示开课学期和课程名称信息,用来录入所有学习该门课程的学生的成绩,以学生号进行排序,具备分页功能,设置每页最多可显示 10 条记录。单击"录入/修改"链接,就可以录入该学生的成绩了。

9.4.7 学生页面

以学生身份登录本系统后,可以查看个人信息、修改登录密码、对选修课程进行自选操作及成绩查询,共包含 4 个页面:查看个人信息页面 stu_Edit1.aspx、修改密码页面 stu_Pwd.aspx、选课操作页面 stu_SC.aspx 和成绩查询页面 stu_score.aspx,这 4 个 Web 页面具备统一的布局外观,在页面设计时需要选择母版 MasterPage4.master 来实现。

1. 查看个人信息页面 stu_Edit1.aspx

此页是以学生身份用户登录系统后的首页面,展示了登录学生的个人基本信息,不允许修改,提供了到其他页面的超级链接,单击"修改密码"链接,跳转到 stu_Pwd.aspx 页面,进行登录密码的修改。"学生个人信息"页面运行结果如图 9-41 所示。此页的页面设计及代码实现与管理员身份的"学生资料修改页面 stu_Edit.aspx"基本一致,前台页面文件和后台代码隐藏文件源程序均省略。

2. 修改密码页面 stu_Pwd.aspx

此页是以学生身份用户登录系统后,进行密码修改的页面,需要先输入旧密码,且是必填项,然后输入新设置的密码,确认密码要与新密码一致,否则提醒,页面运行结果如图 9-42 所示。此页的页面设计及代码实现与教师身份的"修改密码页面 tea_Pwd.aspx"基本一致,前台页面文件和后台代码隐藏文件源程序均省略。

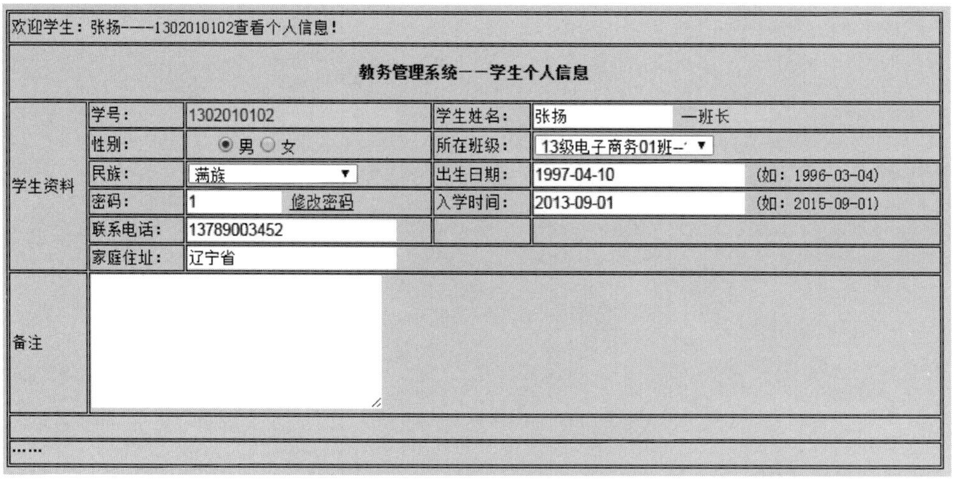

欢迎学生：张扬----1302010102查看个人信息！					
	教务管理系统――学生个人信息				
学生资料	学号：	1302010102	学生姓名：	张扬	一班长
	性别：	◉男 ○女	所在班级：	13级电子商务01班-' ▼	
	民族：	满族 ▼	出生日期：	1997-04-10	（如：1996-03-04）
	密码：	1 修改密码	入学时间：	2013-09-01	（如：2015-09-01）
	联系电话：	13789003452			
	家庭住址：	辽宁省			
备注					
……					

图 9-41　stu_Edit1.aspx 运行结果

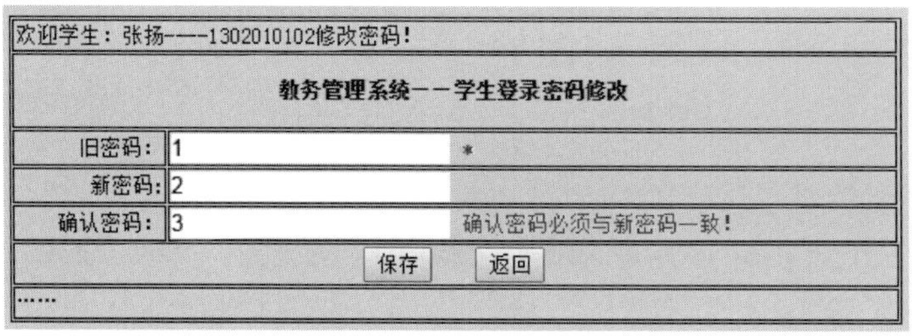

欢迎学生：张扬----1302010102修改密码！		
	教务管理系统――学生登录密码修改	
旧密码：	1	＊
新密码：	2	
确认密码：	3	确认密码必须与新密码一致！
	保存　返回	
……		

图 9-42　stu_Pwd.aspx 运行结果

3. 选课操作页面 stu_SC.aspx

此页展示了登录学生在某学期对选修课程进行的自选情况,包括按学期进行的全部可选课程和已选课程的查询,并提供选课操作,页面运行结果如图 9-43 所示。学生自选课程操作即该页面的运行必须发生在管理员对选修课程进行导入之前,否则没有意义。当在"全部可选课程"中选择某项课程时,在页面下方会显示出该门课程的课程号和课程名称,单击

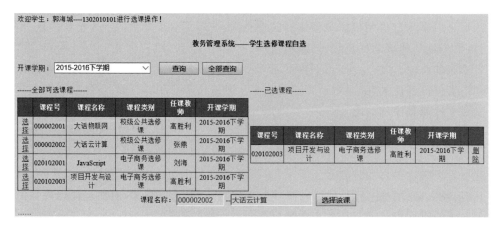

图 9-43　stu_SC.aspx 运行结果

"选择该课"按钮,就把该项课程添加到"已选课程"列表中,完成了学生选修课程的自选操作,当然对已选课程也可以进行删除操作。当管理员统一对选修课程导入之后,学生选修课程彻底完成,此页面的已选课程也被清空了,再次选课也是无效的。前台页面文件和后台代码隐藏文件源程序均省略。

4. 成绩查询页面 stu_score.aspx

此页展示了登录学生某学期的课程成绩信息,包括课程号、课程名称、成绩、课程类别、任课教师和开课学期,按课程号排序,具备分页功能,设置每页最多可显示 10 条记录;提供了全部查询和按学期和课程名称进行组合查询。页面运行结果如图 9-44 所示,前台页面文件和后台代码隐藏文件源程序均省略。

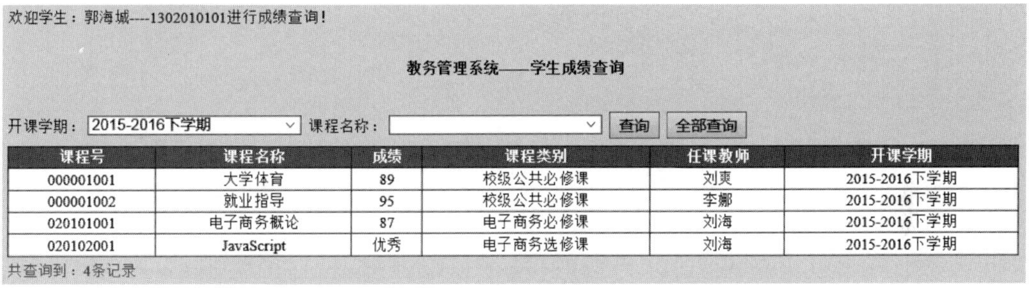

图 9-44　stu_score.aspx 运行结果

这样,整个教务管理系统网站就完成了,其中对于数据源在前台的显示,用户可以根据自己的设计进行变更,使其具有自己的风格和特点。

9.5　网站发布

ASP. NET 应用程序可以使用 Visual Studio 的复制项目功能很方便地进行部署。利用复制项目功能可以将 Web 应用程序复制到同一服务器中、其他服务器中或者 FTP 中。

使用复制项目功能进行部署时,仅仅是将文件复制到目的路径中,并不执行任何的编译操作。因此部署前请确认应用程序已经被编译过了。

为了部署到 Web 服务器,必须具有对该计算机的管理访问特权。如果使用了 System. Data 命名空间的任何类,就需要在目标服务器上安装有 Microsoft 的数据访问组件 MDAC2.7 或者更高版本,否则应用程序将运行失败。

下面使用 Visual Studio 2012 自带的发布功能工具对教务管理系统网站进行发布。

(1)打开网站 jwgl,在"解决方案资源管理器"中,右击网站名称,在弹出的快捷菜单中执行"生成网站"命令,重新生成一遍网站,然后再次右击网站名称,在弹出的快捷菜单中执行"发布网站"命令。

(2)在弹出如图 9-45 所示的"发布网站"对话框的"目标位置"栏输入文件夹名称和路径,如"D:\ch09\publish",单击"确定"按钮后开始发布。

(3)经过一段时间,在 Visual Studio 2012 的输出窗口,会出现"发布成功"等字样,如

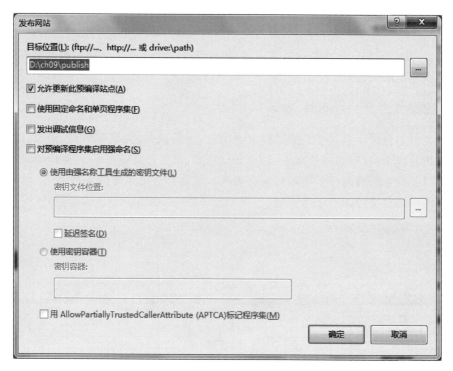

图 9-45 "发布网站"对话框

图 9-46 所示。打开发布目标 D:\ch09\publish,得到的是网站需要发布的资源文件,其中包括所有网页文件(aspx)、图片文件、数据库文件等,但不包括源代码文件(cs),取而代之的是一个 bin 文件夹,其中存放由系统自动生成的.dll 文件,这就是被编译后的程序文件。

图 9-46 "发布成功"输出窗口

(4) 在本机操作系统(Windows 7 旗舰版)中安装 IIS 程序(IIS7.5 版本),若先安装 Visual Studio 2012 后装 IIS,则需要在 IIS 中注册 ASP. NET 框架程序。如果本机已经安装完 IIS 程序,此步骤可以省略。

(5) 按照 2.3.2 节中介绍的在默认网站 Default Web Site 下建立虚拟目录的方法,建立虚拟目录 jwgl,对应物理路径 D:\ch09\publish,再将虚拟目录 jwgl 转换为应用程序。此时若在浏览器中输入 http://localhost/jwgl/index.aspx,就可以访问教务管理系统网站了,如图 9-47 所示。

图 9-47　客户端访问 IIS 服务器发布的网站

本章小结

本章综合前面所学的内容，通过一个管理型网站系统"教务管理系统"的设计、开发和发布，加深读者对 ASP.NET 编程技术的理解与掌握。本系统的设计与制作涉及许多计算机程序设计方面的知识，其中包括软件工程设计思想、数据库运用及 ASP.NET 动态网页制作技术等，是一个综合性极强的实例。通过本章内容的学习，掌握 ASP.NET 应用程序的设计及开发流程。

习题

请按照教务管理系统设计和开发的流程来实现供求信息网站。该网站的设计要求如下。

1. 系统概述

供求信息网可以向企业和用户提供有偿的综合信息服务，包括招聘信息、培训信息、企业广告等。网站运营商为争取更高的网站访问量，还要额外地为用户提供大量的无偿信息服务，包括求职信息、家教信息等。

2. 需求分析

按照使用网站的不同用户进行分析，用户类型包括注册用户、交费用户和后台管理员用户，可确定该网站要完成的功能主要由以下两部分组成。

（1）管理员可以对注册用户进行管理、对供求信息进行审核、置顶和屏蔽及删除。

（2）注册用户和交费用户都可以进行供求信息发布、分类显示和查询等。

3．系统设计

根据对系统的需求进行分析，可把该系统分成如下 9 个功能模块，各个模块的具体功能和要求如下。

（1）用户注册登录。用户注册登录模块实现用户注册登录功能，其中用户类型包括注册用户、交费用户和后台管理员用户。注册用户登录后，能发布、查看和查询各种免费信息等；交费用户登录系统后，能发布、查看和查询各种收费信息等；管理员用户登录系统后，能通过后台对系统进行维护和管理，如审核收费信息和删除不良信息等。

（2）供求信息发布。供求信息发布模块实现免费和收费信息发布功能，主要包括普通注册用户发布免费信息和交费用户发布收费信息等。所有的供求信息发布后需经审核才能显示。

（3）供求信息显示。供求信息显示模块实现供求信息分类显示功能，主要包括按招聘信息、培训信息和家教信息等进行分类显示。

（4）供求信息查询。供求信息查询模块实现对所有供求信息进行综合查询的功能，主要包括模糊查询和多字段组合查询等。

（5）个人信息修改。注册用户和交费用户可以对个人常变信息进行修改，包括电话号码、登录密码等。

（6）用户管理。用户管理模块实现对注册用户进行管理的功能，主要包括审核普通注册用户和交费用户、删除注册用户和交费用户等。

（7）供求信息审核。供求信息审核模块实现供求信息的审核功能，主要包括审核免费供求信息和收费供求信息，所有供求信息只有经审核通过后才能在前台显示。

（8）供求信息管理。供求信息管理模块实现供求信息管理功能，主要包括免费信息置顶、收费信息置顶、免费信息屏蔽和收费信息屏蔽等。

（9）供求信息删除。供求信息删除模块实现供求信息删除功能，主要包括免费信息删除和收费信息删除等功能，只有系统管理员才拥有该权限。

4．系统结构图

供求信息网络结构图如图 9-48 所示。

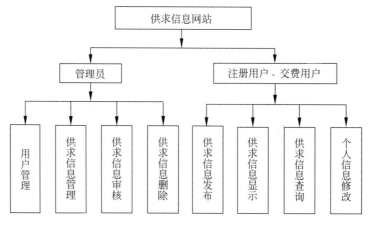

图 9-48　供求信息网站结构图

第 **10** 章

强大的LINQ查询

10.1 认识 LINQ

LINQ(Language Integrated Query,语言集成查询)是在 Visual Stdio 2008 和.NET 3.5 后引入的一组用于 C♯ 和 Visual Basic 语言的扩展。它允许编写 C♯ 或者 Visual Basic 代码以与查询数据库相同的方式操作内存数据,它内含语言集成查询、集合及转换操作,从而在对象领域和数据领域之间架成了一座桥梁。

以前对数据的查询方式是针对不同的数据源,如 SQL 数据库、XML 文档、各种 Web 服务,使用不同语法的语句,这些语句以字符串常量的形式出现在代码中,编译时不对其进行语法检查,运行时出现错误也比较难以发现问题。而 LINQ 的引入,使得用户可以用面向对象的思维去解决不同数据源的数据操作的问题,支持的数据源有 SQL Server 数据库、XML 文档、ADO.NET 数据集等;对所有的数据操作使用统一的方法,编译时的语法检查也使得程序更容易调试。

10.2 LINQ 语法基础

首先来比较一下 SQL 语句与 LINQ 语句:

```
select * fomr student where student.Score > 500
```

与这个 SQL 语句功能相同的 LINQ 语句是:

```
var g = from student in hrbfu.GetScore()
    where student.id == course.sid
        select student;
```

通过对比,可以看出,LINQ 在写法上和 SQL 语句有相似的地方,但在语法上还是有所不同。

简单的 LINQ 语法如下:

```
var <变量> = from <数据集合变量> in <数据源> where <表达式> orderby <表达式> select <项目>
```

其中,关键字 var 的作用是创建一种隐式类型,. NET 平台会根据用于初始化局部变量的初始值推断出变量的数据类型。

隐式类型使用限制如下。

(1) 隐式类型只能应用于方法或者属性内局部变量的声明,不能使用 var 来定义返回值、参数的类型或类型的数据成员。

(2) 使用 var 进行声明的局部变量必须赋初始值,并且不能以 null 作为初始值。

实际上,并非一定要使用隐式类型来保存结果,只要找到对应的集合来保存查询结果都是可以的,使用 var 隐式类型比较方便。

下面介绍 LINQ 的基本子句。

1. from 查询子句

from 子句是 LINQ 语句中不能缺少的组成部分,必须位于查询语句的开头,后面跟着集合变量和数据源。语法如下:

```
from <集合变量> in <数据源>
```

from 子句指定集合变量和数据源,并且指定需要查询的内容。集合变量是指定查询过程中的临时集合的名称,类似于 foreach 语句中的迭代变量的作用。from 子句可以有多个,多个 from 子句则表示从多个数据源查找数据。数据源可以是 XML 文档、数组、集合、ADO. NET 数据集、关系数据库等。

例如,构建一个字符串数组名为 courses,然后从数组中查询结果,可以这样编写:

```
string[] courses = {"ASP.NET","Java","C/C++","PHP","C#.NET","JSP"};
var result = from c in courses select c;
```

其中 c 的变量周期只在此 LINQ 语句中,而 course 是已经定义好并有值的数组,即数据源。

2. select 子句

select 子句也是 LINQ 查询语句中很重要的一条语句,通常情况下都不能缺少,除非有 group 语句。select 语句语法如下:

```
select <集合变量或表达式>
```

select 子句后面可以跟前面 from 子句中的集合变量一致,也可以使用表达式,将得到的结果再通过运算得到新的结果。

```
string[] courses = {"ASP.NET","Java","C/C++","PHP","C#.NET","JSP"};
var result = from c in courses select c.Substring(0,1);
```

结果将返回每个单词的首字母。

如果数据元素是对象，也可以返回对象的某个成员。若刚才的 Courses 是一个类，有 Name 属性，定义 Courses 对象数组：

```
Courses[] arrCourses = new Courses[3];
arrCouses[0] = new Courses("ASP.NET");
arrCouses[1] = new Courses("Java");
arrCouses[2] = new Courses(,"C/C++");
var resulst = from c in arrCourses select c.Name;
```

结果将返回课程类中的名称属性。

3. where 子句

where 子句在 LINQ 中的作用与在 SQL 中的作用一样，都是用来设定查询条件的。语法如下：

```
where   <逻辑表达式>
```

逻辑表达式可以是一个表达式，也可以是一个返回逻辑值的方法。

```
var resulet = from c in courses where c.IndexOf("程序设计")>0 select c.;
```

又如：

```
int[] nums = {1,2,3,4,5,6,7,8,9,10};
var result = form n int nums where n % 3 == 0 select n;
```

4. orderby 子句

在 LINQ 查询语句中，可以将 orderby 子句对查询结果排序，语法如下：

```
orderby  <集合变量>  [descending|ascending]
```

默认值是升序(ascending)。将上例中的查询结果排序，语句可以这样改：

```
var resulet = from c in courses where c.IndexOf("程序设计")>0 orderby c select c.;
```

5. join 连接子句

在查询中，要查询的信息往往在不同的数据源中，需要将两个数据源联合起来才能得到完整的结果。可以使用多个 from 子句完成操作，也可以使用 join 子句进行连接操作。

使用多个 from 子句操作比较简单：

```
string[] courses1 = {"ASP.NET","Java","C/C++","PHP","C#.NET","JSP"};
string[] courses2 = {"ASP.NET 程序设计" , "Java 程序设计", "C/C++","PHP","C#.NET 程序设
计", "JSP"} ;
var result = from c1 in courses1 from c2 in courses2 where c1 == c2 select c1;
```

使用 join 子句可以执行同等连接,它根据两个数据源的键是否相等来匹配这两个数据
源的连接。join 子句语法格式如下:

```
join <表达式 1> in <数据源> on <表达式 2> equals <表达式 2>
```

其中,关键字 on…equals 比较指定的键是否相等。例如:

```
var result = from stu in students
join gra in grades on stu.no equals gra.no
select new { Name = stu.name, Grade = gra.grade};
```

结果返回学生数据表中和成绩表中学号相同的记录。

10.3   LINQ to Object

LINQ to Objiect 是指使用 LINQ 查询直接操作支持 IEnumerable 或 IEnumerable<T>接
口的任意对象集合,而不使用诸如 LIN to SQL 或者 LINQ to XML 的方式或其他的 API。
LINQ to Objiect 可以直接在泛型(List<T>)、数组(Array)、字典(Dictionary<TValue
TKey,>)这样的集合上进行查询,这些集合的特点是,它们本身是由用户自定义或者由
.NET Framework API 返回的。

注意:IEnumerable 和 IEnumerable<T>接口在.NET 中是非常重要的接口,它允许
开发人员定义 foreach 语句功能的实现并支持非泛型方法的简单的迭代,IEnumerable 和
IEnumerable<T>接口是.NET Framework 中最基本的集合访问器。它定义了一组扩展
方法,用来对数据集合中的元素进行遍历、过滤、排序、搜索等操作。

【例 10-1】   构建如下字符串数组:

```
"Visual Stdio C#.NET 程序设计"
"ASP.NET 程序设计", "C语言程序设计"
"Java 程序设计"
"Adriod 程序设计"
"Linux 系统应用基础"
```

在网页中,用 Label 显示包含"程序设计"的所有课程。

```
protected void Page_Load(object sender, EventArgs e)
{
string[] courses = { "Visual Stdio C#.NET 程序设计", "ASP.NET 程序设计", "C语言程序设计",
"Java 程序设计", "Adriod 程序设计", "Linux 系统应用基础" };
var result = from c in courses where c.IndexOf("程序设计")>0 select c;
        foreach( string m in result )
```

```
        {
            Label1.Text += m + "<br>";
        }
    }
}
```

【例 10-2】 在一个字符串中查找包含部分字符串的所有内容,并显示在页面上。
程序代码如下:

```
protected void Button1_Click(object sender, EventArgs e)
{
        string[] strCollection = text.Text.Split(new char[] { ' '});
        var query = from st in strCollection
                    where st.Contains(search.Text )
                    orderby st.Length descending
                    select st;
        foreach(var m in query)
        {
            result.Text += m.ToString() + "<br/>";
        }
}
```

执行上述程序的运行结果如图 10-1 所示。

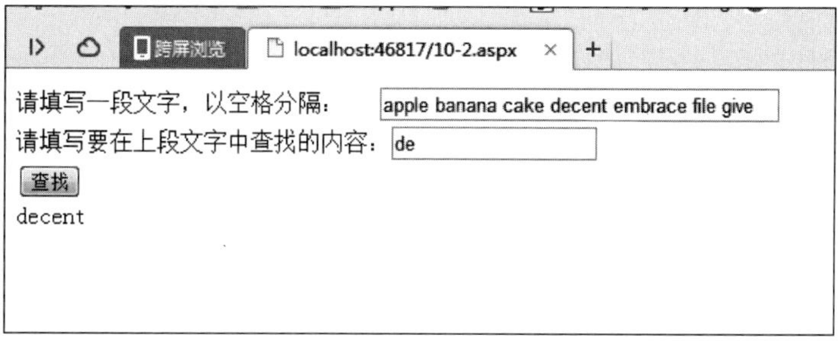

图 10-1　例 10-2 运行结果

在例 10-2 中,用空格分隔输入的文字,将文本框中的文本形成一个字符串数组,再在数组中查找指定的内容,并将内容显示出来。

【例 10-3】 利用 LINQ 查询学生中性别为男的数据。
首先为网站添加一个 Student 类文件,代码如下:

```
public class Student
{
    public string No
    {
        get;
        set;
    }
    public string Name
    {
```

```
        get;
        set;
    }
    public string Gender
    {
        get;
        set;
    }
}
```

然后添加一个网页，放置下拉列表、GridView、按钮 3 个控件，逻辑代码如下：

```
protected void Button1_Click(object sender, EventArgs e)
{
    Student[] students = new Student[3];
    students[0] = new Student{No = "160101",Name = "李婷婷",Gender = "女"};
    students[1] = new Student { No = "160102", Name = "王明", Gender = "男" };
    students[2] = new Student { No = "160103", Name = "赵亮亮", Gender = "男" };
    var result = from stu in students where stu.Gender == DropDownList1.SelectedValue
select new { 姓名 = stu.Name, 性别 = stu.Gender };
    GridView1.DataSource = result;
    GridView1.DataBind();
}
```

执行上述程序的运行结果如图 10-2 所示。

图 10-2　例 10-3 运行结果

【**例 10-4**】　利用 LINQ 查询指定姓名的学生的成绩与学号、姓名。

在例 10-1 的基础上，再为网站添加一个 Grade 类文件，代码如下：

```
public class Grade
{
    public string No
    {
```

```
        set;
        get;
    }
    public string Course
    {
        set;
        get;
    }
    public double Score
    {
        set;
        get;
    }
}
```

添加网页,向页面中添加文本框、按钮、GridView 控件,逻辑代码如下:

```
protected void Button1_Click(object sender, EventArgs e)
{
    Student[] students = new Student[3];
    students[0] = new Student { No = "160101", Name = "李婷婷", Gender = "女" };
    students[1] = new Student { No = "160102", Name = "王明", Gender = "男" };
    students[2] = new Student { No = "160103", Name = "赵亮亮", Gender = "男" };
    Grade[] grades = new Grade[3];
    grades[0] = new Grade { No = "160101", Course = "ASP.NET", Score = 90 };
    grades[1] = new Grade { No = "160102", Course = "C/C++", Score = 98 };
    grades[2] = new Grade { No = "160103", Course = "JSP", Score = 89 };
    var result = from stu in students
                 join gra in grades on stu.No equals gra.No
                 where stu.Name == TextBox1.Text
                 select new { 学号 = stu.No, 姓名 = stu.Name, 课程 = gra.Course, 分数 =
gra.Score };
    GridView1.DataSource = result;
    GridView1.DataBind();
}
```

执行上述程序的运行结果如图 10-3 所示。

图 10-3 例 10-4 运行结果

LINQ 查询语句也可以这样写：

```
var result = from stu in students
          from gra in grades
          where stu.Name == TextBox1.Text && stu.No == gra.No
          select new { 学号 = stu.No, 姓名 = stu.Name, 课程 = gra.Course, 分数 = gra.Score
};
```

10.4 LINQ to DataSet

DataSet 是不依赖于数据库的独立数据集合。所谓独立，就是说即使断开数据链路，或者关闭数据库，DataSet 依然是可用的。当用数据填充完 DataSet 对象后，便可以查询了。可以使用两种方式创建 LINQ to DataSet 查询：查询表达式语法和基于方法的查询语法。

LINQ to DataSet 查询包括以下几个步骤。

（1）准备好 DataSet 或者 DataTable 数据源。

（2）将数据源转换成能直接处理的 IEnumerable<T>类型。

（3）使用 LINQ 语法编写查询。

（4）使用查询结果。

准备 DataSet 或 DataTable 数据源，可以使用前面学过的数据库的知识，也可以使用开源代码来减轻工作量。

将 DataTable 数据源转换为 IEnumerable<T>接口的数据源可以使用 DataTable 的 AsEnumerable 方法，此方法将 DataTable 转换为一个类型为 IEnumerable<DataRow>的可枚举数据集合。得到 DataRow 类型的集合，若想接着从此集合中得到数据，就需要进一步访问数据表的具体字段数据，这时就需要使用 DataRow 的一个扩展 Field<T>，并通过 Field<T>方法来获取 DataRow 的某字段的数据。

下面的示例演示了一个简单的 LINQ to DataSet 查询。

【例 10-5】 有一个名为 Student 的 Access 数据库，使用 LINQ to DataSet 方法对其进行查询。

```
protected void Page_Load(object sender, EventArgs e)
{
    string strCnn = "Provider = Microsoft.Jet.OLEDB.4.0; Data Source = " + Server.MapPath
("student.mdb");
    string strCmd = "select * from basicInfo";
    OleDbConnection cnn = new OleDbConnection(strCnn);
    try
    {
        cnn.Open();
    }
    catch
    {
```

```
        Response.Write("error");
        cnn.Close();
        return;
    }
    DataSet ds = new DataSet();
    OleDbDataAdapter adp = new OleDbDataAdapter(strCmd,cnn);
    if (adp != null)
    {
        adp.Fill(ds);
        DataTable dtBasic = ds.Tables[0];
        var result = from temp in dtBasic.AsEnumerable()
                     where temp.Field<string>("Gender") == "女"
                     select new
                     {
                         姓名 = temp.Field<string>("SName"),性别 = temp.Field<string>
("Gender"),籍贯 = temp.Field<string>("Province")
                     };
GridView1.DataSource = result;
        GridView1.DataBind();
    }
    cnn.Close();
}
```

LINQ to DataSet 查询的最重要的地方就在于要将 DataSet 查询结果用 AsEnumerable()方法将结果转换成 IEnumerable<T>接口的数据源。

本章小结

本章介绍了 LINQ 查询的基本语法，也简单介绍了 LINQ to Object 和 LINQ to DataSet 的方法。LINQ 提供了一条更常规的途径，即给.NET Framework 添加一些可以应用于所有信息源(all sources of information)的具有多种用途(general-purpose)的语法查询特性(query facilities)，有兴趣的读者可以参考更多资料进行学习。

习题

一、填空题

1. _____子句在 LINQ 中的作用与在 SQL 中的作用一样，都是用来设定查询条件的。

2. 关键字 var 的作用是创建一种_____类型，.NET 平台会根据用于初始化局部变量的初始值推断出变量的数据类型。

3. 查询要从不同的数据源中查询，需要使用_____子句进行连接操作，或者使用多个_____子句完成。

4. Linq to DataSet 中，将 DataTable 数据源转换为 IEnumerable<T>接口的数据源可以使用 DataTable 的_____方法。

5. LINQ to Object 是指使用 LINQ 查询直接操作支持_____接口的任意对象集合。

二、操作题

使用 Access 设计一个课程表，其中至少包含课程名称、学分、任课教师等字段。使用 LINQ 完成如下功能。

（1）查询学分大于 3 的课程名称。

（2）查询某门指定课程的任课教师。

参 考 文 献

[1] 陈冠军,马翠翠.Web 程序设计——ASP.NET[M].2 版.北京:人民邮电出版社,2013.

[2] 陈向东.ASP.NET 程序设计案例教程[M].北京:清华大学出版社,2014.

[3] 朱宏.ASP.NET 网络程序设计案例教程[M].北京:清华大学出版社,2013.

[4] 郭力子,华驰.ASP.NET 程序设计案例教程[M].2 版.北京:机械工业出版社,2015.

[5] 李萍,王得燕,杨文珺.ASP.NET(C♯)动态网站开发案例教程[M].北京:机械工业出版社,2013.

[6] 沈士根,汪承焱,许小东.Web 程序设计——ASP.NET 实用网站开发[M].2 版.北京:清华大学出版社,2014.

[7] 王喜平,于国槐,宋晶.ASP.NET 程序开发范例宝典[M].北京:人民邮电出版社,2015.

[8] 马伟.ASP.NET 4 权威指南[M].北京:机械工业出版社,2011.

[9] 杨晓光,丁刚,谢玉芯.ASP.NET 网络程序设计教程[M].北京:清华大学出版社,2013.

[10] 沈士根,汪承焱,许小东.Web 程序设计——ASP.NET 上机实验指导[M].2 版.北京:清华大学出版社,2014.

图书资源支持

感谢您一直以来对清华版图书的支持和爱护。为了配合本书的使用，本书提供配套的素材，有需求的用户请到清华大学出版社主页(http://www.tup.com.cn)上查询和下载，也可以拨打电话或发送电子邮件咨询。

如果您在使用本书的过程中遇到了什么问题，或者有相关图书出版计划，也请您发邮件告诉我们，以便我们更好地为您服务。

我们的联系方式：

地　　址：北京海淀区双清路学研大厦 A 座 707

邮　　编：100084

电　　话：010－62770175－4604

资源下载：http://www.tup.com.cn

电子邮件：weijj@tup.tsinghua.edu.cn

QQ：883604(请写明您的单位和姓名)

用微信扫一扫右边的二维码，即可关注清华大学出版社公众号"书圈"。

扫一扫
资源下载、样书申请
新书推荐、技术交流